情報の基礎・基本と情報活用の実践力

情報活用の

実践力

第4版

内木哲也・野村泰朗 著

共立出版

第4版へのまえがき

　特定の機器やソフトウェアに依存しない普遍的な知識や技能の習得と，自らの問題解決に役立つ情報の実践力の育成を目的として編纂された本書が，めまぐるしい情報環境の変容の中で15年以上の長きに亘って大学レベルの情報教育テキストとして多くの方々にご活用いただけておりますことに深く感謝の意を申し上げます。引き続きみなさまのご期待に応えられますよう，前回改訂以降の技術的内容や事例の更新とともに，特にコロナ禍で激変したCMC（コンピュータを利用した相互コミュニケーション）環境に準拠した内容となるよう今般の改訂に取り組みました。

　今回の改訂の主なポイントは，コロナ禍で一般化した遠隔でのCMCについての理解を深めるとともに，それらのCMCを中心とした新たな情報環境下での実践力を育めるよう，CMCに関する第3章を根本的に見直し，構成，例示，演習課題も，遠隔での講義や実習に相応しい内容に改めたことにあります。特に，遠隔コミュニケーションの機能的特性とそれらに起因する問題状況との概観を通して，それらの関係性や事象全体の理解を深められるよう，CMCの発展経緯について大幅に加筆いたしました。また，遠隔コミュニケーションでの具体的な問題や課題に対処できる実践力を養えるよう，現状でのアプリケーションやインターネット上のサービスに即した実践例や課題を提示しました。これらの例示に関しても，本書で例示に使用するOpenOfficeと同様に，各自のCMC利用環境に応じた遠隔コミュニケーションを実践できるよう，できるだけ一般的かつ特定の商用アプリケーションやサービスに依拠しない記述に努めています。

　情報環境に呼応するように大学生諸君の情報端末の利用スキルも著しく向上していることが実感され，授業における実習課題についての質問も減少傾向にあります。しかしその一方で，ネット検索からの類似な実践例や不確実な言説に惑わさ

れて誤った解釈や方法で課題に取り組む姿が散見されるようにもなっています。実際，表計算の課題では，基礎であるべき除算ができずに検索で得た複素数関数を使用したり，例題にある在学者数の男女合計に学校数まで含めて平然としていたり，cm を m にする関数を探したり…，と操作技能以前の基礎学力に疑念を抱かせるような事例も多々見られています。これらの事例は，受講生たちのアプリケーションに対する誤った操作概念や先入観がもたらしたものといえ，定型的な支援機能の操作スキルのみを身につけ，操作上の注意点やアプリケーションがもたらす情報処理の意義が理解されておらず，利用者自身の道具となっていないことを如実に物語っています。このような事態を危惧して第 3 版で提示した創作的課題についても，作品自体の出来映えは，多様なツールの普及とも相俟って，この 10 年で向上しているように見えますが，作品へのこだわりや制作上の創意工夫などの制作意欲は次第に減少しているように思われてなりません。

　情報技術に限らず，技術や技法はそれらを駆使する人の能力や意識を表明する手立てといえます。本書を手に取られた読者のみなさんには，アプリやネットサービスがもたらす道具としての表面的な機能や利便性に目を奪われることなく，是非一旦立ち止まって，その背後に潜む処理の方法や考え方を理解しようと努めてみて貰えればと願ってやみません。そして課題や仕事への対処以前に，知識や思考力といったみなさん自身の能力開発に役立つ情報技術の実践力を見出す手がかりを得るための座右の書として，本書をご活用頂けましたら幸いです。

　最後に，本書の改訂に際して細心の注意を払って丁寧に取り組んで下さいました共立出版株式会社編集部の天田友理氏に厚く御礼申し上げます。

2021 年 10 月

内木哲也

野村泰朗

第3版へのまえがき

　本書は，2004年に編纂されて以来，10年以上の長きに亘って大学レベルでの標準的な情報教育テキストとして多くの大学で採用いただき，多数の読者の方々にご活用いただいております。このことは，本書の基本方針に従って取捨選択された標準的な知識や技能が，機器やソフトウェアで繰り返されている商業的な改訂という試練に耐え，著しく変化した今日の情報環境においても色あせてないことの証左として，著者らも心強く感じている次第です。

　しかし，この間も私たちを取り巻く情報環境は日々変貌しており，変化した標準的環境に対応すべく改訂に取り組んで参りました。まず始めに，インターネットのブロードバンド接続と低価格になった大容量の記憶メディアが家庭に普及し，大幅に改訂された Microsoft Office2007 と OpenOffice.org 3 のリリースといった情報環境に対応すべく，2009年に第2版を上梓いたしました。そして今回は，2010年代になって急速に普及したスマートフォンやタブレット型 PC といった携帯情報端末による個人のコミュニケーションを中心として，大きく変貌した私たちの社会生活環境に対応すべく内容記述を一部大幅に改訂いたしました。

　今回の改訂の主なポイントは，このような携帯情報端末の利用者に配慮するとともに，いつでもどこでもインターネットに接続できる環境を前提としたクラウドコンピューティング環境での機材の使用や，SNS によるコミュニケーションを想定した利用上の注意点や問題点などを随所に記述したことです。また，折しもOpenOffice が第4版にバージョンアップされ，例示画面で使用していた WindowsXP も Microsoft 社のサポートが終了したことから，例示画面を Windows 10 およびOpenOffice 4 を用いて撮り直し，具体的事例やサービスに関する記述も現在一般的と思われるものに差し替え，メーラも Thunderbird を用いた記述に改めています。

　ところで，スマートフォンのような携帯情報端末を携行してインターネットサー

ビスを常用する今日の大学生は，2009 年当時よりさらに高度な操作技能を身につけていることを物語っています。大学においても，学生同士や大学との連絡は元より，教育の場においても出席確認から教材配布，アンケート，小テスト，グループ討議まで多様な利用方法が見出され活用されているため，今日の大学生はこのような情報技術の活用要求に応える技能を身に付けざるを得ず，実際日常的に齟齬なく利用しています。しかしこのような状況とは裏腹に，情報技術に対して敷居の高さを感じ，本書の内容も難しいと感じている受講生が昨今さらに多くなっているように見受けられます。その要因としては，個別の多様な問題状況に応じたサービスやアプリの氾濫が考えられます。このような「恵まれた」環境下では，道具を自分で工夫して使用するよりも，目的が達成できる道具とその操作方法を探し出して使用する方が手っ取り早く感じられ，多くの人々が「道具」ではなく「検索」の使いこなしに終始してしまうことになると考えられるからです。そのため，アプリによる表面的な情報処理の背後に潜む処理の方法や考え方を理解することや，その知見に基づいて自分なりの方法を思考したり試したりする「ゆとり」だけでなく，自分で理解できることとしての認識さえなくしてしまうのではないでしょうか。見方を変えれば，このような対処方法は，利用者自身がクラウドコンピューティング環境下のスマートフォンと同様になっていると捉えることさえできます。つまり，ソフトウェアとしての「技能」も，データとしての「知識」も，すべてサーバという効率的な外部機械に預けている状況であり，これら学んだはずの内容は自身にはなく，その内容を「効率よく通過（スループット）させる技能と知識」の鍛錬に勤しみ，それこそが情報の実践力と錯覚しているのではないかということです。そのようなある意味先端的な読者諸氏に紙の本という古いメディアで「実践力のあり方」を訴えかける方法を著者らはまだ見いだせていませんが，本改訂では一つの試みとして，ホイジンガの言説を頼りに遊び心を呼び覚ます課題をいくつか掲載しましたので，ご参考にして頂けましたら幸いです。

　本書に対しては一部読者の方々より How to 型のようにわかりやすくなく親切でないとのご批判の声も聞かれますが，その割愛されている部分を自分で調べ試行錯誤することこそが実りある実践力を養う最良の方法であると著者らは確信しております。第 3 版も，旧版と同様に多くの読者のみなさまに座右の書としてご活用いただけましたら幸いです。最後に，本書の改訂に際しても心血を注いでお世話下さいました共立出版株式会社の石井徹也編集部長に厚く御礼申し上げます。

2016 年 4 月

内木哲也

野村泰朗

第2版へのまえがき

　本書の初版は 2004 年に出版されましたが，以後の 5 年間においても，情報技術の進展とそれを用いた新しいサービスの普及には，それ以前と同様に目覚ましいものがあります。大学という限られた空間だけを見てみても，ほとんどの学生がインターネットに接続できる多機能な携帯電話を持っており，電子メールのやりとりや Web の閲覧だけでなく，写真や音声，ビデオ映像のやりとりさえ日常的にしています。また，大学との連絡，履修の登録や確認，さらには出席確認やレポート提出さえもインターネットを介して行われているところも多いことでしょう。このように，今日の大学生活において，情報技術の利用は必要不可欠なことですし，多くの学生は使い勝手や運用面への不満はともかくも，技能的には難なく使いこなしているようです。

　このように，大学生が情報機器やサービスを使いこなす操作技能は，この 5 年間で明らかに向上しています。しかし不思議なことに，講義テキストとしての本書の内容を難しいと感じている受講生が，5 年前とは逆に多くなっているように見受けられます。その理由の一つは，特定の目的を達成するための特定のサービスやソフトウェアの具体的な操作方法だけを How to 型で覚え込み，操作の意図するところや他の操作との関係性などについてはまったく意に介していない，あるいは初めからそういうものと思い込まされていることにあるようです。しかし，そのような状況にある今日だからこそ，多くの高度な情報機器やサービスに接近する礎として，基礎・基本を身につけることが大切です。そしてその方法としては，問題解決のための具体的な操作を，How to 型ではなく自分の利用環境で自ら考え，試行錯誤しながら機器を操作して探し出すことが重要であると著者らは考えます。実際，社会人大学生や社会人研修での受講生である読者の方々には本書の内容を高く評価いただき，著者らも心強く感じるとともに，その重要さに対する思いも新たにしている次第です。

　本書は出版以来 5 年間に，幸いにも多くの読者にご活用いただき，また多くの大学にテキストとして採用していただきました。そして本書の基本方針は，上述のように今後さらに重要であり，その内容は今後も色あせることはないものと確信しております。しかし，PC の基本システムやアプリケーション，記憶メディアについてはこの 5 年間で諸変化を遂げており，取り上げている具体的な画面例やサービスに関する記述も現在では一般的とは思われない部分が目につくようになってきました。そこで，今回，版を改めることにいたしました。

　今回の改訂の主なポイントは，PC の基本システムやアプリケーション，記憶メディアの諸変化に対応して修正を加えたことと，具体的事例として取り上げる画面やサービスに関する記述を，現在一般的と思われるものに差し替えたことです。それと，初版で使用していた StarSuite6.0 に代わって，改訂版では OpenOffice.org 3 を用いて説明していますので，画面例や操作メニュー項目などについては一部大幅に書き換えています。また，Mac OS X に対応した記述も，最小限ではありますが書き加えました。しかし，内容の基本方針は変わっておりませんので，改訂版も初版と同様に，既存の特定の機器，機種，基本システム，アプリケーションに依存しない普遍的な知識と技能を説明するにとどめ，How to 型の操作方法はできるだけ排除してあります。そして，これらの知識と技能とを自らの社会生活の中で活かすことができる実践力を育成するために，特定の機器の操作方法や操作画面は，詳細に提示することを避け，実践に必要と考えられる普遍的な内容をわかりやすく示すための具体例としてのみ提示するように努めています。

　この改訂版も，旧版と同様に多くの読者のみなさまに座右の書としてご活用いただけましたら幸いです。最後に，本書の改訂に際しても多大な熱意をこめてお世話をいただいた，共立出版株式会社の石井徹也編集課長に厚く御礼申し上げます。

　2009 年 10 月

内木哲也
野村泰朗

はじめに

　本書は，大学レベルの高等教育機関において標準的と考える情報リテラシ教育に求められる内容を提示しつつ，その内容に準拠したテキストとなるように構成されています。大学レベルで求められるのは，機器やアプリケーションの操作を中心としたいわゆる情報機器操作の訓練ではなく，情報化社会を生きていくための知識や技能として，情報技術の特性や影響，責任範囲などを考慮した適切な利用方法を身につけることです。そのため，本書では既存の特定の機器，機種，基本ソフトウェア，応用ソフトウェアに依存しない普遍的な知識と技能を説明するに留め，How to 型操作方法などはできるだけ排除してあります。具体的な操作方法については，自分の利用環境で自ら考え，試行錯誤しながら機器を操作して探し出すことで身につけることを基本方針としています。

　情報リテラシの育成には，関連知識と機器の操作技能とを習得することに加え，その知識と技能とを自らの社会生活の中で活かすことができる実践力が欠かせません。そこで本書では，特定の機器の操作方法や操作画面を詳細に提示することは避け，実践に必要と考えられる普遍的な内容をわかりやすく示すための具体例としてのみ提示するように努めました。その理由は，他者によって記された内容をただ真似るだけではなく，自分で目的とする操作方法を見つけだす力を養うことこそが情報リテラシ習得の近道であることを，これまでの私たちの情報リテラシ教育経験から確信しているからです。読者のみなさんも，How to 型の手引き書をいつも見ていなければ何も操作できない人をよく見かけるのではないでしょうか。あるいは，細かい操作をいちいち近隣の人々に聞き回ったり，挙げ句の果てにまわりの人にやってもらったりしている人を見かけないでしょうか。そのような人々は，いくら機器の操作経験をつんでも，知識と技能の実践力が身につかないために，講習や実習の時間が終わってしまうと，余程のことがない限り自ら機器を活用しようとせず，しかも，操作自体も思うようにできないためにますます操作が嫌いになり，

ついには機器を使わなくなって利用方法さえも忘れてしまうのです。

　本書の執筆方針に従い，本文中の具体例は，あえて今現在ポピュラーではないが，オープンソースソフトウェアとして手軽に入手することができる Sun Micro Systems 社の StarSuite 6.0 を用いて説明しています[1]。おそらく，多くのみなさんの利用環境とは異なっていることでしょうから，自分の利用環境での操作方法は，各章に設けられた演習問題に従って自ら試行錯誤しながら探し出すことになると思います。このような作業は目的とする操作を知るために多くの時間を要することとなりますが，それこそがみなさんの操作能力を向上させるとともに情報リテラシを養うこととなるはずです。そして，その経験で得た操作は，単に資料や How to 本から得た知識とは異なって長く記憶に留まることになるでしょう。さらに，そこから得られた知識やノウハウを本書に書き留めておけば，本書が読者のみなさんにとって重要な備忘録として，最も使いやすい参考書に進化することは間違いありません。どうか本書が読者のみなさんの自筆でいっぱいになるように十分にご活用ください。

本書の章立てとその内容

　本書はこれまでの情報リテラシのテキストとは異なり，特定の情報処理機器やアプリケーションソフトウェアの操作方法を解説するのではなく，現代の情報化社会を生きていくために必要な情報リテラシを理解し，深化させることを主眼としています。そこで，本書では第 1 章から順番に扱う情報リテラシのレベル（難易度，複雑さ）が高くなるように設定された 5 章から構成されています。その中で，第 1 章は学習者のレベルを確認するための章として，本書で学ぶために必要な基本的な能力を得る，あるいは自分が身につけている基本的な能力を確認するための章となっています。本書で学ぶためには，第 1 章に書かれている内容が理解でき，コンピュータやネットワークの操作ができることが必要不可欠です。そのため，初心者の方はまず第 1 章からしっかりと学習を始めてください。すでにある程度の知識や技能を習得している学習者の方は第 2 章以降から始めても構いませんが，自分のコンピュータリテラシを確認する意味で第 1 章全体に目を通し，章末の課題を解いてみてください。

　第 2 章以降の各章は，想定されている情報リテラシのレベルに応じて，必要な情報の収集から蓄積，処理，表現という一連の情報活用の過程で必要な技能や知

1.　第 2 版では，OpenOffice.org 3 を用いています。

識をその章で養うべき能力と考え，それらを習得できることを目標とした内容となっています。各章で想定しているレベルとそれに対応した内容を次ページの表にまとめます。

　また，各章は基本的に以下のような内容構成になっています（第4章以降では各節で扱う内容が大きいため，節自体がこのような構成でまとめられている部分もあります）。

　第1節　最も基本的な例を用いた一連の必須作業の具体的なやり方について

　第2節　作業内容についての仕組み，構造についての解説とその限界や活用方法について

　第3節　モラル，倫理面で配慮すべき事柄などを含んだ，より深化した知識や技能について

　本文中には必要に応じて演習が設けられていますが，演習によって自分が利用している環境での独自の操作方法やその特性がわかるようになっています。また，実習として課すべき課題が，ほぼ授業の1単元ごとに1〜2題用意されています。演習と課題の内容は以下のような役割として区別されています。

　演習　PC教室などでの少人数講義の際に受講者がテキストを見ながら授業時間中に行う作業（大教室での講義ではプロジェクタを用いて教員が学生に説明すべき確認項目）

　課題　受講者のスキルアップと，知識やスキルの習得を確認するために課す実習問題，および一定水準に達した受講者に対してスキルアップを狙う発展応用問題

　以上のように，本書は基本的な情報機器操作の定着を図ると同時に，特殊な装置やソフトウェアを使用しない一般的な情報環境を用いて現代社会に不可欠な「情報リテラシ」を効果的に習得できるように構成されています。

　最後に，本書の企画から出版に至るまで，情報教育とネットワーク管理に追われ遅筆な著者らを見捨てずに熱心にお世話をいただいた共立出版株式会社の石井徹也編集課長に厚く御礼申し上げます。

2003年12月

内木哲也
野村泰朗

各章のねらいと養う情報活用能力との対応

		第1章 必要とされる コンピュータの知識と技能	第2章 情報活用の第一歩	第3章 情報手段の特性を考慮した コミュニケーションの実践	第4章 よりよい問題解決のための 情報の科学的な理解	第5章 情報社会に参画する態度と プレゼンテーション
ねらい		・コンピュータの操作技能 ・利用環境の確認と理解	・ネットワークの利用技能	・匿名と実名 ・プライバシ ・CMCのモラル	・基本的なデータ処理能力 ・データとその信頼性 ・情報の信憑性の評価力	・説得力がある情報表現 ・情報発信の影響力と責任の理解 ・知的所有権
情報活用能力	情報収集	・利用環境 ・利用方法 ・利用可能アプリケーションソフトウェア	・WWW閲覧 ・WWW検索	・CMCの発展経緯 ・多様なCMCとその特性	・出版社アーカイブ ・一次情報の探索 ・情報の信憑性 ・図書館（OPAC）利用 ・各種統計データ ・年鑑、白書の利用	
	蓄積	・コンピュータの動作と処理の基本的理解	・USBメモリ/HD利用 ・ファイル ・フォルダ	・メール管理 ・ファイルサーバ利用	・アプリケーションデータ ・ファイル	・画像ファイル ・音声ファイル ・ハイパーテキストファイル（HTML）
	情報処理	・コンピュータの基本操作	・エディタ利用 ・文書処理 ・ファイル管理 ・情報共有	・メール送受信 ・アドレスリストの管理 ・FTP ・ファイル添付	・表計算ソフトでのデータ処理 ・表計算ソフトでのシミュレーション	・ワープロソフトウェアの可能性 ・プレゼンテーションソフトウェアの利用 ・プレゼンテーションソフトウェアの連携的利用 ・Webサーバの利用
	表現	・キーボード・マウス操作 ・日本語入力	・個人的利用のテキスト表現	・CMCの特性を考慮した会話表現	・画面表現 ・印刷表示 ・表とグラフ	・特定および不特定な相手への情報表現 ・紙と電子媒体、ネットワーク上でのプレゼンテーション

目次

第1章　必要とされるコンピュータの知識と技能　　1

1.1　基本的な操作手順 ··· 2

1.2　コンピュータの基本的な仕組み ··· 10
　　1.2.1　ハードウェアとソフトウェア　10
　　1.2.2　コンピュータの構成要素　12

1.3　ユーザインタフェース ··· 14
　　1.3.1　ポインティングデバイスと GUI　15
　　1.3.2　キーボードでの日本語入力　16
　　1.3.3　キーボードと CUI　21
　　1.3.4　ヘルプ機能の利用　23

第2章　情報活用の第一歩　　27

2.1　個人的な調査 ··· 29

2.2　コンピュータによる情報の基本的な扱い ································· 36
　　2.2.1　WWW を用いた情報検索　38
　　2.2.2　情報の整理と加工　45
　　2.2.3　情報の保存　48
　　2.2.4　ネットワーク型コンピューティング　60

2.3　レポートの書き方 ·· 61
　　2.3.1　調査報告レポート　61
　　2.3.2　レポートの読み手への配慮　63

第3章　情報手段の特性を考慮した
コミュニケーションの実践　　67

3.1　CMC の基本的な仕組みとその機能 ……………………………………… 69

3.1.1　CMC 発祥としての電子掲示板　*69*
3.1.2　意外と古いチャット機能　*72*
3.1.3　CMC の可能性を切り開いた電子メール　*73*
3.1.4　ファイルの送受信　*75*
3.1.5　ビデオ通話と遠隔ビデオ会議　*78*
3.1.6　複合 CMC サービスとしての SNS　*80*

3.2　CMC での情報交換における基本操作 ……………………………………… 82

3.2.1　CMC の基礎としての電子メール　*82*
3.2.2　メーラの基本的機能　*87*
3.2.3　ファイル送受信の実践　*98*

3.3　CMC の特性と利用マナー …………………………………………………… 108

3.3.1　葉書のような電子メール　*109*
3.3.2　電子ファイル送受信の注意点と利用マナー　*111*
3.3.3　電子メッセージのメディア特性と利用マナー　*114*

第4章　よりよい問題解決のための
情報の科学的な理解　　127

4.1　信頼性のある一次情報への接近 ……………………………………………… 132

4.1.1　情報の信頼性　*133*
4.1.2　一次情報への接近　*134*
4.1.3　参考文献と注　*144*

4.2　表計算ソフトウェアを利用したデータ処理 ……………………………… 147

4.2.1　表計算によるデータの整理と加工　*147*
4.2.2　表計算ソフトウェアの機能　*159*
4.2.3　発展的利用方法と表形式資料　*175*

4.3　シミュレーションによるオリジナルな情報の創造 ……………………… 184

4.3.1　意思決定を支援する What if 分析　*184*
4.3.2　不確実な状況での意思決定支援　*194*

第5章　情報社会に参画する態度と　　プレゼンテーション　211

5.1　ワープロソフトウェアを利用した資料作成 ································· 214

　5.1.1　文書のデザインと整形　*215*

　5.1.2　図表が混在した文書を整形するための機能　*222*

　5.1.3　文書のデザインおよび整形における注意点　*226*

5.2　プレゼンテーションソフトウェアを利用した口頭発表 ··················· 227

　5.2.1　スライド資料の作成　*228*

　5.2.2　プレゼンテーションソフトウェアの特徴と利用上の注意点　*237*

5.3　不特定多数に向けた情報発信 ······································· 243

　5.3.1　HTML　*244*

　5.3.2　WWW 発信の注意点 1（知的財産権の問題）　*252*

　5.3.3　WWW 発信の注意点 2（発信者責任について）　*254*

付録 A　OpenOffice 操作 Tips　269

　A.1　OpenOffice 4 Calc における印刷手順　*269*

　A.2　OpenOffice 4 Calc における連続値の入力　　*272*

　A.3　OpenOffice 4 Writer における表の作成　　*272*

　A.4　OpenOffice 4 Writer における文書の装飾　　*272*

　A.5　OpenOffice 4 Writer におけるヘッダとフッタ　　*276*

　A.6　OpenOffice 4 Writer におけるより複雑な文字の装飾　　*277*

　A.7　OpenOffice 4 Writer における文字の位置合わせとルビ　　*278*

　A.8　OpenOffice 4 Writer における見出しスタイル書式の設定と目次作成　　*279*

　A.9　OpenOffice 4 Impress におけるスライドの作成　　*281*

　A.10　OpenOffice 4 Impress におけるページスタイル設定機能　　*283*

　A.11　OpenOffice 4 Impress におけるスライドの編集　*285*

　A.12　OpenOffice 4 Impress におけるスライドの印刷　*286*

付録 B　289

　国際標準化機構（ISO）による国の識別コード　　*289*

　バイオリズム診断表　*292*

参考文献　293

索 引　295

第1章
必要とされる
コンピュータの知識と技能

ねらい

- ❏ コンピュータに支障をきたすことなく，電源を入れたり切ったりすることができる
- ❏ キーボードでの日本語入力やマウス操作ができる
- ❏ オペレーティングシステムへのログインやログアウト，ファイル管理などの基本操作ができる
- ❏ アプリケーションソフトウェアを支障なく起動／終了できる
- ❏ コンピュータを操作する際に出現する基本的な用語を理解する

　冒頭で示したねらいは，本書で学習するにあたって必要な最低限のコンピュータに関する知識と技能です。読者のみなさんは，これまでの教育課程や興味の度合いなどによってさまざまな状態にあると思われます。また，これまで使用してきた機器や基本ソフトウェア，応用ソフトウェアなどの利用環境によっても，操作方法や画面表示，使用している用語などが微妙に異なっていることと思います。

　そこで，まず本書で学習を進めるために必要とされるコンピュータの知識と技能，その習得方法を紹介します。「はじめに」でも述べたように，本書は基本的に機種やオペレーティングシステムに依存しない普遍的な知識や技能を取り上げて記述することを目指しています。そのため，本書には具体的な機器の機種名称，How to

型操作方法などはほとんど登場しません。実際にコンピュータを使用する際の具体的な操作方法は，コンピュータやその基本ソフトウェア（Windows や MacOS などのオペレーティングシステム）によって異なってしまいますが，コンピュータの知識や技能を身につけていれば細かな操作方法の違いは簡単に理解できることでしょう[1]。各節にある演習や課題に従って自分の利用環境で実際の操作方法を探し出すことにより，具体的な操作手順を学習することも本書の大きな目的の一つなのです。そして，そこで得られた具体的な操作方法を本書の余白にみなさんがわかりやすい書き方でメモしておくことによって，本書はみなさんの利用環境に適したテキストに進化することができます。

　「ねらい」で述べたような基礎的なコンピュータの知識や技能をすでに習得されている人は，この章を飛ばして次の第 2 章から始めてもかまいません。学習を進めていくうちに，もし自分に不足する基礎的な知識や技能に気がついたときには，本章に戻って参考にしてください。本章はコンピュータを操作するために必要な基礎・基本を確認できる参考書としても役に立つことでしょう。

1.1　基本的な操作手順

　コンピュータをはじめとする情報機器は電源を入れることによって稼働するということは，みなさん当たり前に思っていることでしょう。それらの多くの機器にはよほど特別な場合を除いて目につく場所に電源スイッチがあるはずで，その操作も説明するまでもなく容易に推測できるデザインになっているので，ほとんど誰にでも簡単に電源を入れられることでしょう。

　ところが，コンピュータを使用していてむしろ困った問題となるのは，入れてしまった電源をどのように切るのかということです。ちょうど，スキーやスケートではじめて滑る人が止まり方を知らずに滑り始めてしまうと，ケガをしたり事故を起こしたり，とんでもない状態になってしまうことがあるように，コンピュータも止め方，つまり電源の切り方を誤ると，機器の調子が悪くなったり，うまく動作しなくなったり，最悪の場合は機器そのものが壊れてしまうことさえあるのです。

　そこで，まずコンピュータ本体の電源を入れてから，操作を終了して電源を切るまでの一連の操作手順を説明します。この一連の操作手順は機器やオペレーティングシステムに依存しません。

1.　携帯電話やビデオデッキなどは機種が変わってもある程度は操作できるでしょうし，異なる操作方法もある程度は予想がつくことでしょう。そのような経験知を身につけることこそが，本書のねらいです。

コンピュータの操作は基本的に以下の手順で行います。

（外部周辺機器が接続されている場合は，その機器の電源を入れる）

① コンピュータ本体の電源を入れる

② オペレーティングシステムを起動する（普通は①の後で自動的に起動）

③ オペレーティングシステムへログインする

④ アプリケーションソフトウェアを起動する

⑤ アプリケーションソフトウェアを終了する

⑥ オペレーティングシステムからログアウトする

⑦ オペレーティングシステムを終了する（多くの機器は，この操作で⑧の本体電源も切れる）

⑧ コンピュータ本体の電源を切る

（外部周辺機器の電源を切る）

　ここで注意して見てほしいことは，起動と終了とがそれぞれ対応していることです。上の手順の中で結ばれた線がその対応を表しています。また，個人利用を目的とした今日の一般的なパーソナルコンピュータ（PC：Personal Computer）では，オペレーティングシステムの起動（②）は電源投入後に自動的になされ，オペレーティングシステムを終了する（⑦）とコンピュータ本体の電源が自動的に切れる機器も多く存在します。さらには，タブレット型コンピュータやスマートフォンのように常時待機状態にしたままで使用する機種も増え，電源を切ること自体が特別な場合に限られる状況ともなりつつあります。

　最近の機器やオペレーティングシステムでは，そのような状況と相俟ってアプリケーションを終了せずにいきなりログアウトできたり（⑤を無視），いきなりコンピュータ本体の電源を切ることができたり（⑤〜⑦を無視）するものも見受けられますが，それらはあくまでも例外操作に対処するための特別な仕組みであり，実際にはオペレーティングシステムや機器の内部でこれらの操作手順を逐次的に処理しています。しかもこのように処理を省略した場合，書き換えたくないデータやファイルが勝手に書き換わったり，逆に書き換えてほしい内容が書き換わらなかったり，まったく別の場所に別の名前で保存されて後で見つけるのが困難になったりと，かえってやっかいな問題を引き起こすことさえあります。そのため，機器の電源を切る際には，できるだけこれらの一連の手順を遵守した操作を心がけるべきでしょう。

　なお，コンピュータ本体に外付けのハードディスクや DVD 装置，スキャナ，プ

リンタなどの周辺機器が接続されている場合は，まず（①の前に）周辺機器の電源を入れてからコンピュータ本体の電源を入れます。終了時はコンピュータ本体の電源を切ってから（⑧の後に），周辺機器の電源を切ります。以下では，これらの操作を順に説明します。

①　コンピュータ本体の電源を入れる

コンピュータ本体の電源スイッチを押して，電源を入れます。電源が入るとスイッチなどについている電源ランプが点灯したり，ファンがまわる音がしたりします。コンピュータの機種や機器の構成によっては，本体とディスプレイの電源が連動していることがあります。その場合はディスプレイの電源を操作する必要はありませんが，連動していない場合にはディスプレイの電源を入れます。

また，外付けのハードディスク装置や，光ディスク装置，スキャナなどのように本体の内部に組み込まれておらず，外部にケーブルで接続された機器がある場合には，本体の電源を入れる前にこれら外部の機器（周辺機器）の電源を投入することになるので注意が必要です。その理由は，コンピュータ本体の電源が投入されると多くの場合は本体に接続されている周辺機器を自動的に検索し始めるため，そのときに周辺機器の電源が投入された状態になっていないと，いくらケーブルで接続されていたとしてもその機器を認識できず，結局は使えない状態になってしまうからです[2]。

演習 1

みなさんが使用するコンピュータ本体の電源スイッチがどこにあるか調べてください。また，本体に接続された周辺機器で個別に電源スイッチをもっているものがあるかどうかも調べ，これらの調査内容を，後で自分が見たときにわかりやすく間違えにくい表記方法で記録しておいてください。電源を切らないように指示されているコンピュータを使用している場合は，どのような理由で常時電源を入れておかなければならないのかを調べてみてください。

②　オペレーティングシステムを起動する

今日一般的に利用されているコンピュータでは，本体の電源が投入されると，そのハードウェアとソフトウェアを総合的に管理するオペレーティングシステムが自動的に呼び出されて起動されます。そのため，通常はオペレーティングシステムを起動するための操作を必要としませんが，起動時に確認が必要なように設定され

2.　現在では USB のように動作中の本体に後から接続された周辺機器を認識できるようなインタフェースも用意されていますが，その場合でも本体起動時に認識できるように接続して電源を入れておいたほうが誤動作が少ないようです。

ている場合や，一台のコンピュータで複数のオペレーティングシステムを選択的に
起動して利用する場合などは，起動時の作業が必要となることがあります。

演習 2

みなさんが使用するコンピュータの画面に，オペレーティングシステムの起動中に
どのような表示がなされるかを確認してください。例えば，使用しているオペレー
ティングシステムの名称やバージョンなどを調べてみてください。

③　オペレーティングシステムへログインする

　一つのコンピュータシステムを複数の利用者で利用するときは，利用者を限定し
たり，利用者ごとにその利用環境を変えたいという要求が生じます。そのためには，
利用者の特定と認証が必要で，その操作をログイン（login）と呼びます[3]。

　ログインには，ユーザ ID とパスワードが必要です[4]。大学や企業などで組織的
に利用されるシステムでは入学や配属の際に各自に通知されるのが一般的ですが，
そうでない場合には担当部署に各自で申請することになります。設定や申請の方法
については，各組織で配布および告知されるシステム利用の手引きなどに明記され
ていることと思いますが，わからない場合はシステム管理者や講義の担当者に問い
合わせてください。ユーザ ID とパスワードは忘れないように記録しておくとよい
でしょう。ただし，ログイン後に表示される各自の利用環境は，個人設定だけでな
く，利用者個人のプライバシーに関わる情報もコンピュータ上に登録されているこ
とになりますので，他の人にわからないところに記録するよう心がけてください。

　もし，自分でユーザ ID やパスワードを設定できるのであれば，できるだけ記録
しなくても覚えておけるものを選ぶようにしましょう[5]。ユーザ ID は自分の名前や
愛称などでもかまいませんが，パスワードには，自分にだけはわかるけれど，他の
人にはわかりにくく，しかも忘れにくいものを設定しなければなりません。よく自
分の名前や誕生日，個人の電話番号や，それらを単純に組み合わせたものなどを

---

3. パーソナルコンピュータ（PC）や大型汎用計算機（main frame），オフィスコンピュータなどで今日一般的に使用されてい
る Microsoft 社や IBM 社のオペレーティングシステムでは，システム管理を開始する（管理される）という意味合いから"ロ
グオン（logon）"と呼ばれていますが，ワークステーション（WS：Work Station）や Apple 社の Macintosh のような一部の
PC では，ユーザがシステムに直接アクセスして自分で操作するするという意味合いからログインといいます。
4. 私有の PC では最初のシステム設定時に登録する必要があります。
5. ユーザ ID やパスワードを自分で記憶せずにソフトウェアに登録しておいたり，PC 本体の周囲のわかりやすい場所にメモ
したりすることを多く見受けますが，セキュリティ上非常に問題ある行為ですので行うべきではありません。ATM の暗証
番号を他人にわかるようには記録しないのと同じです。

設定する人を見かけますが，それらは "パスワードを破ろうとする人がかならず最初に試みる" といわれるくらい見破るのが容易な設定です。ですが，同じ名前や誕生日でも家族の誰かのものにしたり，自分の名前でも他人にはわからない適当な数字や文字を付加したり，大文字と小文字を適宜混ぜて使用したりすると，途端にわかりにくいパスワードになります。このように，混ぜ込む文字や組み合わせ方のルールを自分なりに決めておくことは，一つの有力な方法といえます[6]。またキーを打つ順番とキーの配置を手がかりに文字を組合せた意味のない文字列を用いるのもよい手です。

　なお，ネットワーク環境を利用する際に必要となるアカウント[7]の種類は，おおむね表 1.1 のようになります[8]。また，インターネット上のサーバへの接続を前提とするアプリケーションソフトウェアでは，アプリケーションの起動時にそのサーバの利用者 ID とパスワードが要求されることもあります。

演習 3

自分が覚えやすくて他人にわかりにくい英数字のパスワードの候補を 4 文字，6 文字，8 文字でそれぞれ考えてください。

表 1.1　利用アカウントごとのユーザ ID とパスワード

アカウントの種類	ユーザ ID	パスワード
システムのログイン		
電子掲示板		
電子メール		
ネットワーク共有ディスク		
FTP サーバ		

---

6. パスワードそのものでないからといって，自分のルール（やり方）を他人に語らないよう注意してください。推測されてしまう情報提供こそ慎むべきことです。

7. アカウント (account) とは，元来，利用料の課金を目的とした利用者口座を指し示す預金口座と同様の用語ですが，今日ではより広く利用者識別子を指し示す用語として使用されています。しかし，由来からも明らかなように無料サービスの多い今日でも利用登録をすることは何らかの見返り（例えば，利用履歴や利用行動などの個人情報）が徴収されていることは意識に止めておくべきです。

8. 表 1.1 は備忘録として利用できますが，パスワードを他人に見られたり，ユーザ ID とパスワードを記入した本書を落としたりしないよう注意してください。パスワード欄はパスワードそのものを記入するのではなく，後で思い出せるようなキーワードや問いかけなどを記入しておくとよいでしょう。

④　アプリケーションソフトウェアを起動する

　アプリケーションソフトウェア（以下，アプリケーション。今日よく耳にする「アプリ」はこれをさらに短縮した用語です）を起動するには，オペレーティングシステムにアプリケーションの起動を指示しなければなりません[9]。スマートフォンやタブレット型から，デスクトップ型やワークステーションにまで至る今日のほとんどのコンピュータに搭載されているグラフィックス画面を用いたインタフェース（GUI：Graphical User Interface）をもったオペレーティングシステム[10]では，アプリケーションプログラムとしてメニューに登録されているソフトウェア名やその略称などをメニューから選択することで目的とするアプリケーションを起動できます。

　GUIをもったシステムでは，これとは別にアプリケーションに関連づけられたデータファイルや，デスクトップ画面上に表示されているアプリケーションを指し示すアイコン（icon）をマウスやタッチパッドなどの指示装置（ポインティングデバイス）で視覚的に選択指示することで起動できるようになっています。

演習 4

コンピュータでホームページを見るアプリケーションを一般にWebブラウザ，または単にブラウザと呼びます。主要なWebブラウザとしてはMicrosoft Edge[11]，Google Chrome, Firefox, Safariなどがあります。これらのブラウザを使って，インターネット上に広がるWWW（World Wide Web）に掲示された情報の海を次から次に探索（ネットサーフィン）したり，クラウドコンピューティングと総称される様々な情報処理サービスを利用したりすることができます。

みなさんが利用するコンピュータでWebブラウザを起動して，そのソフトウェア名やバージョンを調べてみてください。また，別の起動方法や利用可能な別のWebブラウザがあるかどうかも調べてください。

⑤　アプリケーションソフトウェアを終了する

　アプリケーションを終了するには，それぞれのアプリケーションで指定されてい

---

9. GUIを用いていないMS-DOSのようなかつてのOSでは，キーボードからアプリケーション起動に必要なコマンドをタイプして起動しなければなりませんでしたが，今日ではGUI操作が一般的です。

10. Apple社のiOSやMacOS, Google社のAndroid, Microsoft社のWindows, UNIXのX-windowなどが一般的によく利用されています。

11. Windows10ではWindows7で標準だったInternet ExplorerからEdgeに変わりました。なお，Windows7のサポート期間終了に伴い，2020年1月14日でInternet Explorerもサポートが終了しています。

る終了手順に従ってアプリケーション自身に終了を指示します[12]。GUI を用いたアプリケーションでは，アイコンで表示されている指示の中から「終了」や「閉じる」などの指示を見つけ出し，選択することで終了できます。また，アプリケーションが実行されているウィンドウを閉じることでも終了することができます。ただし，一つのアプリケーションで複数のウィンドウを開けている場合や，一度起動すると稼働したままの状態となる常駐型のアプリケーションの場合には，作業中のウィンドウを閉じただけではアプリケーション自体は終了しないので注意が必要です。

演習 5

Web ブラウザを起動して，メニュー上から「新規作成」や「新規ウィンドウを開く」などと表現された複数のウィンドウを開くための命令を探し出し，それを何回か選択して実際に複数のウィンドウを開いてみてください。その状態で，開いたウィンドウを一つずつ閉じることで終了してください。また，同じように複数のウィンドウを開いた状態でメニュー選択によって Web ブラウザ自体を終了させ，一つずつ閉じた場合との操作性の違いを考えてみてください。

演習 6

本体の主電源を切らずに常時待機状態にしておくスマートフォンやタブレット型コンピュータは，すぐに起動できるため待ち時間のストレスがなく，作業の中断や継続もスムーズですので，アプリケーションソフトウェアを起動したままで利用することも多くなっていますが，その利便性の陰に潜む問題に注意を払うことが必要です。そこで，どのような問題を生ずる危険性があるかを調べてみてください。また，その問題への対策としての利用上の注意点を考えてみてください。

⑥ オペレーティングシステムからログアウトする

一連のアプリケーションの使用が終了したら，現在ログインしている人の利用環境を終了するためにログアウト（logout）します[13]。個別のログイン名が配布されているシステムでは，ログアウトしないままにコンピュータの前を立ち去ってしまうと，そこから個人のプライバシーに関わるデータにアクセスできてしまうので，席を外すときはかならずログアウトする習慣をつけておくべきでしょう。

---

12. コマンドで指示する場合には，quit や exit などの終了を意味する命令を入力することで終了させます。e, q, x などのように，これらの単語の先頭，あるいは特徴的な 1 文字をコマンドとしている場合もあります。いずれにしても，これらの指示方法や手順はアプリケーションソフトウェアによって異なりますので，使用するソフトウェアの使用説明書（マニュアル）やヘルプをよく読んで正しく指示してください。

13. logout は login に対応した用語ですので，Windows や IBM 系のシステムでは logon に対応して logoff という用語が用いられています。

演習 7

みなさんが使用しているコンピュータのオペレーティングシステムにおいて，ログアウトする方法を調べて，実際にログインしているシステムをログアウトしてください。

⑦ オペレーティングシステムを終了する

GUI を用いたオペレーティングシステムでは，「システム終了」または「シャットダウン」などのアイコンを選択し，指示される一連の操作手順を実施するだけでオペレーティングシステムを終了できます[14]。また，Windows や MacOS に限らず，タブレット型やスマートフォンも含めた個人で使用するコンピュータのオペレーティングシステムでは，システム終了に連動してコンピュータ本体の電源が切れるようになっていますので，オペレーティングシステムの終了方法が実質的な電源の切り方であるともいえます。なお，大学や企業などの組織で使用しているシステムでは，システムの運用上の理由からオペレーティングシステムを終了させずに常時動かしたままにしておく場合があります。そのようなシステムの終了方法や退出時の操作については管理者や担当者の指示に従ってください。

⑧ コンピュータ本体の電源を切る

コンピュータの電源を切るためには，まずオペレーティングシステムを終了させなければなりません。上述したように，今日の個人で使用するコンピュータではオペレーティングシステムと本体の電源とが連動していますので，本体の電源ボタンを操作することはほとんどありません。しかも，昨今のほとんどのコンピュータには，稼働中に誤って電源ボタンを押したとしても，いきなり電源が切れずに確認操作を要求するような安全機構さえ組み込まれています。また，スマートフォンやタブレット型コンピュータのように常時待機状態にしておくような機器では，通常電源を切ることを必要としていないため，電源ボタンが待機と復帰を指示するようになっています。このようなタイプの機器の電源を切るには，⑦で述べたようにオペレーティングシステムに終了を指示するか，電源ボタンの長押しや別のリセットボタンと組み合わせた特別な操作が必要となりますので注意してください[15]。

なお，大学や企業などの組織で使用されるシステムでは，電源の入り切りをせ

---

14. コマンドで指示するシステムの場合は，shutdown や exit のようなシステム終了命令を打ち込んで実行します。なお，組織で使用しているシステムの場合には，システム管理者のみがその命令の実行権限を持つことが一般的ですので，通常利用者がシステムを終了する必要はなく，また命令したとしても拒否されてしまいます。

ずにオペレーティングシステムを常時動かしたままにしておく場合もあります。機器の電源の入り切りについても，管理者や担当者の指示に従うようにしてください。

演習 8

みなさんが使用しているコンピュータのオペレーティングシステムを終了して，電源を切ってください。もし，オペレーティングシステムを終了しない，あるいは終了できない環境であるならば，そのような設定になっている理由について調べてください。

演習 9

Web ブラウザで自分の所属している組織や，住んでいるところ，故郷，友人などに関連する情報を探し出してみてください。なお，電源を入れてから切るまで，あるいはログインしてからログアウトするまでの一連の操作手順をよく思い出し，Web ブラウザを使用した後は，実際に退席できる状態にしてください。

演習 10

自分が使用しているスマートフォンやタブレット型コンピュータの電源を切る（シャットダウンする）操作を確認して実際に行ってみてください。また，新たに起動する場合と待機状態から復帰する場合とで実際に利用できるようになるまでの経過の違いを確認してみてください。

1.2　コンピュータの基本的な仕組み

　前節ではコンピュータの基本的な操作方法を見てきましたが，そのような操作手順をしなければならない理由は，システムの基本的な仕組みを知らなければわかりません。そこで，本節ではコンピュータの基本的な理解を得るために，コンピュータを構成するハードウェアとソフトウェアについて，そしてコンピュータの基本構成について説明します。

1.2.1　ハードウェアとソフトウェア

　コンピュータは，ハードウェア（hardware）とソフトウェア（software）とで構

---

15. 今日では，試験会場のように情報機器の電断を求められることがあるだけでなく，常時稼働させているスマートフォンのような機器でも種々の理由により再起動が必要なこともままあり，電源操作や電源ボタンの機能についての知識や操作技能が必須とされていますので，操作マニュアルをよく読んで実際に操作することを通して身につけておくべきです。

成されています。コンピュータ本体や周辺機器などはハードウェアと総称されています。これに対して，ハードウェアを動作させるために必要なプログラムやデータなどは，ソフトウェアと総称されています。ソフトウェアは，多くの仕事を実行するために必要な基本的機能からなる**基本ソフトウェア**と，特定の仕事を実行するための**応用ソフトウェア**とに大別できます。基本ソフトウェアは**オペレーティングシステム**（OS：Operating System）と呼ばれ，応用ソフトウェアは**アプリケーションソフトウェア**（application software），あるいはそれを簡略化して**アプリケーション**とも呼ばれています。

　コンピュータ本体とオペレーティングシステムは，開発および販売する企業が異なることもあり，基本的には個別に購入して導入しなければなりませんが，個人利用を念頭として販売されている機種では，あらかじめオペレーティングシステムが導入[16]されているものがほとんどです。しかもその多くは，一般オフィスや家庭でよく使用されるワープロや表計算，Webブラウザ，電子メールなどのアプリケーションをも実装しています。そのため，ソフトウェアの存在自体を意識せずに利用している人もいるのではないかと思いますが，ソフトウェアがなければ，コンピュータ

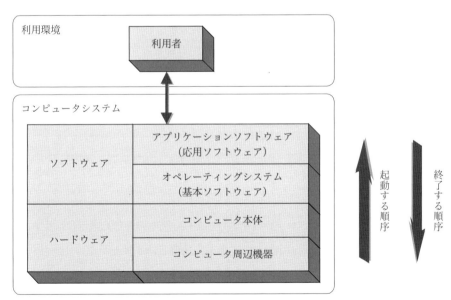

図 1.1
コンピュータシステムの構成要素の位置づけと起動・終了順序

---

16. 導入は英語の install の訳語ですが，最近では"インストール"という用語も一般的に使われるようになってきています。

はただの箱となってしまい，何も機能できないのです。

　前節で説明したコンピュータの操作の基本は，図1.1のように，コンピュータの内部構成をシステム的にとらえることによっても説明できます。つまり，システムの核となるハードウェアから，最も利用者に近いアプリケーションソフトウェアへと順次起動し，終了していることになるのです。ハードウェアの起動では，核であるはずのコンピュータ本体より周辺機器のほうを先に起動するのが少々不自然に感じられることと思います。前節の説明でも述べたように，コンピュータ本体が起動するときは，接続された周辺機器を自動的に検出して，システムとして系統立った動作をするために必要な初期設定を行います。そのため，本体が周辺機器を検出できるように本体に先駆けて起動しておかなければならないのです。最近では，起動しているコンピュータに後から周辺機器を取り付けても動作するUSBのようなインタフェースもありますが，そのような機器を利用する場合でもシステムを安定的に動作させるためにはできるだけ，この手順を遵守するほうがよいでしょう。

演習 11

みなさんが利用するコンピュータに導入されているオペレーティングシステムの製造企業，ブランド名を調べてください。また，そのコンピュータに実装され利用可能なアプリケーションの具体的名称と用途，製造企業も調べてください。さらに，メーカ名や製品名などからWWWを検索して，これらのソフトウェアに関して調べてみてください。

1.2.2　コンピュータの構成要素

　コンピュータは，入力装置，出力装置，記憶装置，演算装置，制御装置という五つの装置によって構成されていて，それらの関係は図1.2のように示すことができます。

① 入力装置　データやプログラムを入力したり，種々の操作を指示したりする

② 出力装置　処理結果を画面に表示したり，印刷したりする

③ 記憶装置　プログラムやデータを記憶する装置で，主記憶と補助記憶とに大別される

④ 演算装置　データに対する四則演算やデータの比較判断を行う

⑤ 制御装置　記憶装置に格納されているプログラムの命令に従って，入力,出力,記憶，演算の各装置の動作を制御する

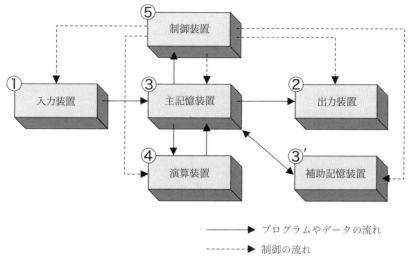

図 1.2
コンピュータの基本構成

上記③〜⑤の装置を一括りにして**処理装置**と呼び[17]，それ以外を**周辺装置**と呼びます。また，近年のマイクロプロセッサでは④と⑤を一括りにして設計されているものが多く，これらを特に**中央処理装置**（CPU：Central Processing Unit）と呼んでいます[18]。記憶装置は，制御装置と直接結びついて迅速に処理を行う**主記憶装置**と，これを補助し比較的安価に多量のデータを記憶できる**補助記憶装置**とに分類できます[19]。特に後者はコンピュータ本体の外部に周辺装置として接続されたり，メモリカードや光ディスク，磁気テープのように記憶媒体を外部に取り出したり，交換することが可能な媒体もあるため，**外部記憶装置**と呼ばれることもあります[20]。今日では補助記憶装置として，比較的速くアクセスできて安価なハードディスク装置が最もよく使用されています。しかも，ハードディスク装置の小型軽量化が進んだため，現在ではハードディスク装置がコンピュータ本体に収められている場合が多いのですが，アクセス速度の面から主記憶としては不十分なため，通常は補助記憶装置として利用されています。

　私たち利用者に最も身近な存在であるのが，人間とコンピュータのインタフェース（interface）となる入力装置および出力装置です。両者は一括りにして**入出力装**

17. 特に業務用に使用されるコンピュータでは一つのユニットにまとめて独立しているものを多々見かけます。
18. 厳密には CPU にも処理に必要な最小限の記憶装置は組み込まれています。
19. 主記憶を"一次記憶"，補助記憶を"二次記憶"と呼ぶこともあります。
20. そのため，主記憶はこれに対応して"内部記憶"とも呼ばれます。

置（I/O：Input/Output）とも呼ばれます。入力装置として最もポピュラーなのがタイプライタ型のキーボードです。今日ではさらに，画面上の図形を指し示すポインティングデバイス（pointing device）として，マウスやタッチパネルなどもよく用いられています[21]。そのほかには，コンビニエンスストアでおなじみのバーコード読み取り装置，試験やアンケートで利用されるマークシート読み取り装置やOCR（Optical Character Reader），自動改札切符やキャッシュカードなどの磁気カード読み取り装置がよく利用されています。最近では，ICチップが埋め込まれたカードや携帯電話と無線で電子マネーデータを読み書きする装置も，数多く利用されるようになっています。これらのほかに，利用範囲がまだ限られてはいるものの，音声や手書き文字を直接入力できる装置もあります。

出力装置は液晶ディスプレイ（LCD：Liquid Crystal Display）やブラウン管（CRT：Cathode Ray Tube）などの表示装置と，プリンタに代表される印刷装置が代表的です。一昔前は表示装置が高価であったため，プリンタが出力装置の中心でしたが，最近では，ICチップが埋め込まれたカードやスマートフォンと，非接触で電子マネーデータを読み書きする装置も数多く利用されるようになっています。また，スマートフォンやタブレット型PCでは，タッチディスプレイでのキーボード操作とともに手書き文字を認識させて入力する方法もよく利用されていますし，クラウドサーバとの連携により音声で話しかけるように質問や操作指示できるようにもなっています[22]。

1.3　ユーザインタフェース

ここまで，基本的な利用方法の全体像を示すことに注力してきましたので，人間とコンピュータとのコミュニケーションを媒介するユーザインタフェース（user interface）の操作方法に関してはあまり細かく説明しませんでした。本節では，今日多く用いられているグラフィックス画面を用いたインタフェースについて，その利用に欠かせないポインティングデバイスの操作方法とともに説明します。また，文字入力に欠かせないキーボードの操作方法を，特に日本語の入力方法に焦点をあてながら説明します。

---

21. このような画面上の図形を用いたインタフェースをGUI（Graphical User Interface）と呼びます。
22. クラウドサーバとの連携による音声認識能力の向上により，Apple社のSiriやAIスピーカーのような違和感のない対話型インターフェースが可能となっただけでなく，SOURCENEXT POCKETALKのように多言語による話し言葉を相互に翻訳できる携帯型の機器も登場しています。

1.3.1 ポインティングデバイスと GUI

　コンピュータは利用者が指示を与えなければ仕事をすることができません。仕事を指示するために種々の入力装置が用いられていますが，今日ではディスプレイ上に視覚的に表示された操作対象を指先やペンで直接タッチしたり，マウスのような指示装置（ポインティングデバイス：pointing device）を使って直感的に操作する，GUI が一般的に用いられています。ポインティングデバイスとしては，デスクトップ型コンピュータでは次ページの図 1.3 のような形状をしたマウスが一般的に使用されていますが，ノート型コンピュータを始めとする移動可能な機種では指先やペンで指示するタッチパッドが多用され，昨今では画面に直接触れて指示できるタッチディスプレイも普及しています[23]。

　このような経緯から，GUI の指示操作はマウス操作を基本としています。まず，マウスの操作ボタンをカチッと短い音がするくらいに軽く叩くことをクリック（click）と呼び，クリック 1 回（シングルクリック）でディスプレイ上の操作対象を選択，クリック 2 回（ダブルクリック）で操作対象の実行を指示することが一般的です。そのため，タッチパッドやタッチディスプレイでの指示操作方法として最近急速に普及している指先で画面やパッドを軽く叩くタッピング (tapping) 操作もマウスと同様に決められています。また，左ボタンは対象の選択や選択対象に対する操作の指示に，右ボタンはシステムやアプリケーションに対する指示に，真ん中のホイールを回すとウィンドウ内の表示を上下にスクロール[24] というように一般

図 1.3
マウスとタッチパッド
© マイクロソフト（株）

---

23. マウスは操作ボタンが上側になるようにして上下左右に移動させると，画面上のポインタ（矢印や縦棒などで表示）の動きが同じ向きになります。

24. Macintosh 用のマウスのように，ホイールの代わりにボールがはめ込まれて上下左右のスクロールが可能なマウスもあります。

的には設定されています [25]。タッピングの場合も同様にして，例えば，1 本指での
タッピングは左ボタン，2 本指でのタッピングは右ボタンというようにして，マウ
スと同じメニュー操作ができるように多くのシステムで設定されています [26]。

　画面上のある範囲を選択するときには，選択範囲の四隅のいずれかでボタンを
押し下げ，そのままの状態でマウスを対角線上に移動させて必要な領域が囲われ
たところでボタンを離します。このように操作ボタンを押しながらマウスを動かす
ことをドラッグ（drag）と呼びます。ドラッグは，画面上の対象に対する操作です
ので左ボタンでの操作が一般的で，範囲選択だけではなく，操作対象を移動したり，
描画ソフトウェアで図形を描くときにもよく利用されます。なお，ドラッグで操作
対象を移動することを，ドラッグ＆ドロップ（drag and drop）と呼びます。これら
の操作もジェスチャーで指示可能ですが，システムごとに微妙に異なっており，ま
た誤操作を避けるためにユーザが利用開始するまで機能設定されていないことも
あります [27]。

演習 12

みなさんが使用しているコンピュータのポインティングデバイスと，その操作方法
を調べてください。特に指先のジェスチャーで指示可能な場合には，実際にそれ
らの操作を行って，その使用感をレポートしてください。

1.3.2　キーボードでの日本語入力

　日本語を入力するためには，FEP（Front End Processor）を利用します。昨今の
多くのオペレーティングシステムには，はじめから標準の FEP が導入，設定され
ていて，特別な設定や新たな FEP を導入しなくても日本語を入力できるようになっ
ています。しかし，元来 FEP はオペレーティングシステムとは独立したプログラ
ムなので，利用者が最も使いやすい FEP を個別に導入することも可能です [28]。

---

25. マウス操作は左右ボタンの機能割り当てから指示するクリックの回数まで自分で利用しやすいように設定変更可能です。
　　くわしくはマウスの機能設定画面を見てください。
26. 複数本の指を同時に使う操作はスマートフォンやタブレット型コンピュータで一般的で，特に文字や画像を拡大縮小した
　　り，ウィンドウ表示を素早く切り替えたりする際に直感的な操作感覚を提供していますが，このような操作指示方法はジェ
　　スチャー (gesture) と呼ばれています。
27. 詳細については使用するコンピュータやシステムのマニュアルやヘルプ機能を活用して確認してみることをお勧めします。
28. IME や ATOK をはじめとして，今日では多くの FEP が出回っています。これらの FEP では，ユーザが登録できる辞書やユー
　　ザの選択履歴が，たいていはシステムとは別のファイルとしてあるので，異なるシステムに移行しても，そのデータを使
　　い続けることで自分に適した入力環境を維持できます。

　FEP を使って日本語を入力する方法には，仮名文字を直接入力する方法とローマ字を変換して入力する方法とがあります。仮名文字は日本語キーボードに表記された仮名文字を直接打ち込む方式で，1 ストロークで 1 文字打てるので効率はよいのですが，51 音すべてのキー配列を記憶しなければなりません。これに対して，ローマ字入力方式はアルファベット 26 文字のキー配列を記憶するだけで済み，英文入力にもそのまま対応できるので，今日では日本語入力より一般的な方法となりつつあります。ただし，ローマ字入力は読みを頭の中でローマ字に展開しなければならないことと，平均的に 1 文字で 2 ストローク必要なため，相対的な入力速度では仮名入力にはかないません。しかし，みなさんが一般的な文章を打ち込むために利用するのであれば，日本語 51 音とアルファベット 26 文字の両方を覚える手間を考えると，ローマ字入力のほうが習得時間やタイプミスなどの点からより適合しているといえましょう。

　次ページの表 1.2 にローマ字の綴り方を示します。また，図 1.4 に標準的な日本語フルキーボードの説明を，そしてよく使うキーの機能を表 1.3 に示します。これらについては特に説明しませんが，みなさんで活用してみてください。なお，ノート型や一部のディスクトップ型コンピュータでは，省スペースのために頻繁に使用しないキーを多機能キーとしてまとめて小型化したミニキーボードが使用されています。図 1.5 にミニキーボードの例を示しますが，表 1.3 に示されたキーの多くが多機能キーとしてまとめられ，「Fn」キーとシフトキーとを組み合わせて指示します。

　ところで，FEP には文字入力の仕方に対応して，通常以下のようないくつかの入力モードが用意されています。

- かな漢字変換モード——— 入力されたキーをかな漢字混じりに変換する
- ひらがな入力モード——— 入力されたキーをひらがなに変換する
- カタカナ入力モード——— 入力されたキーをカタカナに変換する
- 全角英数字入力モード—— 入力されたキーを全角の英数字に変換する[29]
- 半角英数字入力モード—— 入力されたキーを変換せずに用いる

　これらの種類や機能，および名称は FEP の種類によって異なります。入力モードが異なると目的とする入力文字は得られませんし，場合によっては入力自体が受け付けられないことさえあります。

---

29. ひらがなと漢字は全角ですが，英数字とカタカナには全角と，その半分の大きさの半角の文字があります。くわしくは 2.2.3.4 項を参照してください。

表1.2　ローマ字 / かな変換表

あ	あ A	い I	う U	え E	お O
	ぁ LA XA	ぃ LI XI	ぅ LU XU	ぇ LE XE	ぉ LO XO

か	か KA	き KI	く KU	け KE	こ KO
	きゃ KYA	きぃ KYI	きゅ KYU	きぇ KYE	きょ KYO
	くぁ KWA				

さ	さ SA	し SI SHI	す SU	せ SE	そ SO
	しゃ SYA SHA	しぃ SYI	しゅ SYU SHU	しぇ SYE SHE	しょ SYO SHO

た	た TA	ち TI CHI	つ TU TSU	て TE	と TO
			っ LTU XTU		
	ちゃ TYA CYA CHA	ちぃ TYI CYI	ちゅ TYU CYU CHU	ちぇ TYE CYE CHE	ちょ TYO CYO CHO
	つぁ TSA	つぃ TSI		つぇ TSE	つぉ TSO
	てゃ THA	てぃ THI	てゅ THU	てぇ THE	てょ THO
			とぅ TWU		

な	な NA	に NI	ぬ NU	ね NE	の NO
	にゃ NYA	にぃ NYI	にゅ NYU	にぇ NYE	にょ NYO

は	は HA	ひ HI	ふ HU FU	へ HE	ほ HO
	ひゃ HYA	ひぃ HYI	ひゅ HYU	ひぇ HYE	ひょ HYO
	ふぁ FA	ふぃ FI		ふぇ FE	ふぉ FO
	ふゃ FYA	ふぃ FYI	ふゅ FYU	ふぇ FYE	ふょ FYO

ま	ま MA	み MI	む MU	め ME	も MO
	みゃ MYA	みぃ MYI	みゅ MYU	みぇ MYE	みょ MYO

や	や YA	い YI	ゆ YU	いぇ YE	よ YO
	ゃ LYA XYA	ぃ LYI XYI	ゅ LYU XYU	え LYE XYE	ょ LYO XYO

ら	ら RA	り RI	る RU	れ RE	ろ RO
	りゃ RYA	りぃ RYI	りゅ RYU	りぇ RYE	りょ RYO

わ	わ WA	うぃ WI	う WU	うぇ WE	を WO

ん	ん NN	ん N'			

が	が GA	ぎ GI	ぐ GU	げ GE	ご GO
	ぎゃ GYA	ぎぃ GYI	ぎゅ GYU	ぎぇ GYE	ぎょ GYO
	ぐぁ GWA				

ざ	ざ ZA	じ ZI JI	ず ZU	ぜ ZE	ぞ ZO
	じゃ JYA ZYA JA	じぃ JYI ZYI	じゅ JYU ZYU JU	じぇ JYE ZYE JE	じょ JYO ZYO JO

だ	だ DA	ぢ DI	づ DU	で DE	ど DO
	ぢゃ DYA	ぢぃ DYI	ぢゅ DYU	ぢぇ DYE	ぢょ DYO
	でゃ DHA	でぃ DHI	でゅ DHU	でぇ DHE	でょ DHO
			どぅ DWU		

ば	ば BA	び BI	ぶ BU	べ BE	ぼ BO
	びゃ BYA	びぃ BYI	びゅ BYU	びぇ BYE	びょ BYO

ぱ	ぱ PA	ぴ PI	ぷ PU	ぺ PE	ぽ PO
	ぴゃ PYA	ぴぃ PYI	ぴゅ PYU	ぴぇ PYE	ぴょ PYO

ゔぁ	ゔぁ VA	ゔぃ VI	ゔ VU	ゔぇ VE	ゔぉ VO

つ	後ろに子音を二つ続けます ［例］だった … DATTA っ　　　（単独で入力するとき） LTU XTU

※　"ん" は N に続いて子音（K, T, P, S, Z, J, D など）がくれば "ん" となります。

ジャストシステム：一太郎 9 ［ファーストステップ］，ジャストシステム，1998 より引用

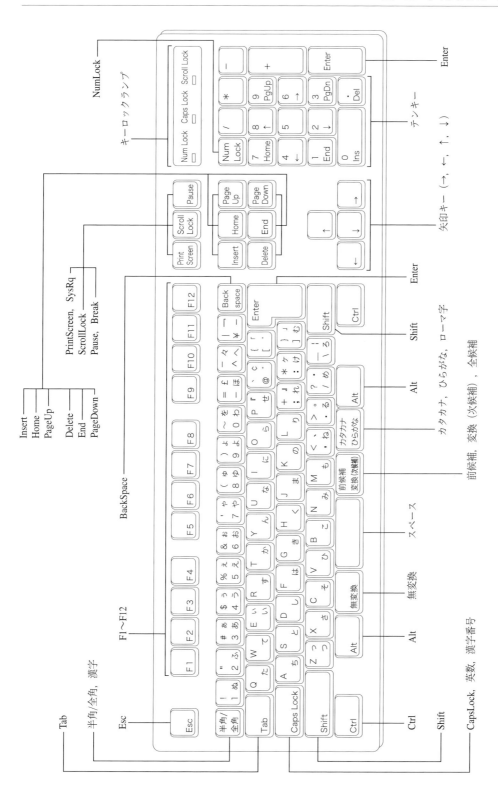

図 1.4
フルキーボード（日本語 108 キー）

表1.3　よく使うキーの機能

	機　能
Enter	1. 命令の実行や入力の確定 2. 改行
矢印キー	1. カーソルの移動 2. 日本語変換時の文節の切り直し，次候補への移動や確定
Back Space	カーソル前の 1 文字・改行・指定範囲の削除
Delete	カーソル上の 1 文字・改行・指定範囲の削除
Insert	挿入モードと上書きモードとの切り替え [a]
スペース	1. 空白文字を挿入 2. 日本語の漢字仮名混じり文字への変換
ファンクションキー （F1 〜 F12）	各ソフトウェアに対応した命令の実行
テンキー	数字の入力（ Num Lock キーで Num Lock ランプを点灯して使用）
Shift	アルファベットキーと組み合わせて，大文字 / 小文字の切り替え
Caps Lock	Shift ＋ Caps Lock キーで，アルファベットを大文字で入力
半角/全角	Alt ＋ 半角/全角 キーで，日本語入力の ON/OFF を実行 [a]
カタカナ ひらがな	Alt ＋ カタカナ ひらがな キーで，かな入力とローマ字入力を切り替え [a]
Tab	設定された文字数分だけ入力位置（カーソル）をジャンプ
Print Screen	画面全体を取り込み，クリップボードに貼り付け（この画像は，その後他のソフトウェアを使って作成した文書などに取り込むことができる） Alt ＋ Print Screen キーでは，アクティブウィンドウのみを取り込み，貼り付け
Alt Ctrl	PC がフリーズした（動かなくなった）場合，Ctrl ＋ Alt ＋ Delete キーで，立ち上がっているソフトウェアを強制的に終了させたり，PC を再起動することができる

よく使う記号

　　＊（アスタリスク）： Shift ＋ *：け　　　〜（チルダ）： Shift ＋ ^へ　　　@（アットマーク）： @

a.　キーを押す操作を繰り返すことで，二つのモードを切り替えたり，ある機能の ON/OFF を切り替えたりする場合があり，そのような機能を "トルグ" といいます。

（日本女子大学西生田コンピュータセンター利用者マニュアルから引用）

演習 **13**

利用しているシステムに導入されている FEP の種類とその起動方法，用意されている入力モードとその機能，入力モードの変更方法などを調べてください。

演習 **14**

"記者の帰社予定は 7 時です"，"母の母はハハハハハハと笑う"，"今日は医者に行く予定です" などの文章を入力してみてください。

1.3.3 キーボードと CUI

　キーボードを見るとキーの数に圧倒されるかもしれません。一般的なキーボードで 100 個以上のキーがあります。しかし，頻繁に使用するキーはそのうちのごく一部で，使用目的によっては使わないキーがたくさんあります。例えば，英字のキーは 26 文字ですが，日本語をローマ字で表す場合には 20 文字で済みます。ローマ字入力では，頻繁に使うキーが母音にあたる A, I, U, E, O で，これに K, S, T, N, H, M, Y, R, W が続きます。最初に，母音の位置をよく覚えましょう。

　一方，カナ入力はローマ字入力に比べてキー操作の回数が少なくて済みますが，

図 1.5
ミニキーボード（日本語 86 キー：ノート型 PC タイプ（Fn キーを併用する機能キーのまとめ方は機種ごとに異なりますので注意してください））

覚えなければならないキーの種類が多いため，キーの位置を覚えるのに時間がかかります。

　タイピングの練習方法としては，人差し指だけを用いる“人差し指タイプ”を避けて，10 本の指を使う方法をお勧めします。図 1.6 の 8 本の指の位置がホームポジションです（A, S, D, F, J, K, L, ;）。キーを見ないで打つ**タッチタイピング**（touch typing）[30] をマスターするには，個人差がありますが，10 〜 30 時間程度かかります。自分なりの目標をもって練習してみるとよいでしょう。

演習 15

A から Z までの 26 文字全部を用いる文（一部重複はあります）を参考にあげておきますので，タッチタイピングで打ち込んでみてください。

イギリスのきつね狩りの様子を表したものだそうです。

　A quick brown fox jumps over the lazy dog.

　ところで，GUI が普及するまで，オペレーティングシステムの操作はすべてキーボードで英文字を打ち込むことで行っていました。このように，キーボードを使って文字によるやりとりを行うユーザインタフェースのことを CUI（Character User Interface）やコマンドラインインタフェースなどと呼びます。初期のコンピュータは CUI しか持ち合わせていなかったので，そのころに作られた膨大なソフトウェアは，すべてキーボードで操作するものでした。現在でも，ほとんどのオペレーティ

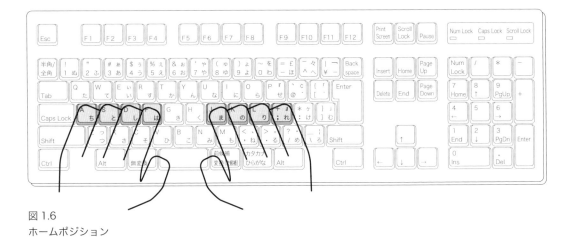

図 1.6
ホームポジション

---

30. 以前はブラインドタッチ（blind touch）ともいわれていました。

ングシステムにそのなごりが残っており，CUI での操作も可能となっています。

演習 16

みなさんが使用しているコンピュータのオペレーティングシステムに，CUI での操作手段が用意されているか調べてみましょう（ヒント：メニュー項目に併記された記号）。

演習 17

GUI のほうが，マウスとグラフィカルな画面によって利用者に直感的でわかりやすく便利なユーザインタフェースを提供しているように思いますが，一方で，いまだに CUI が多くのオペレーティングシステムに残されています。その理由はなぜか調べてみましょう。

1.3.4　ヘルプ機能の利用

　最近のほとんどのアプリケーションソフトウェアには，必要に応じて一般的な操作方法や操作のヒント，便利な使い方などを示してくれるヘルプ機能が用意されています。図 1.7 は Open Office Writer でヘルプ機能を呼び出している例を示していますが，多くのアプリケーションソフトウェアで，同様に「ヘルプ」メニューから選ぶことができます[31]。また，図 1.8 のように**エージェント**という技術を使って，より対話的にわからないことを尋ねてくれたり，いくつかの候補を示して目的のヘルプ情報にたどり着く手伝いをしてくれるものもあります[32]。

演習 18

みなさんが利用している環境やアプリケーションソフトウェアで実際にヘルプ機能を起動し，目次およびカテゴリーから「ヘルプ」を指定して，ヘルプ機能自体の具体的な操作方法が表示されるかどうか確認してみてください。また，インターネット接続を切ることができる環境であれば，接続されていない状態でヘルプ機能が起動できるかどうかも調べてみてください。

---

31. 昨今のヘルプ機能は，インターネット上のサーバで提供されていることが多く，インターネット接続されていない場合は機能しないことがありますので注意が必要です。
32. ヘルプエージェントは，ソフトウェアを使い慣れたユーザにはかえって煩わしく感じられることもありますので，常時働かないように設定することもできます。

図1.7
ヘルプ機能の例［OpenOffice 4］

図1.8
ヘルプエージェントの例［Microsoft Windows 10 Cortata］

課 題 1-1

みなさんが利用するコンピュータが使用しているオペレーティングシステムの起動方法と終了方法，アプリケーションソフトウェアの起動方法と終了方法などの基本的操作方法を調べて，他の人にわかりやすいように注意して書き出してください。また，それを近隣の人たちと交換して実際にその記述どおりに間違えないで操作できるかどうかを評価し合ってください。

課 題 1-2

みなさんが利用するコンピュータの製造企業，ブランド名，型番号，付属している周辺機器，使用しているオペレーティングシステム，実装されているアプリケーションソフトウェアなどをできるだけ詳細に記してください。また，メーカ名や製品名などから WWW を検索して，これらに関する情報がどこにどの程度あるか調査してください。

課 題 1-3

電子掲示板（3.1.1 項を参照）で公開するための自己紹介文を作成してください。なお，自己紹介を考える上で，まず自分を表現する情報にどのような属性があるのかを考えてください。例えば，氏名，年齢，生年月日などもそうですし，趣味や特技，大学に入ってやりたいと思っていること，将来就きたい職業などもそうでしょう。このような自分を特徴づける属性を 10 個取り上げて，自己紹介文を作成してください。どのような属性を取り上げたかがわかりやすいように，かならず次の例のように "1. 属性：内容" というような書き方をしてください。

（例）学籍番号 12345 の野村泰朗君の場合

題名	自己紹介（12345）
内容	埼玉大学教育学部教育臨床講座 12345 野村 泰朗 1. 氏名：こんにちは，野村泰朗です。「のむらたいろう」と読みます。あだ名ではなく本名です (^o^)。 2. 趣味：フルートを演奏します。また，クラシック，ジャズを聴くのも好きです。 ・・・・・・ 半年間，よろしくお願いします。

自己紹介文は，電子掲示板の「新規書き込み」や「新規作成」を選択して，その指示に従って書き込んでください。なお，電子掲示板が利用できないときには，エディタで作成してみましょう。

第2章
情報活用の第一歩

┌─ ねらい ──────────────────────────────────┐

　❐　Webブラウザが提示する情報の所在や位置づけを理解する
　❐　テキストエディタを使って収集した情報の整理，加工ができる
　❐　収集および整理した情報をファイルとして保存し，管理できる
　❐　レポートの書き方を理解し，実践できる
　❐　公開情報の個人的な利用範囲について理解する

└──┘

　コンピュータは難しいとか，うまく使うことができないので苦手だとか，使い方をすぐに忘れてしまうとかという声をよく聞きます。その一方で，多くの人が多機能な携帯電話やスマートフォンを自由に使いこなし，それらの操作が難しいとか苦手という人にはあまりお目にかからないのではないでしょうか。また，多種多様な自動販売機や銀行のATMも多くの人々が日常的に使いこなしています。しかし，これらはすべてコンピュータが搭載された機器なのです。このように，私たちは気づかないところで日常的にコンピュータを利用しているのです。

　それにもかかわらず，コンピュータが苦手である，あるいはコンピュータを十分に使いこなしていないと感じている人が多いのはどうしてなのでしょう。その原因の一つには，そもそもコンピュータが他の多くの機器とは異なって，特定の用途および機能を支援するのではなく，人間の日常的で広範囲な情報活動を支援する機

器であることに関係しているものだからと思われます。その一方で多くの人が考えていることは，キーボードやマウスの操作が上手になれば，また，より多くのより新しいアプリケーションソフトウェアを使うことができるようになれば，コンピュータを使いこなすことができるようになるのかということではないでしょうか。

　しかし，少し考えてみればわかるように，いくらキーボードを使って文字を入力できる速度が速くなっても，また，いくら美しく印刷できる機能があったからといって，すばらしい文学作品や研究論文を次々と発表できるようになるかというと，そのようなことはありません。文学作品や研究論文のすばらしさは，例えばいかに読者の心をつかむテーマを豊かに文章表現できているかであるとか，客観的な調査に基づいて得られたデータをいかに科学的な論証を積み重ねて論じることができたかということではないでしょうか。

　このように，コンピュータを使いこなすということは，単に文書を作成したり，インターネットで情報検索したりするだけではありません。それは，私たちの情報の収集から整理，加工，蓄積，表現，発信までできる力，すなわち情報活用能力をいかに高めることができるかということなのです。私たちは，情報活用過程の全般において，何を目指しているのかを明らかにして，その目的や置かれた状況に応じた手段を適切に選択できなければ，実際に問題を解決することができません。例えば，より信頼性の高い研究結果を示そうと思えば，客観性を高めるためにより大量のデータを短期間で収集でき，大量のデータを効率よく処理できなければなりません。そのためには，手作業でデータを記録したり，手計算で集計をするよりも，コンピュータを使って自動計測をしたり，表計算ソフトウェアで集計をしたりするほうが効率的でしょう。しかし，研究成果を公表する前には，人間が手計算や別の計算方法で検算し，データや数式の入力にミスがないかどうかをダブルチェックすることが欠かせません。コンピュータは，その柔軟性の高さから多くの可能性をもった手段ですが，それだからこそ，このように，コンピュータを利用したほうがよい場面，人間が行ったほうがよい場面を適切に判断できることが大切になります。なんでもかんでもコンピュータで解決しようとすると，失敗してしまうこともあるのです。ですから，私たちの情報活動すべての場面において，コンピュータの利用方法や手段を多種多様に考えることができ，さらにコンピュータを使用すること自体が適切かどうかをも判断できる知識と技能を兼ね備えている必要があるのです。

　本章では，情報やコンピュータのもつ基本的な特性を知ることを通して，情報活用の各過程について，目的や状況に応じて具体的にどのようなコンピュータの活用方法があるのかを見ていきます。

2.1　個人的な調査

　私たちは，勉強や授業での課題を考えたりするときだけではなく，日常生活の中でも多くの疑問や解決しなければならない新しい問題に遭遇します。このようなとき，私たちはそれらに関する情報を集め，整理し，加工しながら考えることでしょう。ときにはそこで得られた知見をメモしたり，後で使えるような文章の形にまとめておいたりすることでしょう。これらはすべて私たちの日常的な情報活動なのですが，コンピュータという道具を利用して，このような活動がどこまでできるのかを考えてみましょう。

　ここでは，Web ページから得た文章情報をエディタを用いて整理および加工することで，自分が所属する大学や組織についての個人的調査をする例を取り上げます。基本的な操作手順は以下のようになります。

① 　Web ブラウザによる情報の検索と収集

② 　収集した情報の整理・加工

③ 　レポート形式での情報発信

①　Web ブラウザによる情報の検索と収集

　コンピュータを用いた情報の収集には WWW の利用が便利です。より専門的なデータ収集には特定分野のデータベースやデータ CD-ROM を用いたりしなければならない場合もありますが，調査対象の概略を調べたり，調査すべき範囲や対象を絞ったりするには WWW は非常に有意義です。

　WWW での情報検索にはいくつかの方法がありますが，Yahoo！（http://www.yahoo.co.jp）や Google（http://www.google.co.jp）などの Web 検索エンジンを用いた，キーワードによる Web ページの検索が便利です。次ページの図 2.1 は Google のページです。

演習 1

Yahoo！や Google などの検索エンジンを利用して，Web 検索エンジンについて調べてみてください。

演習 2

Yahoo！や Google 以外の Web 検索エンジンを探してください。そして，それらの検索エンジンに同じキーワードを入れ，表示される Web ページの情報やその表示順序の違いなどを比較してみてください。

図2.1
Webページ検索エンジン "Google" のページ［Firefox］

演習 3

みなさんが利用しているWebブラウザで，現在表示されているWebページをそのまま再表示できるような形でディスクに保存する方法を調べてみてください。

　検索の結果，記録すべき情報があるWebページを見つけたら，そのページをディスクに保存します。この操作は図2.2に示すようにWebブラウザのファイル操作機能として備わっています。

　保存に際しては，まずその情報を保存するファイルの名前と保存する場所を決

図2.2
Webページの保存指示例［Firefox］

めなければなりません。個人のコンピュータでは，ソフトウェアやシステムで指定された場所に保存しておくことも可能ですが，その場所がどこなのかはしっかりと確認しておくべきです[1]。特に最近のソフトウェアやシステムは自社のクラウドサーバに保存させるように誘導していますので，ネットワークに接続した状態で注意せずに保存作業をしていると，ネットワークに接続できない状況下で保存したはずのファイルが自分のコンピュータ内に見つからないというトラブルに見舞われてしまいます。同様に，PC室や情報処理教育室といった共同利用環境で個々の利用者に割り当てられている保存場所は，その環境以外からは一般的にアクセスできないので，個人のコンピュータで作業を継続したり，そのデータを再度取り込んだりするためには，図 2.3 に例示した USB メモリのような持ち運びができる記憶媒体を用意して保存しなければなりません。その場合には，ソフトウェアやシステムがデフォルトにしているのと異なる場所を個別に指定することが必要となります。いずれにしても，ファイルを保存する際には，まず USB メモリやハードディスク，ネットワーク上の共有ディスクなど，ファイルを格納する記憶媒体を指定すると共に，よく確認してからファイル名を指定するよう心がけましょう。また，保存するファイル名と同じファイル名が保存しようとする場所にすでにある場合，元のファイルの内容が新しいものと置き換えられてしまうことにも注意してください[2]。

演習 4

みなさんが使用するエディタで情報の保存を指示する方法を調べてみてください。

図 2.3
保存場所の指示画面例［Windows 10］

---

1. そうでないと，そのアプリケーションソフトウェア以外ではファイルにアクセスできなくなってしまいますし，ファイルのバックアップもできません。
2. 多くのシステムではこのようなファイル名を指定すると警告が表示されますが，すぐに置き換えられてしまうこともありますので注意が必要です。

演習 5

みなさんが使用するコンピュータシステムに，共通の保存先やネットワーク上での個人のディスク領域があるかどうかを調べてみてください。それらがあればそこに，なければ USB メモリなどの持ち運びのできる記憶媒体を用意して，エディタに適当なデータを貼り付けて保存してみてください。また，保存した内容を取り出してみてください。

② 収集した情報の整理・加工

　Web ブラウザで収集，保存した情報をテキストエディタを使って整理，加工します。エディタとは，コンピュータ上で紙と鉛筆，消しゴムの役割を簡便に果たしてくれる編集ソフトウェアです。ここで取り上げるテキストエディタは文字情報しか扱うことができませんが，Web ページ検索で得た知見を文章としてまとめておくには十分でしょう。しかも，Windows では**メモ帳**，MacOS では **SimpleText** や **TextEdit** というように固有の名称こそ異なるものの，オペレーティングシステムに最初から用意されています[3]。本書ではこれ以降で特に明記しない限り，「エディタ」はテキストエディタを指し示すものとします。

　Web ブラウザからの情報の取り込みには，ブラウザを動かしたままにしておいて，エディタも起動するのが便利です。エディタを起動するとコンピュータの画面全域にエディタのウィンドウが表示[4]されるように設定されているコンピュータもありますが，図 2.4 のようにブラウザとエディタの双方のウィンドウが見えるようにそれぞれのウィンドウの大きさを調節します。

演習 6

みなさんが使用するコンピュータシステムで利用できるテキストエディタの名称とその起動方法を調べてください。同じ名称のエディタでもバージョン（版）によって機能が異なることもあるので，使用するエディタのバージョンも調べてみてください。

演習 7

みなさんが使用するコンピュータシステムで，表示されているウィンドウの大きさを調整したり，前後の関係を変えたりする方法を調べ，実際に操作してみてください。

　まず，Web ブラウザに先ほど保存した Web ページをディスクから読み込んで表

---

3. UNIX では emacs や vi など，GUI ではなくコマンド入力で操作するエディタがよく利用されています。これらは GUI に比べて操作効率が高いエディタですが，慣れるまでには少々練習が必要です。

図 2.4
画面上に複数のウィンドウを開いた状態［Mac OS X：Firefox，テキストエディタ］

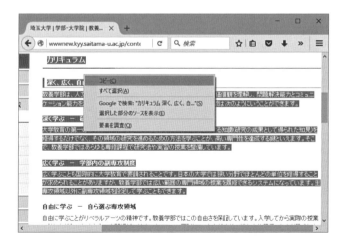

図 2.5
Web ページ内の情報の選択と取り込み指示［Firefox］

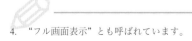

4. "フル画面表示"とも呼ばれています。

示します。そのページの中でマウスやキーボードを使って必要とされる部分を図 2.5 のように選択して，コンピュータ内部のメモリに一時記憶させます。この操作はブラウザの編集機能として「コピー」や「複製」という名称で備わっています。この操作は，選択した文字情報を内部のメモリに一時記憶させるだけなので，画面表示はほとんど何も変化しません。

　次に，エディタのウィンドウへ行き，内部のメモリに一時記憶した文字情報の貼り付けを指示します。この操作は，エディタの編集機能として「貼り付け」や「ペースト」という名称で備わっています。この一連の操作は，「コピー＆ペースト」と呼ばれています。

　なお，内部のメモリへの一時記憶の操作が正しく実行されていないと，図 2.6 の右図のように機能が選択できない，あるいは操作が表示されないため，貼り付け操作の指示ができません。このような現象に直面したら，もう一度先の操作をやり直してみてください。

演習 8

みなさんが使用するエディタでコピーや切り取り，貼り付けなどの指示方法を調べてください。また，それらを実際に使って，それらの機能がどのように働くかを確認してみてください。

　エディタに必要な情報を貼り付けた状態は，改行の場所や表示形式によって多くの場合 Web ページ上の表示とは少々形式が異なります。図 2.7 に示した例では，文章の改行位置が Web ページとエディタで一致していないため，たいへん読みにくくなっています。このような場合は，エディタの 1 行の文字数を調整するか改行を削除する必要があります。

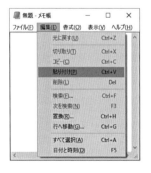

図 2.6
機能が選択可能なメニュー（左側）と選択できないメニュー（右側）［Windows 10］

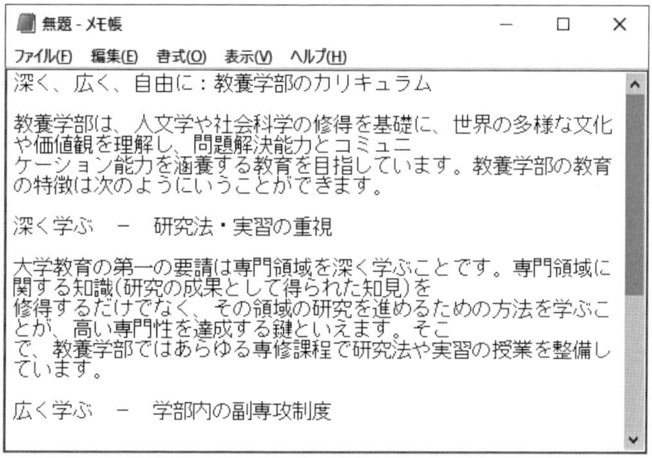

図 2.7
改行位置が合っていない例［Windows 10：メモ帳］

　ところが，修正作業では，誤って元の情報を消してしまったり変更してしまったりすることがよく起こります。また，まれに作業中にソフトウェア，システム，あるいはコンピュータそのものが停止してしまうことさえ起こります[5]。そのような悲運による被害を最小限にするためにも，作業を始める前や作業の途中で適宜エディタの情報を保存しておくことを心がけましょう。

演習 9

本節の作業では，保存した Web ページを再度表示させて取り込みましたが，WWW にアクセスした状態で保存しなくても取り込みが可能です。双方の操作は機能的には同じ結果となりますが，元の情報はできるだけ本節のように保存しておくことが望まれます。その理由について考えてみてください。

③ レポート形式での情報発信

　一般的に，レポートにはタイトル，作成年月日，作成者，出典などの項目と，ある一定の文書書式が要求されます。次ページの図 2.8 は②で貼り付けた内容をこのような形式にまとめた例です。

　個人的なレポートなので特に作成者の名前は入っていませんが，会議資料や提

---

5. このような事態は，停電，ハードウェアの不調，ソフトウェアのバグ，操作ミスなど種々の要因で発生し，その直前までになされた利用者の情報活動の成果は一瞬にして失われてしまい，停止前の状態に戻る可能性はほとんどないのです。

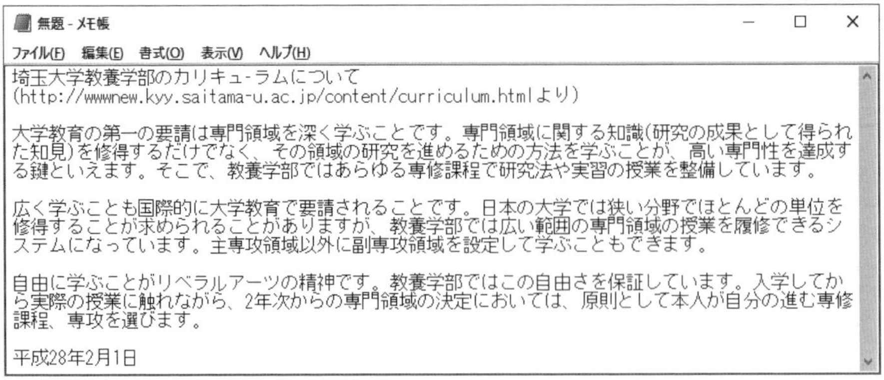

無題 - メモ帳
ファイル(F)　編集(E)　書式(O)　表示(V)　ヘルプ(H)

埼玉大学教養学部のカリキュ-ラムについて
(http://wwwnew.kyy.saitama-u.ac.jp/content/curriculum.htmlより)

大学教育の第一の要請は専門領域を深く学ぶことです。専門領域に関する知識(研究の成果として得られた知見)を修得するだけでなく、その領域の研究を進めるための方法を学ぶことが、高い専門性を達成する鍵といえます。そこで、教養学部ではあらゆる専修課程で研究法や実習の授業を整備しています。

広く学ぶことも国際的に大学教育で要請されることです。日本の大学では狭い分野でほとんどの単位を修得することが求められることがありますが、教養学部では広い範囲の専門領域の授業を履修できるシステムになっています。主専攻領域以外に副専攻領域を設定して学ぶこともできます。

自由に学ぶことがリベラルアーツの精神です。教養学部ではこの自由さを保証しています。入学してから実際の授業に触れながら、2年次からの専門領域の決定においては、原則として本人が自分の進む専修課程、専攻を選びます。

平成28年2月1日

図 2.8
レポート形式への文書整形例［Windows 10：メモ帳］

出用のレポートには作成者を特定できる名前や所属などの情報が必要です。また，レポートの形式は要求される場面や内容，提出先などによって異なるので，記述に際しては，かならずその形式を調べなければなりません。

なお，Web ページを参考資料として記すときには，そのページの URL（Web アドレス）を図 2.8 にあげたように“http://”から書くのが一般的です[6]。特に一つのウィンドウをいくつかに区切ってページを表示する**フレーム**表示が使われている場合には，図 2.9 に示すように，フレーム表示されるページのアドレスが Web ブラウザ上でいま見ているページの URL ではなく，フレーム表示を定義しているトップページの URL を示したままになることがありますので注意が必要です[7]。

2.2　コンピュータによる情報の基本的な扱い

私たちは，情報を収集し，整理・加工して，蓄積し，表現し，発信するという情報活動を日常的に行っています。コンピュータは，このような私たちの情報活動を円滑にしたり，範囲を拡大したり，質を向上したりできるように，情報を処理してくれます。本節では，私たちの情報活動を支援するための最も基本的なコンピュータの利用方法とその機能について，情報を収集するための情報検索と，情報の整理と加工，情報の保存の三つに分けて順に解説していきます。

6. 今日では，セキュリティの観点から 2.2.1.3 項で述べる “https://” も多用されています。
7. そのページを見るためのリンクボタンにカーソルを合わせると，ウィンドウの隅やカーソル部分に URL が表示されることがあります。また，個々のフレームを「新しいウィンドウ」で表示すればかならず URL が表示されます。

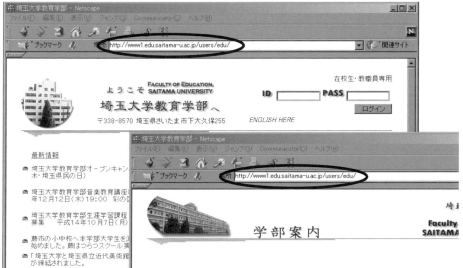

図 2.9
フレーム表現時の URL 表示例［Netscape 4.7］

インターネット

インターネット（Internet）は，小規模のコンピュータネットワークである LAN（Local Area Network）と LAN の間に介在して相互のやりとりを担うこと（inter-networking）を目的として開発されたネットワークの総称です。つまり，私たちが通常インターネットと呼んでいる地球規模での大きなネットワークは，実は学校や地域，企業などの小規模ネットワークの相互接続によって成り立ち，機能しているわけなのです。

技術的には，インターネットの通信手順である TCP/IP を採用した LAN の相互接続によってできあがったネットワークといえ，インターネットに接続されたコンピュータには，IP アドレスと呼ばれる識別番号を付けて識別しています。現行の規格である IPv4 での IP アドレスは 32 bit のデータで，"192.168.10.109" のように，0〜255 の数字を四つに区切った形式で表現されています。インターネットでは個々のコンピュータをこの IP アドレスで特定してアクセスしていますが，番号による特定は人間にはわかりにくいため，わかりやすいように多少の意味をもたせた "saitama-u.ac.jp" のようなドメイン名での利用ができるようになっています。近年では，インターネットに接続する機器が爆発的に増大して IP アドレスが不足していることから，これを 128bit に拡張した IPv6 規格への移行が進められています。

2.2.1　WWW を用いた情報検索

　WWW（World Wide Web）というのは，web（蜘蛛の巣）という名が示すとおり，ネットワーク上に独立に存在するいろいろな情報を含んだ Web ページが，キーワードやページ間での相互参照により蜘蛛の巣のようにつながってできた，世界をまたぐ情報ネットワークです。情報検索といえば，以前は辞典や文献を紐解いたり，図書館や資料館でなされるものでしたが，インターネットが普及している今日では，まずインターネット上に展開されている WWW で情報を検索することが多いのではないでしょうか。それは，書籍の出版に比べてはるかに短期間で，簡単に，自由に，そして安価に情報発信ができるようになり，これまでより鮮度が高く，多岐にわたる情報がタイムリーに掲載されることが多くなったからでしょう。

　しかし，WWW のこのような特徴は，一方で信憑性の低い情報の氾濫や，誤った説明や解釈の流布をもたらすだけでなく，今日社会問題となっているような騙しや偽り，架空の Web ページによる詐欺や情報の不正入手などの事件を引き起こす要因ともなっています。この項では，WWW を利用して目的とする情報を含んだ Web ページを見つけ出すための方法を，到達したページの信憑性との関係を踏まえつつ説明します。

2.2.1.1　検索エンジンを利用する

　検索エンジンと呼ばれるソフトウェアや，それを一般の利用者に公開している Web サイト（site）[8] は，目的とする情報が掲載された Web ページの URL を知らなくても，キーワードや関連事項からその Web ページに到達することができるため，たいへん便利な存在です。また，WWW 内に目的とする情報がそもそもあるかどうかを知りたいというようなときにも，検索エンジンは便利です。表 2.1 にいくつかの代表的な検索エンジンの例を示します。検索エンジンはこれらの代表的なものをはじめとして，特定の分野や地域，利用者を対象としたものや，個人的興味や嗜好を反映したものまで数多く存在しています。

　検索サービスを提供している Web サイトは多数ありますが，それらは情報収集方法の違いからロボット系のものとディレクトリ系のものに大別されます。ロボット系では，Web ページに張られたリンク先を自動的に訪れてページ内部を全文検索しながらデータを収集する，ロボットと呼ばれるソフトウェアを用いて集められ

8.　Web サイトとは，複数のサーバまたはひとまとまりの Web ページ群がある場所を意味しています。Google を除いた検索エンジンは，ニュースやお役立ち情報，広告掲載企業へのリンクを提供し，Web ブラウザの初期画面に指定されることも多いため，インターネットへの玄関という意味で「ポータルサイト（portal site）」とも呼ばれています。

表 2.1　検索エンジンの例

種　類	検索サイト
ロボット系	goo（NTT レゾナント株式会社） ── https://www.goo.ne.jp/
	Infoseek Japan（楽天） ── https://www.infoseek.co.jp/
	Excite Japanese Ed.（株式会社エキサイト） ── https://www.excite.co.jp/
	フレッシュアイ（Scala Communications, Inc） ── http://www.fresheye.com/
	Google 日本語版（Google） ── https://www.google.co.jp/
	Bing（Microsoft） ── https://www.bing.com/
ディレクトリ系	Yahoo！JAPAN（ヤフー株式会社，現在「カテゴリ」検索以外はロボット型） ── https://www.yahoo.co.jp/
	OCN ポータルサイト（NTT コミュニケーションズ） ── https://www.ocn.ne.jp/
	msn ポータルサイト（Microsoft） ── https://www.msn.com/
	TOSS-Land（特定非営利活動法人 TOSS） ── https://land.toss-online.com/
	so-net（Sony Network Communications Inc.） ── https://www.so-net.ne.jp/

（2021 年 3 月現在）

た膨大なデータから作成された検索インデックスが使われています。これに対して，ディレクトリ系ではデータをカテゴリーごとに分類して登録したデータベースを用いています。

　ロボット系は，一つのキーワードで大量の Web ページを見つけ出すことができ，新しく登場したページにも比較的早く対応できるのが特徴ですが，単にキーワードが含まれただけの，目的とは異なるページも多数検索されてしまいます。これに対して，ディレクトリ系は質の高い検索結果を得ることができますが，まだ知れ渡っていない新しいカテゴリーのページや一般的な認識と異なるカテゴリーに登録されてしまったページにはうまくたどり着けないという短所があります。

　そこで双方の短所を克服すべく，多くの検索エンジンに対して同時に検索するメタサーチも試みられてきましたが，Google 検索の寡占傾向によりその特徴も生かせない状況となってしまいました。むしろ現在では，ロボット系でも，ディレクトリ系のように情報をカテゴリー分類して提供しているところが増えています。同時に，ディレクトリ系でも以前のような登録依頼による情報だけでなく，情報収集に

ロボットを使用したり，ロボット系の検索データを付け加えたりして頻繁に情報を更新し，キーワードによる検索ができるようになっています[9]。

　検索エンジンは通常そのサービスを提供している Web ページにアクセスして利用しますが，Microsoft Edge をはじめとする昨今の多くの Web ブラウザでは，MSN や Google が提供する検索機能へ自動的にアクセスするように，はじめから設定されているケースが多々あります。そのため，本人の意識とは別に常に検索サービスを利用している人も数多くいるようですし，URL を指定する欄に直接キーワードを入力することで目的とする Web ページにアクセスしている人もよく見かけます。

　実際，以前は企業広告や Web ページ紹介のときには，そのページの所在を示す URL が不可欠でしたし，いかに多くの人にわかりやすくて覚えるのが簡単な URL 表現をするかが重要なポイントとなっていました。しかし，今日では検索エンジンを利用することが前提となっているため，URL ではなく検索してほしいキーワードを提示して「検索をクリック」と謳うように，はじめから検索エンジン経由での Web ページへのアクセスを呼びかける広告やポスターをよく見かけます。このような宣伝は，そのキーワードで自分たちの Web ページがトップに，あるいは少なくとも上位に示されるよう検索エンジンに働きかけたり，しかるべき手立てを講じたりすることで，その効果に自信をもってなされているのでしょう。実際，前ページの表 2.1 の検索エンジンでも，商用目的で運営されているものは，無料で使用できるがゆえに，スポンサーの商用サイトを上位に表示するようになっています[10]。しかし，すべての検索エンジンで同じような順序で目的のページが表示される保証はありませんし，検索されたページが目的のページであるという保証もありませんので，十分に注意する必要があります[11]。どんなに高度な検索エンジンを使用しても，自分で内容を確認することこそが最終的には重要な手立てとなるゆえんです。

演習 10

検索したい Web ページに関係すると考えられるキーワードをロボット系およびディレクトリ系の検索エンジンに入力し，どのような Web ページが検索されるか見てみてください。また，検索されたページの数や内容にはどのような違いがある

---

9. Google は，他のページからのリンク参照数に基づいたページランクと呼ばれる評価方法による検索結果が好評となり，検索エンジンとして一時寡占状態となりましたが，検索データの共用により双方を融合したポータルサイト化などにより，現在は機能的にはかつてのような差が見られなくなっています。

10. そのため，情報を検索しているうちに，いつのまにか店舗や有料サービスの Web ページにつながってしまったという経験をもたれている人も多いのではないでしょうか。

11. 逆に，最近の Web ブラウザでは，あらかじめ設定された検索エンジンを使って自動的に検索するようになっているため，URL で直接指定したにもかかわらず，スペルミスや打ち間違えなどの際に，その URL をキーワードとして勝手に検索エンジンが使われていることさえあります。

か考えてみてください。

2.2.1.2　リンクをたどる

　Web ページでは関連する他の Web ページとのつながりを示すことができ，それ
が積極的に用いられています。この Web ページ同士のつながりは**リンク**（link）と
呼ばれ，ある Web ページでリンクを示す部分をクリックすることで，そのリンク
先の Web ページを見ることができます。通常，Firefox や Microsoft Edge などの
Web ブラウザで表示した Web ページには，リンクされている文字に下線が引かれ
ていたり，文字の色が他と異なっていたりしますが，これらの特徴は Web ページ
のデザイン設定によって変更できるので，かならずしも表示されるすべてのページ
が同じ表現になっているとは限りません。しかし，リンクが設定されている場合に
は，マウスポインタが矢印から指の形に変わったり，Web ブラウザのウィンドウの
下部に，“http://www. …”のようにリンク先が表示されたりしますので，容易に判
断できることでしょう。

　検索エンジンを利用するのが一般的となった昨今では，このようなリンクをたど
る操作はまだるっこいだけかもしれません。実際，リンクをたどるだけでは，なか
なか目的とするページにたどり着けなかったり，希望するリンク先をうまく見つけ
られなかったりし，そもそも誰もリンクを張ってくれていない新作のページや，あ
まりリンクが張られていないマイナーなページにはたどり着けない，などの欠点が
あります。しかし，Web の基本は他のページとの相互リンクにありますし，ロボッ
ト系検索エンジンはこのリンクをたどることで世界中の多くの Web ページから情
報を集めていますので，リンクがまったく張られていない Web ページは検索にヒッ
トすることさえ叶わないことなのです。

　また，リンクをたどる場合には，信頼がおける Web ページと相互にリンクしたペー
ジの信頼性は高いと考えることができます。もし一方のリンク先の信頼性が低けれ
ば，そこにリンクしているページの評価も貶めてしまうことになるからです。この
ように，検索によって得られた Web ページを，相互にリンクされた信頼できる別
の Web ページからたどり直すことでも，そのページの信頼度を試すことができま
す[12]。

---

[12]. 手が込んだ詐欺では，その別のページも騙しの場合がありますので，このやり方だけで万全とはいえません。お金が絡ん
だり，個人情報を提示したりする重要な局面では，検索したりリンクをたどったりするよりも，直接 URL を打ち込んでア
クセスするほうが安全です。実際，リンクされた数が多いほど多くの人が求める Web ページある可能性が高いことは，ペー
ジランクに基づいた Google 検索に対する評判が示すところでもあるのです。ただし，現在の Google の検索結果は純粋にペー
ジランクのみで決められたものではないようですので，手放しで信頼すべきではありません。

演習 11

Web ブラウザを起動したときに表示されるページのリンクをたどって，どのような Web ページに行くことができるか調べてください。また，目的とする Web ページを一つ想定して，どのようなリンクをたどればそこに到達できるかを調べてみてください。

2.2.1.3 URL を直接指定する

　Web ページには，郵便を送るときの住所のように，その場所を指し示す固有の所在地名（Web アドレス）があります。Web ページのアドレスは URL（Uniformed Resource Locator）と呼ばれており，"http://www.saitama-u.ac.jp/" のように表記されます。ここで，"http://" は以下に続くアドレスが Hyper Text Transfer Protocol[13] に従う内容，すなわち Web ページであることを示しており，"www" 以下がインターネット上のサーバアドレスを示しています。また，Web ブラウザでは通常 Web ページを閲覧することが多いため，"http://" を省略して "www" 以下のサーバアドレスを指定するだけでも，多くの場合 Web サーバへの接続と解釈してくれます[14]。

　目的の情報を保持している Web ページの URL を知っているなら，その URL をブラウザに直接指示することで，すぐにそのページを表示できますし，そのようにして表示された Web ページは最も信頼性が高いといえます。とはいえ，サーバのアドレスを知らない場合には，この方法だけではまったくどのサーバにもアクセスできません。しかし，URL の構造を知ることによって，ある程度目的とする Web ページの URL を想像することができます。

　URL が示す内容は表記の後ろから解析することができます。例えば "www.saitama-u.ac.jp" は

　（1）jp　　　　　日本
　（2）ac　　　　　大学・学術研究機関
　（3）saitama-u　　埼玉大学
　（4）www　　　　サーバ名

と解析されます。URL の最後の部分（1）には，通常そのサーバが設置されている国名[15] が英小文字 2 文字で示されています。"jp" は日本を意味します。なお，米国にも "us" という識別記号が割り当てられてはいますが，米国はインターネット

---

13. 近年では，危険を回避して安全に通信するために，SSL（Secure Socket Layer）により暗号化して通信する https（Hyper Text Transfer Protocol Secure）もよく使用されています。このようなサイトは "https://" で始まります。

14. 最近の多くのブラウザはさらに検索機能とも連携していて，URL の欄に検索キーワードを入れることができるため，この欄の表示を URL として認識していない，あるいは URL 自体を知らない人も多いようです。

15. 香港（hk）のように独立した地域名もあります。

表 2.2　組織の表記法

	世界標準の表記法	米国での表記法
ac	大学・学術研究機関	edu
co	企業	com
or	組織一般，公益法人	org
go	政府	gov
mi	軍	mil
ne	ネットワークプロバイダ	net
ed	初等・中等教育機関	edu

発祥の地であり，国際的な表記方法が決定される前からの表記方法を用いているため，特別に国名表記はしていません [16]。

　国名表記の前の部分 (2) は，組織の種別を国名同様に 2 文字で示しています。ただし，国名標識を用いていない米国では 3 文字で表記します（表 2.2）。さらに，オーストラリアや中国のように，標準の表記法ではなく，米国の表記法に倣って 3 文字で組織種別を表記している国や地域もあります。また，初等・中等教育機関での利用増大に伴い，"ed" という分類カテゴリーも使われています [17]。一方，"埼玉大学 .jp" のような日本語表記やカテゴリーがないアドレス指定も使用可能となっていますが，日本語表記のような地域に依存した表記方法は，まだ利用する Web ブラウザやネットワーク環境に依存した副次的な表現方法にすぎず，一般的ではありません [18]。

　組織種別の前の部分 (3) は組織名を表しています。多くの組織名には実際の組織名称をローマ字表記したものがそのまま用いられています。しかし，ネットワーク上での組織名はサーバに登録した順に割り当てられてきたため，同じ読み方やイニシャルの組織がある場合には，有名な組織がそのままの組織名を割り当てられていないこともしばしばあります。また，固有の地域名や地名をそのまま一般組織名としては用いないルールとなっているので，東京大学や埼玉大学のような組織名はそれぞれ "u-tokyo"，"saitama-u" のように表記しています。

　組織名称の前の (4) の部分は実際のサーバの名称となりますが，場合によって

---

16. "us" をつけて URL を指定すると指定先なしのエラーとなってしまいます。

17. "ed" はかならずしも統一されていないようで，"or" や "ac" を使っているケースも見受けられます。米国も同様で "org" を使ったり，"us" 表記したりと表記法自体が統一されていないようです。

18. 日本語入力は世界中どこの PC でもできるわけではないので，日本語アドレスだけでは海外からアクセスできないことになってしまいます。

はその組織内の部署名のようなローカルな所属名称（略称）がいくつか続いてから
サーバ名となることもあります。サーバ名やローカルな所属名称はそれぞれの組織
で自由に決めていますが，一般的に以下のような名称が用いられています。

- www ── Web サーバ
- ftp ──── ftp サーバ
- mail ── mail サーバ

このように URL の意味がわかれば，検索エンジンで検索された Web ページであっ
ても，その URL から表示されているページの信憑性を推し量ることができます。
例えば，有名な大手企業のページが http://oo.xx.ne.jp/oooo/xxxx/oooo/xxxx/ のように，
その企業名からは類推できない，プロバイダが提供するような URL で表示されて
いたならば，そのページは疑ってみるべきでしょう。

携帯電話やスマートフォンには，図 2.10 に示したような QR コードと呼ばれる画
像データとして表示された Web ページアドレスを，内蔵されたカメラで撮影する
だけで目的とする Web ページにアクセスできる便利な機能があります。情報を 2
次元で表現しているため 2 次元コードとも呼ばれる QR コードでは機械が解析可能
な URL を表現できますので，URL を文字で表現するより正確に伝えることができ
ます。しかし，ここで注意しなければならないことは，QR コードが指し示してい
る URL を人間がそのコードを見ただけでは判読できないということです。そのた
め，直接指定することと同様でありながら，実際にアクセスしてみるまではどこに
アクセスするのかさえ定かではありません。その点で，ある程度接続先が推定でき
る URL とは信憑性の点で大きく異なっています。もちろん，URL の表記から必ず
しも信頼に足る情報が得られるわけではありませんが，QR コードを読み込んだら
自動的に指示された Web ページにアクセスしてしまうため，URL 表記のない QR
コードの読み込みには特に注意が必要です。

演習 12

Web ブラウザで URL を指定する場所に，キーボードから "http://www.mext.go.jp/"
と入力してその URL が示すページにアクセスしてみてください。そこからリンク
をたどって，自分の所属する学校や組織，さらにはその内部の Web ページにアク
セスできるかどうか試してみてください。

図 2.10
QR コード（埼玉県公式携帯サイト）

http://www.pref.saitama.lg.jp/ より転載

よく知られている企業や大学などの Web ページを，直接 URL を入力することで探しあててみてください。アクセスすることができた組織とできなかった組織にはどのような違いがあったかを考えてください。

携帯電話やスマートフォンで QR コードを読み取って Web ページにアクセスし，その URL を表示させる方法を調べてみてください。また，その Web ページが想定できる URL であったかどうかを解析してみてください。

本物そっくりに作られた詐欺の Web ページが社会問題となっていますが，検索エンジンで検索された Web ページがそのような偽りのページか否かを見極める自分なりの手がかりについて考えてみてください。

2.2.2　情報の整理と加工

　コンピュータを使いこなす，すなわちコンピュータによって作業を効率化するためには，コンピュータ上で情報を自在に処理できるようになることが重要です。昨今，コンピュータ上では，文字や数値データ，画像や動画（ビデオ映像），音声や音楽などの多様な情報を扱えますが，これらの情報に対する基本処理は，次の三つに集約できます。

- 情報の作成
- 情報の編集
- 情報の保存

　ここでは文字情報を例として取り上げ，エディタによる基本処理の中の「編集」について説明します。文字情報の「作成」はキーボードによる文字入力が主となります。キーボードでの入力方法については 1.3.2 項で説明していますので，まだ不安な人はそちらを参照してください。また，「保存」については次項で取り上げます。

　「編集」にはアプリケーションごとに多様な処理が用意されていますが，ここでは最も基本的な情報の削除と，置換，移動，複写について説明します。現在利用されている多くのアプリケーションでは，情報を処理する手順として，まず処理対

象となる情報を選択し，それから編集操作を指示するのが一般的です。それはちょうど日本語表現と同じで，「○○に対して△△する」という手順で処理を指示するわけです。まず○○に当たる処理対象の文字列をマウスやキーボードを用いて選択し，文字列が選択された状態で処理△△を指示します。文字列の削除は，キーボードの Delete キーを押すか，ウィンドウメニューから削除を選択実行します。同様に文字列が選択された状態で，キーボードから置換したい文字列を入力すれば，選択されていた文字列全体が入力した文字列に置換されます。

　複写や移動も手順は同様ですが，2.1 節の例でも示したように「○○を複写して(あるいは切り取って)，それを××へ貼り付ける（ペーストする）」というように二つの場所での処理の指示が必要です。そのため，複写や移動を指示した後，複写先や移動先を指示するまでの間，対象の文字列を一時的にコンピュータ内部に保管することになります。しかも，一度保管された内容は，別の保管を指示するまでは変化しませんので，何度でも貼り付けることができます。この一時的な保管場所は**クリップボード**とか**テンポラリ**と呼ばれ，通常は私たち利用者には直接見えませんし，複写のときは画面も変化しませんので慣れるまでは少々戸惑うこともあるかもしれません。

　多くのエディタには，処理対象の文字列をすばやく探し出して指定するために**検索機能**が用意されています。検索機能を用いれば，指定した対象の文字列が出現する場所にカーソルを移動して，その文字列を選択状態にしてくれます（図 2.11）。

　また，検索した文字列を指定した文字列と置き換える**置換機能**もあります [19]。図2.12 は，「埼玉大学」という文字列を「埼大」に置き換える設定例を示しています。多くの置換機能には，対象の文字列を一つひとつ確認しながら置き換えていく機能と，文章中で該当するすべての文字列を一気に置き換える機能とがあります。図 2.12の例では，前者は「置換」ボタンで，後者は「すべて置換」ボタンが対応しています。

図 2.11
検索する文字列指定パネル［メモ帳］

---

19. これらの編集機能は，現在では，コンピュータの基本的な機能として定着していて，ほぼすべてのソフトウェアでサポートされています。

図 2.12
検索と置換の条件設定パネル［Microsoft Word 2013］

　検索する文字列の指定では，多くの場合，「埼＊学」のようにワイルドカード文字と呼ばれる記号を用いて「埼」と「学」で囲まれた適当な文字列を，または「埼??学」のような正規表現と呼ばれる表記法を用いて「埼」と「学」で囲まれた 4 文字からなる文字列を指定することができます。そのほかにも，文字列の検索に際していくつかの条件を設定できる場合があります。図 2.11 や図 2.12 の例では，「大文字と小文字を区別する」にチェックをつけると，英文字の大文字と小文字を区別して検索することができます。さらに，図 2.12 の例では，カタカナと英数字の全角文字と半角文字とを区別して検索したり，類似するスペルや類似する用語を検索することも可能です。

演習 16

みなさんが使用中のエディタやワープロソフトウェアで，検索や置換をする方法を調べてください。また，どのようなオプションが用意されているかも調べ，実際にそれらがどのように働くかを試してみてください。

演習 17

コンピュータ上で文章を作成するメリット / デメリットをそれぞれ五つ以上考えてください。

2.2.3　情報の保存

　紙に何かを書いたときは，特別な操作なしに，それをしまっておいて後で見たり，書き加えたりすることができます。しかし，電子的な情報は紙に書くのとは異なり，特別な場合を除いて [20] せっかく書いたものも，使用中のソフトウェアを終了したり，装置の電源を切ったりした瞬間に失われてしまいます。そのため，コンピュータ上の電子的な情報を保存するためには，使用中のソフトウェアを終了する前に，記憶媒体やネットワーク上のファイルサーバに記録しておかなければなりません。記憶媒体には，ハードディスク（HDD: Hard Disk Drive）のような磁気ディスク，CD や DVD，ブルーレイのような光ディスク，USB メモリやメモリカードなどのような半導体記憶媒体，というように，今日では多種多様なものがあります [21]。これらの媒体や装置は，コンピュータの普及とともに著しく進化しており，装置の大きさや記憶容量，価格，アクセス速度などが日々改良され，その用途や役割も変化しつつあります。以前は，コンピュータ内部での情報やプログラムなどのソフトウェアの保存にはハードディスク，市販されるソフトウェアの配布には CD-ROM や DVD，保存情報の持ち運びには USB メモリやメモリカードがよく利用されていました。しかし，現在では半導体記憶チップの低価格大容量化に伴って，ハードディスクに代わる大容量半導体記憶装置の SSD（Solid State Drive）もよく利用され，ソフトウェアも媒体を用いずにインターネット経由でダウンロードする形で市販されることが多くなっています。また，インターネット上のクラウドサービスの普及により，記憶媒体を持ち歩くのではなく，ネットワーク上のファイルサーバに情報を記憶しておくことで，必要に応じてネットワークを通して利用することもよく行われるようになっています [22]。しかし今日でもなお，持ち運べる記憶媒体は，作業データのバックアップを保持するために重要であるだけでなく，作業データを持ち寄ったりする際にも便利です。ここでは，個人の作業データを保存したり，持ち運んだりするために使用する記憶媒体や装置を中心に，その仕組みや操作方法について説明します。

---

20. ノート型 PC やスマートフォンなどでは，常に入力されたものを自動的に不揮発性メモリに記録するように設定されているものもあります。

21. 2016 年までにフロッピーディスクと光磁気ディスクは過去のものとなり，一般的な記憶媒体ではなくなってしまいました。

22. さらにはコンピュータ本体に記憶装置をもっておらず，ネットワーク上のサーバのみを記憶装置として使用するシンクライアントシステム（thin client system）も利用されています。

2.2.3.1 半導体記憶媒体

半導体 IC（Integrated Circuit）による情報記憶は，アクセスが速い一方で記憶容量が少なく高価で，しかも情報の保持には電源が不可欠であったことなどから，主としてコンピュータの内部処理での一時的な記憶装置として用いられてきました[23]。しかし，近年の技術革新によって，容易に情報を書き換えられ，電源不要で情報を保持できる不揮発性メモリが開発され，広く普及しています。しかも，大容量でありながらディスク装置のように駆動部分がないため壊れにくく，革新的に小型化できますので，メモリカードや USB メモリだけでなく，クレジットカードや電子機器にも広く組み込まれるようになりました。そして利用範囲も，デジタルカメラの画像情報から，MP3 音楽プレーヤの音楽情報，電子マネー情報など広範囲に及んでいます。

今日では，個人的な情報の保持や持ち運びにも広く半導体記憶媒体が用いられるようになり，中でもコンピュータの USB インタフェースに差し込むだけで簡単に情報を読み出したり，書き込んだりできる USB メモリ（図 2.13 参照）が一般的に使用されています[24]。また，デジタルカメラや携帯電話などの電子機器で広く使

http://buffalo.jp/ より転載　　　　https://www.kioxia.com/ja-jp/top.html より転載

図 2.13
USB メモリとメモリカード

図 2.14
USB 変換アダプタ

http://buffalo.jp/ より転載

---

23. ここで述べているのは RAM（Random Access Memory）のことですが，それとは別に ROM（Read Only Memory）と呼ばれる電源不要の不揮発性メモリも以前からありました。しかし，これは情報の書き換えが容易にはできませんでしたので，やはりコンピュータ内部での特定な使用にとどまっていました。

24. 1998 年以降の多くのコンピュータが標準的に USB をもつようになり，大容量の USB メモリが安価になったことから，以前よく用いられていたフロッピーディスクに代わって USB メモリが広く用いられています。近年のコンピュータでは逆にフロッピーディスク装置はほとんど装備されておらず，むしろ特殊な装置になってしまいました。

用されている各種メモリカード[25] と情報をやりとりするためのインタフェースをもったコンピュータであれば，それらのカードの使用も可能です．しかし，メモリカード用のインタフェースはノート型コンピュータを中心に装備されているものの，対応可能なカードの種類が限定されているばかりか，デスクトップ型コンピュータでは一般的ではなく，すべてのカードがどこでも利用できる状況ではありません．そのため，持ち運んで利用する際には注意が必要です．対応策としては，図 2.14 に示したような USB でアクセスできるメモリカード用インタフェースが各種販売されていますので，メモリカードと一緒に持ち運んで使用するとよいでしょう．

　USB メモリやメモリカードの多くは，コンピュータの電源を切らずに接続したり取り外したりすることができるため，利用するときだけコンピュータに接続すればよく，たいへん便利です．ただし，接続や切断に際しては注意が必要です[26]．以下では，USB メモリの利用手順を例として説明します．なお，メモリカードの場合も，カード用のインタフェースを使用することを除き，手順は USB メモリの場合と同じです．

① 　USB メモリをコンピュータ本体の USB インタフェースに挿入する
② 　システムが USB メモリを認識するのを待ち，操作指示があるときにはそれに従った設定をする
③ 　情報の保存場所として USB メモリを指定して，情報を読み書きする
④ 　作業が終了し，**USB メモリが作動中でないことを確認してから**，システムに USB メモリの取り外しを指示し，システムの操作指示に従って USB メモリを取り外す

①　USB メモリをコンピュータ本体の USB インタフェースに挿入する

　USB インタフェースは，コンピュータごとに本体のさまざまな場所に設けられていますが，デスクトップ型の多くは本体の正面や背面に，ノート型の場合には通常本体の側面か背面に用意されています[27]．USB インタフェースには表と裏がありますので，差し込む際には向きによく注意して，無理矢理差し込まないようにし

---

25. SD カード，miniSD カード，microSD カード，メモリスティック，スマートメディア，コンパクトフラッシュ，マルチメディアカードなど 10 種類以上の規格が流通しており，それぞれに対応したインタフェースが必要です．最近では，図 2.14 に示したように，ほとんどすべての種類に対応可能な USB 変換アダプタも販売されています．

26. これに関連して，USB メモリは耐久性の面で他の記憶媒体よりも脆弱です．特に半導体記憶 IC は，不具合が生ずるとすべてのデータがアクセス不能となるだけでなく，媒体そのものもまったく使えなくなってしまいます．著者の 20 数年来の使用歴の中でも，すでにいくつかの USB メモリがアクセス不能になっています．その意味で，USB メモリは持ち運び用の一時的な記憶装置として使用すべきことと，その内容はかならずどこかにバックアップしておくことを強くお勧めします．

27. 正面と背面，側面と背面，あるいは両側面に設置されていることもあります．

てください。

　通常，USB メモリにはアクセスを示すランプがついており [28]，インタフェースに差し込むと同時にランプが点灯するようになっています。また，USB メモリにアクセスしているときには，ランプの色が変化したり，点滅したりして，アクセス状態を知らせてくれるようになっています。

② **システムが USB メモリを認識するのを待ち，操作指示があるときにはそれに従った設定をする**

　USB メモリをインタフェースに差し込むと，オペレーティングシステムは自動的に USB メモリであることやその記憶容量，記録形式などの認識作業を開始します。認識が完了すると，システムに新しい記憶装置として組み込まれ，読み書きができるようになります。このとき，Windows ではマイコンピュータの中に「リムーバブルディスク」または設定したボリューム名のアイコンが現れます。同様に，Macintosh ではデスクトップ上に「NO NAME」または設定したボリューム名のアイコンが現れます。

　Windows では，USB メモリを認識すると同時に自動的にその中身の音楽ファイルを再生したり，画像ファイルを表示したり，プログラムファイルを実行したりする一見便利な機能があります。しかし最近では，この USB メモリ認識時の自動実行機能を悪用したコンピュータウイルスが多数出回り，USB メモリを本体に挿入しただけで感染が広がってしまうことから，社会問題にもなっています。この設定に関しては，USB メモリを認識させた状態で，マイコンピュータから USB メモリのプロパティを開き，「自動実行」タブで変更できるので，もし自動実行するようになっている場合には，安全のために自動実行を解除することを強くお勧めします。また，先の設定をしていても，一度自動的に実行させると，それ以降に USB メモリを認識したときには同様の処置を自動的に実行するよう設定が変更されてしまうことがあるので，注意が必要です [29]。

　なお，USB メモリは通常初期化 [30] されていますので，はじめて使用するときでも，ほとんどの場合システムが認識できさえすればすぐに利用可能です。

---

28. メモリカードの場合は，カードインタフェース側にこのような機能をもたせています。

29. Windows7 以降では，デフォルトでは USB メモリの動作は選択が必要なように設定されています。実際，USB メモリを音楽 CD や DVD のように見せかけて自動実行させようとするウイルスも後を絶たず，システムの安全性と自動実行の利便性とは両立できないことといえます。

30. 初期化（initialize）とは，初めて使う記憶媒体を使用可能な状態にすることを意味し，フォーマット（formatting）とも呼ばれる。

③ 情報の保存場所として USB メモリを指定して，情報を読み書きする

2.1 節で示したように，使用中のソフトウェアから保存場所として USB メモリ装置を指定して，情報を書き込みます。書き込みを指示すると，USB メモリの作動中ランプが点滅したり，ランプの色が変化するので，動作を確認できます。USB メモリに実際に書き込める情報の量は通常メモリ本体に記載されていますが，それ以外には見た目にまったく違いがありません。以前は，1GB や 4GB のものもありましたが，現在では 32GB から 256GB のものが主流で，1TB のものもすでに販売されています。1GB という容量は，テキストエディタで作成した文書情報であれば，400 字詰め原稿用紙約百万枚分の情報[31] ですので，文字だけでは到底埋めきれない大きさです。しかし，例えば 1000 万画素の高精細なデジタルカメラで撮った無加工の写真情報であれば 1 枚で 40MB にもなりますから，高々 25 枚しか保存できません[32]。このように，昨今では文字だけでなく写真や音楽などの大きなファイルを多数保存することが多いため，大きな記憶容量が要求されており，半導体記憶 IC の技術革新に伴って USB メモリの記憶容量も飛躍的に大きく，また同時に低価格になってきています。USB メモリを購入する際には，その辺りのことも勘案し，無理して価格の高い大容量のものを購入するのでなく，現在の利用状況に合わせて適度な価格のものを選ぶことをお勧めします。

④ 作業が終了し，USB メモリが作動中でないことを確認してから，システムに USB メモリの取り外しを指示し，システムの操作指示に従って USB メモリを取り外す

USB インタフェースは，コンピュータ本体を稼働させたままで接続機器を抜き差しできることが特徴です。しかし，システム上で必要な手続きをせずに機器を取り外した場合には，取り外した機器が正しく終了されなかったために問題を生じることになったり，システムそのものが不安定になることがままあります。また，USB メモリにつけられた動作を示すランプが点滅，あるいは色が変化している間は，内部の半導体記憶 IC に情報を書き込んでいる可能性があります。もし，この状態で USB メモリをインタフェースから引き抜いてしまうと，情報が正しく書き込まれないだけでなく，情報の管理データや，最悪の場合には半導体記憶 IC そのものを壊すことにもなりかねません。

このように，システム上での一連の手続きを行い慎重に取り外すことが，確実に情報を保持し，USB メモリ本体を壊さないためには重要です。具体的な手続きとして，Windows では USB に機器を接続しているとき，通常デスクトップ画面の右

---

31. 1 文字 2Byte として，2Byte × 400 文字 × 1,250,000 ページで 1,000,000,000 となります。

32. 1 画素当たり 32bit＝4Byte（40 億色表現）として，4Byte × 10,000,000 画素 × 25 枚で 1,000,000,000 となります。ただし，通常は jpeg 形式のようにデータ圧縮してデータ量を削減しています。

下に表示されるタスクバーの通知領域に「ハードウェアの安全な取り外し」のためのアイコンが表示されています。このアイコンをクリックすると USB に接続している機器の一覧が表示されますので，「USB 大容量記憶デバイス」のように表記される USB メモリ装置の取り出しを指示します。Mac OS では USB メモリを示すアイコンをゴミ箱にドラックして，デスクトップから削除されれば取り外すことができます。

2.2.3.2 ディスク型記憶媒体

　ディスク（円盤）型記憶媒体は，ディスクを高速に回転させて，読み書きするヘッドを直径方向に素早く移動させることで読み書きを行います。ヘッドがディスク表面の特定の場所に平均的に同じ速度で到達できることから，頻繁にかつ無作為に読み書きするための記憶装置として用いられてきました。特に磁性体に磁力で情報を記録する磁気ディスクは古くから用いられており，半導体記憶 IC が台頭してくる前は磁気ディスクが内蔵されたハードディスク[33]がコンピュータの主要な記憶装置となっていました。

　一方，ディスク型記憶媒体は装置とディスク部分を着脱可能とすることで情報を持ち運べるため，可搬型の記憶媒体としても広く用いられてきました。かつて多用されていた磁気ディスクのフロッピーディスク，現在よく見かけるレーザー光で記録再生する光ディスクの CD-R（Compact Disc Recordable）や DVD-R（Digital Versatile Disc Recordable），BD-R（Blu-ray Disc Recordable）などがそれに該当します[34]。現在，可搬型としては前項で述べた半導体記憶媒体が主流となりつつあり，ネットワークによるデータ配布[35]とも相俟って，ディスク型記憶媒体の利用場面が限定的になりつつあるといえますが，書き込み可能な光ディスク媒体や USB 接続で取り外し可能な外付け型ハードディスクは今日でもよく利用されています。

　どのディスク媒体にも共通してまず注意すべきことは，ディスクの表面に触れたり，ましてや傷つけたりしないように取り扱うことです。それとともに，どのディスク装置でもディスクが高速で回転することに注意を払う必要があります。基本的には，動作中に装置を動かさないことが重要で，特に衝撃に対しては肘でつつく程

---

33. Hard Disk Drive とは本体に組み込まれる固定記憶装置の通称で，PC で普及していた柔らかいフロッピーディスクと対比して硬質で高速回転するディスクを組み込んだ記憶装置であったことからこのように呼ばれている。

34. このほかにも，レーザー光線と磁力とを併用した光磁気ディスクである MO（Magneto-Optical Disc）や MD（Mini-Disc）なども以前はよく利用されていましたが，現在ではほとんど見かけなくなってしまいました。

35. 以前は市販のデータやプログラムを配布するための媒体として CD や DVD が多用され，コンピュータの光ディスク装置も読み取るだけの機能しか備えていませんでした。

度でさえ危険な場合もありますので，注意が必要です。また，動作中に急に電源を切ったり，USB で接続された外付けハードディスクを本体から引き抜いたりすることは，ディスクの急停止を招き，ディスクや装置本体を破壊してしまうことにもなりますので，絶対避けなければなりません。ハードディスクは，非常に高速に回転するディスクの上を，髪の毛 1 本分くらいの間隔でヘッドが動作します。これを私たちの生活空間の尺度に合わせると，私たちの頭上 1 メートルくらいのところをジェット旅客機が全速力で飛んでいる状態と同じだといわれています。もしその状態で地面が突然大きく上下動したり，ジェット機のエンジンが停止したりすると，どうなるかを想像してみてください。動作中のハードディスクに強い振動を与えることや，急にその電源を切ることは，まさにこのような危険を招くこととなるのです。最悪のケースでは，ディスククラッシュと呼ばれる，ディスクおよびディスク装置の破壊による致命的な故障を引き起こすことになってしまいます。そのため，USB で外付けするハードディスクは，USB メモリ以上に丁寧に，そして正しい操作手順に従って扱わなければならないのです。正しい操作手順に従っていれば，読み書きのためのヘッドはディスク上から退避しているので安全です。なお，今日では主たる記憶装置が SSD のコンピュータも見かけますが [36]，未だハードディスクが内蔵されたコンピュータも多用されていますので，トラブルを避けるためにも第 1 章で述べた操作手順に従って本体の電源を切ることが重要です。

　次に，光ディスク媒体に特有の注意点となりますが，CD，DVD，ブルーレイ [37] と規格ごとに素材や特性が異なっているにもかかわらず，ディスク媒体の見かけはほぼ同じで直感的に見分けがつかないことです。しかも，ディスク媒体には記憶容量として CD には 640MB と 700MB のものが，DVD には一層式の 4.7GB と DL と呼ばれる片面二層式で 8.5GB のものが [38]，同じくブルーレイにも 25GB の一層式と片面二層式で 50GB の DL があります。また，「-R」と表記された一度だけ書き込めるタイプと，「-RW」や「-RE」と表記された何度も書き換えられるタイプとがあります [39]。光ディスク媒体には，通常はブランドや製品名と共に規格も刻印されて

---

36. スマートフォンやタブレット型をはじめとする一部のコンピュータでは，ハードディスクを使用せず，大容量半導体記憶装置の SSD を用いてこのような物理的な脆弱性を飛躍的に改善しています。

37. 記憶容量を増大させるために，DVD よりもさらに波長の短い青紫色レーザー光を用いてことからブルーレイ (Blu-ray) と呼ばれています。

38. 規格の違いよって正式名称には Dual Layer と Double Layer とがありますが，どちらも略称は DL で意味も二層式です。DVD-ROM および DVD-RAM には両面に記録できるディスクも生産され，両面二層式では 1 枚で 17GB 記録できましたが，DVD 登場時に想定されていたディスクケースに装着した使用が普及しなかったことと，容量の大きいブルーレイが登場したことによって，市場にはあまり出回りませんでした。

39. 書き換え可能な BD は BD-RE(REwritable) と呼ばれています。また，近年では見かけることが少なくなりましたが，書き換え可能な DVD には，DVD-RAM(Random Access Memory)，DVD+RW(phase change ReWritable) などもありますので，ディスク媒体を購入する際にはよく注意してください。

いますが，直感的にはどれも同じに見えてわかりにくいですから[40]，ケースや包装フィルムからディスク本体を取り出す際には紛れてしまわないよう注意して扱うようにしてください。

　ところで，この状況を装置側から見れば，アクセスするレーザー光の波長や強度，動作メカニズムなどの違いに対応できれば，異なる規格のディスク媒体を扱えることとなるため，1台で多様な光ディスクを読み書きすることができるスーパードライブやマルチドライブと呼ばれる装置が開発されてよく使われています。

演習 18

みなさんが使用しているコンピュータで利用できる記憶媒体は何か，そしてどのくらいの記憶容量があるかを調べてください。また，共同利用施設の場合には，そこで推奨されている記憶媒体を調べ，なぜそれが推奨されているのかを考えてみてください。

演習 19

みなさんが利用する記憶媒体を初期化する方法を調べてみてください。もし手持ちの記憶媒体をはじめて利用するときに初期化が必要であれば，実際に初期化してみてください。

2.2.3.3　ファイルサーバ

　ネットワークに接続された他のコンピュータからの要求に応じて情報の保存や印刷，その他の処理をしてくれるコンピュータを**サーバ**と呼びます[41]。**ファイルサーバ**は他のコンピュータ上で処理された情報のファイルを保存するとともに，必要に応じてそれらの情報を呼び出すことができるファイルキャビネットのような機能を提供するサーバです。インターネットのように不特定多数の利用者が利用するネットワーク上では，勝手に大量の情報を書き込まれたり，保存された情報を改竄されないように，利用者を識別するためのユーザ ID（IDentifier：識別子）とパスワードが提供されるのが一般的です（p.6 を参照）。昨今のコンピュータネットワーク環境では，まるでハードディスクを使うように，意識しないでネットワーク上のファイルサーバを利用できるような操作性を備えている場合がありますが，基本的には

---

40. プリンタ印刷可能なものは，目立たないよう周囲に小さく刻印されています。また，ノーブランド製品では何も刻印されていないこともありますのでさらに注意が必要です。

41. 仕事をお願いする側のコンピュータを"クライアント"と呼びます。

以下のような一連の操作が必要です [42]。

① 情報の保存先としてネットワーク上のファイルサーバを指定する

② ID とパスワードを入力してサーバに接続する

③ 情報を保存し終わったら，接続を解除または切断する

　後述する FTP サーバ以外のファイルサーバは，一般に大学や組織の内部でのみ
で利用でき，組織の外部からインターネットを通して自由にアクセスできないよう
に設定されている場合が多いでしょう [43]。このようなネットワーク環境では，コン
ピュータを使うためにオペレーティングシステムにログインすると同時に自動的に
サーバに接続されるように設定されていることもありますし，また使用するコン
ピュータに内蔵されたハードディスクの一つとして見えるように設定されているこ
ともあります。その場合には，システムからログアウトするまでファイルサーバと
の接続を解除，または切断できないこともあります。しかし，自分でファイルサー
バを指定して接続した場合には，サーバ上に保存した自分の情報を守るためにも，
作業が終了したら自ら接続を解除または切断するよう心がけておくべきでしょう。

　なお，近年では無料で利用できるファイルサーバが多数見受けられ，よく利用さ
れているようですが，利用規程や情報の安全性，利用範囲，サービス提供の可能
性 [44] などの点から，無料で利用できることの代償は何かを自分なりによく検討した
上で，節度を保って利用すべきでしょう [45]。

演習 20

自分のコンピュータが常時インターネット上のファイルサーバに接続された状態に
なっているかどうかを調べてみてください。もしサーバに接続された状態であった
場合には，そのサーバを利用するための ID とパスワードがどのように設定されて
いるかを調べてみてください。

---

42. 家庭内 LAN ではこのような認識なしで LAN を構築してしまいがちですが，ADSL やケーブル TV などで家庭でも常時接続
　　するブロードバンド時代の今日では，そのような家庭内 LAN はセキュリティ的には非常に危険な状態といえます。

43. このように，インターネットに接続されていながら組織外部からの利用が制限されている LAN をイントラネット（intranet）
　　と呼びます。

44. 例えば，いつまで提供してくれるのか，どんなときにサービス終了となるのか，情報の権利は保全されるのか，問題が発
　　生したらどう対処してくれるのかなどが考えられます。

45. そもそも手間のかかるサービスを無償で提供することのメリットとは何か考えてみましょう。

2.2.3.4　ファイル名について

エディタなどで作成したひとまとまりの情報は一つのファイルという形で保存されます。ファイルには他のファイルと識別するために**ファイル名**と呼ばれる固有の名称をつけます。ファイル名には，基本的に英数字のみを用いますが，日本語を扱えるオペレーティングシステムでは日本語（かな漢字）も使うことができます。ファイル名をつけるときには，以下の点に注意してください。

❖ 内容が推測できるような，わかりやすい名前をつける

　　—— 後でファイルの識別が困難にならないように。

❖ あまり長い名前にしない

　　—— ミスタイプが発生しにくいように。

❖ 他の人とファイルのやりとりをする場合には，半角英数字だけを用いる

　　—— かな漢字を含む全角文字のファイル名の場合，使用しているシステムによって表示できなかったり，文字化けしてしまうことがあります。

❖ 空白や記号など特殊な文字はなるべく使わない

　　—— 空白（スペース）や記号（☆○◎！＝％＄＃など）を使うと，システムによってはそのファイルにアクセス不能となるばかりか，システムの動作が不安定になることもあります。

`演習 21`

上で述べたファイル名をつけるときの注意点が，どのような理由によるものかを調べてください。

　日本語が利用できるコンピュータで利用できる文字には，大きく 2 種類あります。一つは FEP で日本語入力モードのときに入力される，漢字やひらがなのような全角文字で，もう一つは，日本語入力モードでないときに入力される，英数字のような半角文字です。漢字やひらがなはかならず全角文字なので区別がつきますが，カタカナや英数字は全角文字と半角文字の両方に同じ文字があるので注意が必要です。かつて全角文字と半角文字は，その名前のとおり，全角文字の横幅は半角文字の 2 倍に表示されたので，ある程度は見分けがつきました。しかし，昨今では文字によって横幅が変わる書体（プロポーショナルフォント）がよく利用されているために，一目見ただけでは全角と半角の区別がつきにくくなってしまいました。このように画面上では全角と半角をとても見間違えやすいのですが，コンピュータは例えば全角文字の"１"と半角文字の"1"はまったく別の文字として判断しま

すので注意が必要です。また，印刷のときに，印刷するページ番号や，印刷部数を指定するような数値を入力する場面では，半角文字しか使えず全角文字は無視されたり，入力エラーとなったりすることもあります。

　日本語対応のオペレーティングシステムでは，全角文字，半角文字のどちらでもファイル名として使うことができます。しかし，ファイルにアクセスするときには，全角文字と半角文字をしっかりと区別して入力しなければ，ファイル名が一致しないために読み書きできないことがあります。例えば，“ＦＩＬＥ１”(すべて全角文字) と “FILE1” (すべて半角文字) は, 両方とも同じ名前のように見えますが, コンピュータ上では，別の名前と判断されてしまいます。そのほかにも，Web ブラウザで，Web ページを開くときに指定する URL は半角文字での表記が基本です [46]。このような文字の種類の違いを理解して，場面に応じて，使い分けて入力できるようになりましょう。また，ファイル名や URL が見かけ上正しいのにアクセスできない場合には，システムやネットワークの不具合を訴える前に，指定した文字の全角と半角とが間違ってないかどうかをまず確認してみてください [47]。

2.2.3.5　ファイル管理

　コンピュータを利用するにつれて大量のデータファイルが作られ，その中から目的のファイルを見つけ出すのはだんだん難しくなることでしょう。また，すでに存在するファイルと同じファイル名は使えないので，ファイル名をつけるのも簡単ではなくなりますし，いらないファイルを消去したり，ファイルを複製したり，ファイル名を変更するようなファイルの操作も不可欠です。このようなファイルの基本操作を可能にしてくれるのがファイル管理機能です。ファイル管理機能はオペレーティングシステムの機能に組み込まれており，Windows や MacOS など今日の多くのシステムでは GUI によりグラフィカルに操作できます。しかもそれらは，各ファイルの大きさやデータ形式などの詳細情報の提供，文字やアイコンなどによる表示形式の変更，並べ替え表示などのファイル操作を支援するファイラ（filer）機能をも備えています [48]。

---

46. 先にも述べたように，最近では “埼玉大学.jp” のような表現も一部可能ですが，実際にアクセスする Web サイトの URL は半角英数字表記です。ただし，Web サイト内の個別のページに関しては，例えば Wikipedia 日本版の項目ページのように日本語表記が使用されています。

47. ファイル名の前後に空白が入っている場合も同一のファイル名としては扱われません。

48. Windows ではファイル管理ソフトウェアとしてシステムから独立していた時代の名残で，現在でもファイラ機能をエクスプローラ (Explorer) と呼んでいます。

　GUI の具体的な操作方法はシステムによって異なりますが，基本的には，①対象ファイルを選択して，②操作を指示することで実行できます。例えば Windows では，対象ファイルを 1 クリックで選択して Delete キーを押すか，対象ファイルをドラッグ＆ドロップの要領で「ごみ箱」に移動することで，ファイルを削除できます。また，ファイルを選択した後でファイル名の部分を 1 クリックすると，ファイル名が入力できる状態になり，新しいファイル名に変えることができます。さらに，対象ファイルを右クリックして表示されるメニューで「コピー」を指示した後，画面の適当な場所で同じく右クリックして「貼り付け」を指示すれば，ファイルを複製できます。

　ところで，ファイルを管理する上で重要なのが，階層構造の考え方です。図 2.15 に示したように，複数のファイルを一つに束ねる「レポート 1」のような入れ物を用意することで，それらのファイルを一括して扱えるだけではなく，入れ物が異なれば図 2.15 のように同じファイル名を利用することも可能となります。この入れ物は，システムによって**ディレクトリ**や**フォルダ**などと呼ばれ，多くのシステムでは，この入れ物は入れ子のように重ねて利用することで階層的にファイルを管理できるようになっています。

　また，USB メモリや光ディスクを使用する際には，図 2.15 で「ディスク 1」として最上位に示されている保存装置名の指定が不可欠です。特に最近は，Microsoft 社のネットワークサーバである OneDrive のように，インターネット接続しているときは Windows の ID とパスワードとに連携して常時接続され，Office などでデフォルトの保存場所に設定されてしまうこともあるようですので，ファイル

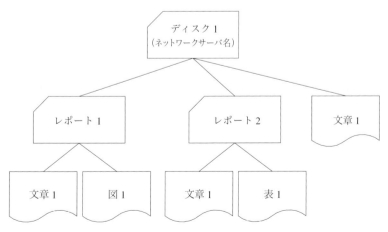

図 2.15
ファイルの階層管理の概念

を保存する際には保存場所の最上位に示されている装置名をよく確認することが欠かせません。

演習 22

みなさんが利用中のシステムでファイルを削除したり，ファイル名を変更したり，ファイルを複製する方法を調べてください。また，ファイラを使うことができれば，システムのファイル管理機能とファイラが提供する機能との使い勝手の相違を比較してみてください。

2.2.4　ネットワーク型コンピューティング

　映像や音楽のストリーム配信に見られるように近年インターネットのデータ転送容量が格段に増大し，大量なデータを高速に送受信できるようになりました。このような環境変化に合わせて，個々の利用者が使用するコンピュータであるクライアントと，ネットワークを通してそれらからの各種の情報処理要求に応えるサーバとの連携も大きく様相が変わってきています。以前は，ネットワークによる通信量を最小限に抑えて，サーバまたはクライアントで独立して処理することが一般的でした。ネットワーク上のサーバもファイルサーバ，プリントサーバなどのように明示的なサービス機能ごとに設置され，クライアントからの依頼に応じてサービスを実行する形での連携が一般的でした。

　これに対して，昨今ではネットワーク通信を最大限に活用して，ネットワークアクセスを意識させず，あたかも手元でサーバを操作しているかのように処理できるようサーバとクライアントとが緊密に連携した情報処理システムもよく見られるようになりました。このようにネットワークを積極的に活用したコンピュータ処理方式は LAN 内部では以前から見られ，例えばファイルサーバを内蔵ディスクのように使用することで全体システムの維持管理負担を軽減できるシンクライアント（Thin Client）型システムなどが構築され，利用されています。この方式をインターネットにまで拡張して，サーバを特定するのではなく，ネットワーク上に雲のように点在する様々なサーバとデータや負荷を分担しつつ処理することを，クラウドコンピューティング（Cloud Computing）と呼んでいます。スマートフォンやタブレット型コンピュータのアプリケーションソフトウェア（アプリ）の多くはクラウドコンピューティングとして多彩な機能を実現しているといえましょう。近年では，クラウドコンピューティングを基本とする Google 社の Chrome OS を搭載したクロムブック（Chromebook）が，安価なだけでなく，システムやアプリの更新手続きや管理の手間も省けることから注目を集めています [49]。

演習 23

クラウドコンピューティングは整備されたネットワーク環境下にあることが前提ですが，このような環境に依存したサービスを利用する際に注意すべきことを考えてみてください。

演習 24

もしみなさんがスマートフォンやノート型コンピュータなどでネットワーク接続を前提とした「アプリ」を使用しているのであれば，様々な場所でそれらが利用可能かどうかを実地に調べてみてください。また，「アプリ」で使用する個々の利用者のデータはどこにどのような形で保存されているのかも調べてみてください。

2.3 レポートの書き方

　大学の授業ではレポートを課されることが多いと思います。大学入試の準備の中でも "小論文" の書き方などの勉強をした人も少なくないでしょう。また，研究室やゼミに入ると，卒業論文や修士論文を作成したり，さらには学術雑誌へ原著論文を投稿することもあるでしょう。このように，調査や研究の成果を報告するためのまとめ方には目的によりいくつかの種類があります。ここでは，多くの授業や仕事の中で要求される調査レポートの書き方について述べます。

2.3.1 調査報告レポート

　調査報告に類するレポート（課題 2-6 を参照）を作成する上で作成者が常に注意すべきことは，"どのように評価されるのか" と "どのようなレポートがよいレポートなのか" という点を押さえておくことです。

　調査報告レポートで評価される点として，例えば以下をあげることができます。

事実と筆者の考えを明確に分けているか

　あるテーマに沿って，事例（＝事実）を調査することが基本であるということか

---

49. Chromebook は常にインターネットと接続された環境で使用することが前提で，コンピュータへのログインと同時に Google 社のサーバにもログインされるだけでなく，一文字タイプインするごとにサーバに転送されるほど緊密に連携が図られています。そのため，作業途中の状態も常にサーバに記録保存され，中断された作業をいつどこからでも継続できる反面，ネットワーク接続できない環境では使用できるアプリや作業データは限定されてしまうというデメリットもあります。

ら，収集した事柄は，ゆがめることなく，また自分の意見を踏まえることなく引用されていることが重要です。また，さまざまな事例に基づいて論じる，あるいは考察する場合にも，その文章の中で他人の文章を引用するときは，括弧書きや脚注を用いてその出典を明記して，筆者の考えや意見と明確に区別できるように表現しなければなりません。

調査方法や，資料の出典を明確に記しているか

　最近は，書籍や印刷資料だけではなく，CD-ROM や WWW（Web ページ）などの電子メディアからもさまざまな有益な情報が得られます。また，アンケート調査なども Web ページや電子メールを使って以前よりも簡便かつ安価に実施できるようになりました。さらに，シミュレーションや統計資料分析などによる仮説検証さえ可能です。このようにさまざまな手段で調査した情報をレポートに引用する際には，"後でそれを見た人が同じ情報源にたどり着くのに十分な情報"を示しておく必要があります。書籍や CD-ROM のような出版物からの引用であれば，括弧書きや，脚注，文末で参考文献や参考資料を明記しなければなりません（第 4 章を参照）。同様に，WWW からの引用であれば，その Web ページの所在を表す URL を示さなければなりません [50]。また，アンケート調査では調査の対象や実施方法を，シミュレーションではそのモデルや使用データを，統計資料分析では対象データと分析方法を明記して"後で同様の調査（追試験や比較調査）ができるような情報"を示しておく必要があります。

論理的に構成された考察が記されているか

　調査報告レポートでは，単にテーマに沿って情報を集めるだけではなく，それらを元にして自分の考えを論ずることが多くなります [51]。レポートでは論ずることが主眼なので，単に「私は〜と思う」とか「〜だろう」といった推量や推察は認められません。「論ずる」ということは，筆者が責任をもって断定できる事実に基づいた推論によって，「〜は…である」とか「(誰でも)〜と考える(ことができる)」というような，より確かな結論に至る道筋を述べることにほかなりません。つまり，それを読んだより多くの人が納得するように書かれていなければならず，「納得する」ということは，筆者の意見を押しつけられたのではなく，「筆者が論じている道筋に沿って読んでいる人が考えると，確かに結論のような考えに至ることができ

---

50. Web ページがフレームに分割されて表示されている場合には，Web ブラウザに示されている URL はフレーム内に表示されているページの URL ではなく，最初のホームページの URL ですので注意が必要です（図 2.4 参照）。また，Web ページは流動的で書き換えや移動，削除も頻繁に行われていますので，実際に閲覧した日時を URL に併記することが慣例となっています。
51. 課題 2-4 や課題 2-5 も最終的には匿名利用に関する自分の基準を示すことになっています。また，Web ページは流動的で書き換えや移動，削除も頻繁に行われていますので，実際に閲覧した日時を URL に併記することが慣例となっています。

る」ということを指しています。憶測やウソを前提にいくら推論を重ねても，その結論の信憑性が高まらないことはわかると思います。調査報告レポートの作成には，事実の認識とそれに基づいた確かな推論が重要です。そのためには，正確な情報を調査した結果に推論，考察を重ねるという方法をとらなければなりません。

演習 25

参考文献としての Web ページやインターネット上の PDF ファイルの具体的な記載方法を実際の論文や書籍で調べてください。また，それらに相違があれば，具体的な差異を挙げるとともに評価すべき点を述べてください。

2.3.2　レポートの読み手への配慮

　文章は，言葉（文字）によって何かの情報を伝える働きがあります。しかし，同じ文章でも，本書で課題として課されるようなレポートと，自分で毎日つける日記，文学作品としての小説とは，それぞれ"目的"が異なります。また，文章の"よさ"の判断基準もそれぞれ違います。木下は，『理科系の作文技術』[52] の中で，「理科系の仕事の文章は情報と意見だけの伝達を使命とする」と定義づけ，このような文章を書くときの心得として以下をあげています。

　　①主題について述べるべき②事実と意見を十分に精選し，それらを，③事実と意見とを峻別しながら，④順序よく，明快・簡潔に記述する

　これを本章の最後にあげられている課題 2-6 で課されているレポートにあてはめてみると

　　①与えられたテーマに沿って，インターネットなどの情報手段を用いて，ネットワーク上での犯罪や，プライバシーの問題に関する②事実情報を収集，分析し，③他の意見と比較しながら，④自分の意見を述べる

ことを意図している，と記述できます。前述の心得は何も理科系ばかりではなく，広く，大学の講義で課せられるレポートを書く人が考慮すべき視点を提供しているのです。大学の講義で課せられるレポートは，個人の意見を主観にするのではなく，できるだけ多くの第三者に納得できるような形（客観的な形）で表明することが求められます。間違っても「私はこう思う」という主観的意見だけを書いてはいけま

---

52. 木下是雄『理科系の作文技術』，中公新書 624，中央公論社，1981.

せん。誰もあなたがどう思っているのかを知りたいのではありません。あなたが考えたことがいかに客観性，普遍性をもち説得力があるかを知りたいのです。

演習 26

新聞の報道記事には5W1H（4.1.1項を参照）が書かれています。例えば次の記事で，どれが5W1Hにあてはまるかを考えてください。また，見出しの書き方について評価してみてください。

> 〈著作権法違反〉ヒット曲を「MP3」で公開　札幌の会社員摘発（毎日新聞）
> 　国内の人気ミュージシャンのヒット曲を「MP3」と呼ばれる音声データのデジタル圧縮技術を利用してホームページ上に公開，送信していたとして，愛知県警生活経済課と愛知署，ハイテク犯罪対策室，警視庁は27日，札幌市の会社員を著作権法違反で摘発，パソコンなどを押収した。MP3による同法違反の摘発は全国初。
> ［毎日新聞 1999 年 5 月 28 日］

> 〈特報・情報公開〉大阪市，コピー代の "利益" 毎年 20 万円前後（毎日新聞）
> 　情報公開制度に基づいて公文書を請求した市民が支払うコピー代で，大阪市が毎年計 20 万円前後の "利益" を上げている。コピー原価が 1 枚当たり 5 円程度なのに 20 円を徴収しているため。コピー機のリース料が下がった今年度は，30 万円近い "利益" が出る見込み。
> ［毎日新聞 1999 年 5 月 28 日］

（http://www.mainichi.co.jp/ 毎日新聞ホームページより引用）

演習 27

ある大企業では，毎年数万人の入社志望者がエントリーシートを送付してきます。エントリーシートには入社志望動機を 800 字以内で記すよう指示されており，採否判定の資料として利用されています。その内容としては，（1）所定の用紙に 800 字以内で書かれていること，（2）企業の事業内容を正しく知っていること，（3）自分の経験や能力が企業の利益につながること，の 3 点が評価基準として見られています。これらの基準が設けられた意図を考えてください。また，自分が人事担当であるとしたら，どのような基準を設けるかを考えてみてください。

演習 28

みなさんも，小学生や中学生のときに，読書感想文を書いたことがあると思います。そして，読書感想文のコンクールなどもあり，中には入賞した方もいるでしょう。ところで，学校の先生が読書感想文を書かせるとき，生徒にいったい何を期待しているのかを考えてください。また，コンクールで入賞する読書感想文とは，どのような点でよい文章と評価されるのかを考えてみてください。

課 題　2-1

課題 1-3 の自己紹介について，自分の次にファイルを書いたり，電子掲示板に投稿したりした人の自己紹介を全文引用し，引用文の下にみなさんからのコメントを記して一般的なレポートの形にまとめてください。ただし，最後に投稿した人は，一番最初に投稿した人の自己紹介を引用します。タイトルは"○○さんの自己紹介を読んで"として，指定された電子掲示板や共有ディスクなどの提出先に提出してください。

　✍　共有ディスクを使う人は，ファイルを日付順に並べ替えるとよいでしょう[53]。

課 題　2-2

自分や家族，身近な人の名前をキーワードとして検索エンジンに入力し，どのような Web ページが検索されるか見てみてください。もしも自分のホームページをもっていないにもかかわらず，自分の名前が掲載された Web ページが見つかった場合には，その掲載が不本意でないか，あるいは掲載内容として妥当かどうかを考え，自分の意見を述べてください。現在そのようなページが見つからなかった人も，サークルやその他の組織活動などを通して不本意に自分のことが掲載された場合の是非や，その影響について考えを述べてください。

課 題　2-3

今日のインターネット社会では，URL の組織名称の獲得をめぐっていろいろな社会的問題が議論されています。それらの議論を WWW で検索して，何が問題なのか，どのような社会的影響があるのか，どのような解決策が提案されているのかなどの現状をまとめてください。そして，このような現状に対するあなた独自の意見や考えを述べてください。

課 題　2-4

課題 1-3 では，自己紹介文を電子掲示板に登録したり，共有ディスクに提出してもらいました。しかし，それらのファイルにはさまざまな個人情報が入力されています。その一方で，他人の名前を語ってその人になりすまして勝手な自己紹介を投稿したり，匿名で投稿したりすることも可能です。このように誰でも自由に読み書きできる場所に個人情報を開示することの問題点について考えを述べてください。

---

53. この場合，厳密には投稿順ではなくファイルの作成順になりますが，課題実施上の問題にはなりません。

課　題　2-5

電子掲示板に匿名で投稿できることのメリット，デメリットを考え，述べてください。また，自己紹介において考えた属性について，どのような種類の情報は実名（個人名）とともに出さないほうがよいかを考え，「情報の種類と匿名性」としてまとめて述べてください。

課　題　2-6

情報発信の際に実名を用いるか，匿名とするかの判断基準についてレポートしてください。

1. 情報公開・情報発信とプライバシーの問題について，検索エンジンなどを使って調べてみましょう。特に，"ネチケット"，"ネットワーク犯罪"などについて調べてみてください。

2. さらに，情報公開と匿名性の問題についても，検索エンジンなどを使って調べてください。

3. 以上の調査を踏まえて

    a) 不特定多数の者がアクセスできる掲示板において，匿名と実名のそれぞれの場合に，あなたが公開してもよいと考える自己紹介の内容（属性）についての判断基準

    b) あなたが情報公開・発信する際の匿名・実名使用の判断基準

    についてレポートしてください。レポートで判断基準を示す際には，かならず検索などで得られた資料を引用して，自分の意見と他人の意見を区別対比させながら，その理由も併せて書いてください。引用する場合には，引用元の情報（URLや書籍名など）を"参考文献"として末尾につけてください。なお，参考文献の具体的な書式は図書館の書籍や論文が掲載された雑誌などで確認してください。

4. レポートは，メモ帳などのエディタで作成し，USBメモリや自分のPCのハードディスクに保存しておいてください。

課　題　2-7

昨今の広告や広報では，以前のURL表記に代わり，QRコードや「○○○　クリック検索」のような表現をよく目にします。実際，URLを打ち込んだり，リンクを探してたどるよりも素早く確かで便利な方法です。しかしその一方で，偽りのWebページによるフィッシング詐欺やWebページにアクセスするだけで感染してしまうウイルスの存在など，トラブルや危険も多く報告されています。このような新しいアクセス方法の利便性に潜む危険性について，考えられるトラブルや犯罪と，それらが起こるであろう理由を述べてください。

第3章
情報手段の特性を考慮した
コミュニケーションの実践

ねらい

❏ 電子メールでの情報交換に不可欠なメディアとしての特性を理解する
❏ 電子メールの基本的仕組みとメーラの機能を理解する
❏ データファイルとその取り扱いについて理解する
❏ インターネットを介してアプリケーションのデータファイルをやりとりできる
❏ コンピュータを利用した相互コミュニケーション（CMC）の特性を理解し，マナーのある実践ができる

　前章では，コンピュータ利用の第一歩として検索エンジンを使ったインターネットでの情報収集や，電子掲示板や共有ディスクを使った簡易な情報発信について解説しました。コンピュータはそもそも計算をしたり，データを整理・加工したりするために開発された機械ですが，コンピュータ同士を相互に接続してデータをやりとりする標準的な通信網としてのインターネットが普及した今日では，むしろこのようなコミュニケーションでの利用が大きなウェイトを占めています。特に，携帯電話網への接続機能をもった小型コンピュータであるスマートフォンの普及はそのウェイトを著しく増大させました。実際，みなさんが日々スマートフォンで使用するのは，LINE や Twitter, Facebook などのソーシャルネットワークサービス（SNS: Social Networking Service）のアプリが多く，またその使用時間も長いのではないでしょうか。

　　しかも，通信環境と携帯端末の双方が大容量化および高速化したことに伴い，文字や記号とともに，写真や音声，動画像などのやりとりが日常化していますし，新たに開発された SNS アプリやそれらの利用が顕在化させる種々の社会現象がマスメディアでもよく取り上げられています。しかしながら，新たな SNS アプリのほとんどは機能的に斬新なものではなく，本章で説明する基本的な CMC 機能の組み合わせといえます。しかもその基本的アイディアは，インターネット黎明期の 1980 年代に研究開発されて限られた環境で長年使用されてきたものであることも少なくありません。もちろん，それらの機能がそのままの形で提供されているわけではありませんが，より洗練されて多様な人々に広く受け入れられる形で一般社会で利用可能となったと見ることができるのです[1]。

　　コンピュータを利用して相互に情報をやりとりするコミュニケーション（CMC：Computer Mediated Communication）には，これらのほかにも利用形態ややりとりする内容などに応じていくつもの手段があり，電子化された多様な表現媒体をやりとりできるのが特徴です。しかしその一方で，CMC の普及は人々の遠隔でのコミュニケーションを音声による電話から電子メール（E-mail: Electronic Mail）[2] やショートメッセージ（SMS: Short Message Service）[3]，インスタントメッセンジャー（Instant Messenger）[4] などの文字によるものへと大きく変容させました[5]。しかも，日常のコミュニケーションにおける CMC のウェイトが高まっている現代社会では，多様な表現媒体の中で文字をやりとりする機能がますます重要視されているといえましょう。

　　中でも電子メールは，世界中の特定の相手とインターネットを介して個別に紙に書いた手紙のように文字情報をやりとりするための最も基本的で，かつ現代社会で必須とされる CMC の手段です。実際，教育の場からビジネスシーンまでも含めた今日の社会活動において，電子メールでのコミュニケーションは必要不可欠となっています。しかし電子メールは，SMS やインスタントメッセンジャーを用いた仲

1.　同様に，SNS をめぐる社会現象や事件も研究組織の中で局所的および特殊な事象として発生していたことが，一般社会を舞台に広範かつ多様化したものと捉えることができ，世間で取り沙汰されるほど目新しい現象ではないことが多いのも実状です。そのため，一見斬新な現象もその発生原理としては既知のことが多く，卒論のテーマとさえならないケースも散見されています。

2.　かつて携帯電話でのメールは SMS のような機能でしたが，今日では，携帯電話やスマートフォンでも "電子メール" といえば基本的にインターネットを介した電子メールを指しているといえます。

3.　提供会社により異なりますが，100 文字程度の短い文を携帯電話番号宛てに送りつけるサービスのことです。インターネット接続された PC ではインスタントメッセンジャーアプリによるオンラインチャットとして使用されてきました。

4.　LINE アプリのようなメッセージ交換サービスの総称で，LINE はモバイルメッセンジャーアプリケーションとも呼ばれます。

5.　スマートフォンには音声メール（voicemail）のアプリもありますが，海外に比べて日本ではほとんど利用されていない状況です。

間内での短い話言葉での対話とは違ったメディアとしての特性[6]をもっているため，それを十分に考慮したコミュニケーションの実践が不可欠です[7]。しかも，保存された電子メールは対話以上に交わされた約束事の記録や証拠として，さらには備忘録やアクチュアルな知識データベースとしても有益ですので，その保存や管理を意識的に実践することは現代を生きる私たちに不可欠な情報の実践力といえましょう。

　本章は，CMC の特性を踏まえて情報のやりとりができる能力を育成することを目的としています。まず手始めに，CMC の基本的な仕組みと機能性について理解を深めるとともに，多様な形で提供されている CMC 手段を機能的特性に基づいて概観します。次に，今日の社会生活で実践力を求められる電子メールでのコミュニケーションとインターネットを介したデータファイル交換とに焦点をあて，基本的な機能操作方法と実践上の注意点について理解します。さらに，CMC がもつ情報伝達メディアとしての特性と，利用する際の注意点，モラルについて考えを深めていきます。

3.1　CMC の基本的な仕組みとその機能

　電子的な情報手段の特性を踏まえて CMC を実践していくためには，単にコミュニケーションアプリとしてのソフトウェアの使い方を習得するだけではなく，どのような仕組みで CMC が実現されているかをよく理解することが重要です。本節では，まず CMC の特性を理解するための基礎知識として，その黎明期から今日までの発展経緯を踏まえつつ，基本機能の仕組みと特性について概説します。

3.1.1　CMC 発祥としての電子掲示板

　コンピュータを人々の情報交換に利用する CMC の試みは古く，1973 年に米国カリフォルニア州バークレーで一般市民向けに設置された Community Memory と

---

6. 端的には SMS や LINE は口語による文脈依存型で，電子メールは文語的で文脈依存が少ない独立したメディアといえましょう。そのため，電子メールを書くのは面倒くさく感じられてしまうのではないでしょうか。それでも紙の手紙世代の著者にとって，電子メールは画期的で大変便利なメディアだったのですが。

7. 電子メールの使用方法は知っているものの，日常的には仰々しくて少し敷居が高いので使用しないという人も多いことと思います。しかし，大学で教員や事務局とのやりとりを始めとして，就職活動，研究活動などの社会的活動が増えるにつれ，次第に電子メールでないとやりとりできないシーンが増加することでしょう。

呼ばれた電子掲示板（BBS: Bulletin Board System）まで遡ることができます[8]。電子掲示板の原理は，1 台のコンピュータを複数の利用者で共有する環境の下で連絡事項を電子ファイルとして残せば他者に伝達できるということを基礎として，利用者が伝達事項を掲示板のように自由に閲覧でき，かつ投稿できるようにしたものです。しかも電子掲示板は，投稿日時やトピック，キーワードなどで並べ替えたり選択したりして表示可能なだけでなく，空間的制約も感じられませんので，利用者は瞬く間に広がり投稿される情報も多岐にわたるようになったといわれています。

　当時は，コンピュータ自体が希少なものであり，アクセスできる端末も設置された場所での利用に限定されていましたので，広く一般社会で利用されることはありませんでした。その後，PC が販売されるようになり，それらを公衆電話回線で接続して PC 間通信が可能となった 1980 年代初頭に，PC をアクセス端末として利用する電子掲示板サービス（以下，PC-BBS）が提供されるようになり，地域だけでなく国境をも越えて広く人々の CMC として利用できるようになりました。PC-BBS により特定の話題に関する情報収集が可能となっただけでなく，その話題を通じて，同じ目的をもつ人同士の交流の場，意見交換の場としての役割をも果たすようになりました。そのため，電子掲示板は電子会議システムとも呼ばれていました[9]。ただし，遠隔地を結べるとはいえ対面式会議とは異なり，発言に時間差がある非同期的な会議ですのでその用途は限定されてました[10]。

　インターネットが社会一般で利用可能となってからは，PC-BBS はインターネット経由でアクセスする一つのサーバのような存在になっています[11]。それらはちょうど，次ページの図 3.1 は XOOPS のフォーラム機能[12]による電子掲示板と同様に，そのサービスの使用契約をした利用者間でのメッセージ交換のための場を提供し，書き込まれたメッセージを発言順や発言者別，題名別に分類し提示してくれたり，あるメッセージに対して返答（レスポンス）したりできるようになっています。さ

---

8. 大学やスーパーマーケットのように多くの人が集う場所では，今でもよく情報交換用の掲示板を見かけます。それを電子化すると人々はどのように利用するようになるかという社会実験として試行されたといわれています。

9. 2020 年の新型コロナウイルス蔓延防止策の一環として，Zoom のような遠隔ライブ映像配信システムがビジネスや教育の現場で世界的にかつ急速に普及したことにより，今日では電子会議とはこれらの遠隔ビデオ会議システム（3.1.5 項参照）のことを指すようになっています。

10. むしろ，その会議録が先端的な考え方や現場でのノウハウなどの知を集積したデータベースとなることが注目され，現在でもその目的で活用されています。インターネット上のクチコミサイトも同様といえましょう。

11. PC-BBS プロバイダは，この頃よりインターネットへの接続機能を提供するプロバイダにビジネス機能が変わりました。

12. XOOPS は Web コンテンツを構成するテキストや画像などのデジタルコンテンツを管理するコンテンツ管理システム（CMS: Content Management System）であり，XOOPS Cube オフィシャルサイト（http://xoopscube.sourceforge.net/ja/）からダウンロードして利用できます。図 3.1 はこのシステムをベースに授業支援システム向けにインターフェースを変更した画面例です。

らに，電子掲示板機能は Web ページの閲覧者がメッセージを書き込める機能としても活用され，ブログのように日々内容を更新できる Web ページとして利用されています。また，企業のホームページには，お客さんのニーズを調べるアンケートページや，製品に関する質問を受け付けるページなど，見ている人も情報を発信できるページが多くあります。しかも発信できる情報は文字に限らず，音声や映像のファイルでも可能で，しかもそれらを Web ページ上で視聴できる機能さえ提供されています。これらはまさに廊下などにある掲示板と同様に，複数の人が自分の情報を載せ，それをインターネット上に公開,情報発信している掲示板といえましょう（図 3.2）。

演習 1

　みなさんが利用している SNS で，電子掲示板のように投稿内容を相互に閲覧できる機能があるものをリストアップしてください。また，そこに文字以外の表現メディアを投稿できるかどうかも調べてください。

図 3.1
XOOPS のフォーラム機能を用いた電子掲示板例［Firefox］

図 3.2
ネットワーク上の電子的な掲示板の概念

3.1.2　意外と古いチャット機能

　携帯電話やスマートフォンが普及している今日では，特定および不特定多数の相手とリアルタイムに文字によるメッセージや電子ファイルをやりとりするチャット（chat）機能がよく利用されています。チャット機能は常時ネットワークに接続された環境下でのみ利用することができますので，最近利用できるようになったと考えている人も多いことでしょう。しかし，この機能の誕生は1台のコンピュータを複数の利用者が同時に利用できるシステムが開発された当初にまで遡ることができる古い CMC 機能といえます。

　チャットの始まりは，キーボードで打った文字をお互いに相手の画面に表示することで，まるで電話で会話をするように文字のメッセージをやりとりすることでした。このように同時に，かつリアルタイムにメッセージをやりとりするためには，やりとりする相手と自分とが同じチャットサーバにコンピュータを接続した状態であることが必須です。前述した BBS の利用拡大により，同時に複数の利用者が同じ BBS ホスト[13]にアクセスする状況が生み出されたことから，付帯機能としてチャットも提供されるようになりました。当時は文字によるメッセージのやりとりだけでしたが，会話の場のように複数の利用者がリアルタイムに更新される電子掲示板を通してコミュニケーションできる新たな感覚の CMC として人気がありました。実際，今日でも，Skype やメッセンジャーなどのチャット機能はよく利用されていますし，LINE や Twitter のようによく利用されている SNS は，メッセージ更新時に通知がある点で基本的にチャットと同様のサービスと捉えることができます。

---

13. 当時は1台のホストコンピュータがすべての機能を司り，サービスを提供していたことから主催者である「ホスト（host）」と呼ばれてました。現代のネットワーク環境ではコンピュータの立場が逆転し，奉仕者として利用者にサービスを提供することから「サーバ（server）」と呼ばれます。

　さらに，インターネット回線の高速大容量化と多様なメディアを取り込んだり再生したりできる端末装置の普及により，マイクで取り込んだ音声を相手のスピーカーから流す音声チャット[14]や，カメラで取り込んだ自身のビデオ映像をインターネット上の相手のスクリーンに映し出すビデオ通話やビデオ会議なども可能となり，それらのサービスも広く使用されるようになっています。このように，チャットはオンラインリアルタイム型 CMC の基本原理と捉えることができ，取り扱えるメディアの拡大といつどこでもつながる通信環境の整備による利用シーンの多様化とが相まって，今日の多彩なコミュニケーションシステムの開発や実現の原動力となっているのです。

演習 2

　チャットのようなオンラインリアルタイム型 CMC と，電子掲示板のような非同期型 CMC との特性の違いを調べてください。また，みなさんがよく使用する CMC をこの 2 つの類型に分類して，それらが使用されるコミュニケーションシーンの相異点を挙げてください。

演習 3

　ビデオ会議システムには文字や電子ファイルをやりとりできるチャット機能が用意されていますが，双方を利用してみて映像や音声をリアルタイムにやりとりすることとチャット機能によるやりとりとの共通点および相異点を挙げてください。また，それぞれの機能に適した利用シーンを考えてください。

3.1.3　CMC の可能性を切り開いた電子メール

　電子メールの歴史は CMC の中で最も古く，複数の利用者がそれぞれ独自のアカウントを保持して 1 台のコンピュータを共有して利用できるマルチユーザシステム[15]が開発された 1960 年代にまで遡ることができます。同一のコンピュータを複数の利用者が使用する環境で，別の利用者に対して個別に電子メッセージを伝えることができれば，私信のようにメッセージのやりとりが可能となります。これが電子メールの基本的な原理で，これを端緒として CMC が発展してきたといっても過言

---

14. 日本国内では音声によるチャットはインターネット電話や SNS の普及によって影を潜めてしまいました。
15. multi-user system，馴染みのある身近な例としては，銀行の ATM が挙げられますが，今日では Windows や MacOS などの PC のシステムでさえ複数の利用者アカウントを設定できますし，普通は行われませんが通信回線経由で他の利用者と同時に 1 台の PC を利用することもできます。

ではありません。

　ただし，特定のコンピュータにおける限られた利用者間のみでのやりとりは，作業の伝達や報告といった業務での特定の内容が中心で，それ以上の広がりは見られませんでした。この状況は，1970 年代に全米規模で構築された ARPANET[16] の登場で大きく様変わりすることとなります。ARPANET に接続された別のコンピュータの利用者と電子メールをやりとりできるようになったことで，コミュニケーションの範囲が飛躍的に拡大しただけでなく，米国のような広い国土でも時差を気にせずにメッセージを交わすことができることに気づかされたからでした。ARPANET は，他の公的ネットワークを統合しながら拡大し続け，ネットワーク同士を相互に結合する基盤としてのインターネットへと発展を遂げますが，その原動力はつながりの輪が広がることによるコミュニケーション範囲の拡大にあったといっても過言ではないのです[17]。

　一方，電子メール機能は PC-BBS でも提供され，一般社会でも利用が広がりつつありましたが，他の BBS 利用者とのコミュニケーションのニーズは次第に高まっていきました。このような社会の要請に応えて，1995 年には研究用途に利用範囲が限定されていたインターネットが商用でも利用可能となり，契約プロバイダに限定されずに世界中の電子メール利用者たちとインターネットを介して相互にやりとりできるようになったのです。

　インターネットを介してやりとりされる電子メールは，概念的には図 3.3 のような仕組みになっています。電子メール自体は，基本的にはエディタで作成する文書と同様に文字データだけで構成されています。送り手はこの文書に受け手を指定した電子メールファイルを作成して，自分が使用している電子メールサーバに送信を依頼します。受け手は模式的には "ユーザ ID@ ドメイン名（電子メールサーバ名）[18]" という形で特定できるようになっています。図 3.3 ではサーバ X の利用者 A さんが，サーバ Y の利用者 B さんに電子メールを送る例を示しているので，"B さん @ サーバ Y" のように，受け手を指定した電子メールファイルをサーバ X に送ります。サーバ X は受け取った電子メールファイルを受け手が利用する電子メールサーバ Y に向けてネットワークを通して転送します。このとき，電子メールファイルにはその送り手が "A さん @ サーバ X" であることが記されます[19]。サーバ

---

16. Advanced Research Projects Agency Network. 米国国防総省が全米の主要な大学および研究機関のコンピュータ間で高速にデータ交換する目的で構築した研究用コンピュータネットワークで，後のインターネットの基礎となりました。

17. インターネットの拡大と一般社会への普及推進も，電子メールの利用欲求が主な要因といわれています。

18. ここがサーバ名ではなくドメイン名であるアカウントが使われ，ドメインネームサーバによってドメイン名がサーバ名に置き換えられる場合も多々見受けられます。

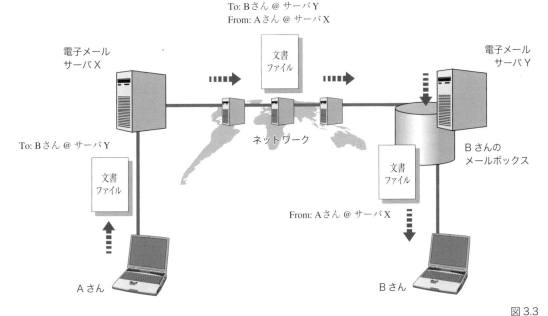

To: B さん @ サーバ Y
From: A さん @ サーバ X

電子メール
サーバ X

文書
ファイル

電子メール
サーバ Y

To: B さん @ サーバ Y

ネットワーク

文書
ファイル

B さんの
メールボックス

文書
ファイル

From: A さん @ サーバ X

A さん

B さん

図 3.3
電子メールの仕組み

Y は，サーバ X から送られてきた電子メールファイルを受け取ると，その受け手であるBさんだけがアクセスできる場所(スプールと呼ばれます)に電子メールファイルを保存します。その後で，Bさんが自分の電子メールサーバ Y のスプールを見にいけば，"A さん @ サーバ X"からの電子メールを受け取れるというわけなのです。

演習 4

　自分に配布された，あるいは割り当てられたメールアドレスについて，各部分の意味を考えてみてください。

3.1.4　ファイルの送受信

　わたしたちが使用する PC と電子メールや BBS などのサービスを提供するサー

---

19. 電子メールの受け手に送り手を知らせるとともに，受け手が見つからなかった場合のメールの戻り先を示すためでもあります。

バとの接続は，一般の電話回線を使って利用者たちが草の根的に始まりました。これまで見てきたように，そこでは文字のやりとりが中心でしたので，少ないデータ量で必要な文字情報を綺麗に画面表示することを目指した情報交換用の標準コードとして ASCII[20] が制定されました。ただし，ASCII には，表 3.1 に示すように，文字や記号を表すコードとともに表示画面や送受信を制御するためのコードも含まれています。音声や画像，さらには動画像なども電子データ化できるようになるにつれ，それらデータファイルを送受信するニーズも高まりましたが，それらのデータファイルにはこの制御コードに該当するデータも多数含まれているため，そのままの形で直接やりとりすることができないのです[21]。それは，ワープロや表計算などのアプリケーションのデータファイルについても同様です。

表 3.1　ASCII コード（8 単位）

b8	b7	b6	b5	b4	b3	b2	b1	b8	0	0	0	0	0	0	0	0	1	1	1	1	1	1	1	1
								b7	0	0	0	0	1	1	1	1	0	0	0	0	1	1	1	1
								b6	0	0	1	1	0	0	1	1	0	0	1	1	0	0	1	1
								b5	0	1	0	1	0	1	0	1	0	1	0	1	0	1	0	1
b8	b7	b6	b5	b4	b3	b2	b1	行＼列	0	1	2	3	4	5	6	7	8	9	10	11	12	13	14	15
				0	0	0	0	0			SP	0	@	P	`	p								
				0	0	0	1	1			!	1	A	Q	a	q								
				0	0	1	0	2			"	2	B	R	b	r								
				0	0	1	1	3			#	3	C	S	c	s								
				0	1	0	0	4			$	4	D	T	d	t								
				0	1	0	1	5			%	5	E	U	e	u								
				0	1	1	0	6			&	6	F	V	f	v								
				0	1	1	1	7			'	7	G	W	g	w								
				1	0	0	0	8			(	8	H	X	h	x				未定義				
				1	0	0	1	9			)	9	I	Y	i	y								
				1	0	1	0	10			*	:	J	Z	j	z								
				1	0	1	1	11			+	;	K	[	k	{								
				1	1	0	0	12			,	<	L	¥	l										
				1	1	0	1	13			-	=	M	]	m	}								
				1	1	1	0	14			.	>	N	^	n	~								
				1	1	1	1	15			/	?	O	_	o									

制御コード部分　　文字・記号表現部分　　　　未定義部分

---

20. American Standard Code for Information Interchange の略。名称通り米国での標準コードであるが，日本をはじめ，世界中で標準コードとして使用されており，現在は国際標準規格 ISO 646 として規格化されている。

21. 厳密には，画面制御用コードも一部送受信可能ですが，すべてのコードを送ることはできません。また，漢字を使用する日本や中国，韓国などのように，その国や地域に独特の文字を使用する環境では，それらの文字コードを本文に含ませて送受信できるようになっています。ただし，メールのタイトル部分については，送り手と受け手の文字コード体系の違いから文字化けしてしまうことがよくありますので注意が必要です。

　そこで，これらのファイルを通信相手とやりとりするためにまず考案されたのは，送り手側でファイルのデータを制御コードを含まない一連の文字列に変換して送信し，受け手側でそれを逆変換して元のデータに戻すという方法です。この方法は，PC-BBS や初期のインターネットメールで使用されるようになり，現在でも電子メールや SNS の添付ファイルとして受け継がれています。例えば，Microsoft Word で作成したファイルをメールに添付すると，メール本体には，図 3.4 のような意味不明な文字データが付加されます[22]。メーラは，この文字データを受け取ると自動的に添付ファイルと認識して元のファイルに復元してくれるのです。一部のメーラには，復元されたファイルを表示する機能が搭載されたものもありますが，通常はデータファイルの形で保存されるだけで，それを見るためのアプリケーションソフト

```
This is a multi-part message in MIME format.
--------------9445AB6AFE8BAF83725FF5DE
Content-Type: text/plain; charset=iso-2022-jp
Content-Transfer-Encoding: 7bit
添付ファイルを試してみましょう。
--------------9445AB6AFE8BAF83725FF5DE
Content-Type: application/msword;
 name="=?iso-2022-jp?B?GyRCJD8kYSQ3GyhCLmRvYw==?="
Content-Transfer-Encoding: base64
Content-Disposition: inline;
 filename="=?iso-2022-jp?B?GyRCJD8kYSQ3GyhCLmRvYw==?="
0M8R4KGxGuEAAAAAAAAAAAAAAAAAAAAAAPgADAP7/CQAGAAAAAAAAAAAAAAABAAAAIQAAAAA
AAAAEAAAIwAAAAEAAAD+////AAAAACAAAAD//////////////////////////////////////
//////////////////////////////////////////////////////////////////////
//////////////////////////////////////////////////////////////////////
//////////////////////////////////////////////////////////////////////
//////////////////////////////////////////////////////////////////////
//////////////////////////////////////////////////////////////////////
//////////////////////////////////////////////////////////////////////
//////////////////////////////////////////////////////////////////////
///////////////////////////////spcEAdQAJBAAAAFK/AAAAAAAAEAAAAAAAABAAA
MgQAAA4AYmpiakDgQOAAAAAAAAAAAAAAAAAAAAAAAARBBYAMgwAACKKAQAiigEAGQAAAAAA
AAAAAAAAAAAAAAAAAAAAAAAAAAAAAAAAD//w8AAAAAAAAAAD//w8AAAAAAAAAAD//w8A
AAAAAAAAAAAAAAAAAAAAAAAAF0AAAAAAHwAAAAAAfAAAAHwAAAAAAAfAAAAAAAAB8AAAA
AAAAHwAAAAAAAAfAAAABQAAAAAAAAAAAAAJAAAAAAAAAkAAAAAAAAACQAAAAAAAAAJAA
AAAAAAAkAAAAAwAAACcAAAADAAAAJAAAAAAAAAXwEAAFoBAAC0AAAAAAAAAALQAAAAAAAA
```

図 3.4
添付ファイルを含むメールの内容の例

---

[22]　メーラで「ソースコード」や「ソース」が表示できれば，送られてきたコードを見ることができます。

ウェアが必要です[23]。

　また別の方法として，ASCII を介さずにファイルデータを直接やりとりするための通信手順（プロトコル）である FTP（File Transfer Protocol）も考案され，今日まで使用され続けています。FTP でファイルをやりとりするためには，送り手側と受け手側にこの通信手順を実行できるソフトウェアが導入されていなければなりません[24]。そのため，FTP が可能なインターネットサーバとやりとりするためには，PC側に後述する FTP クライアントソフトウェアを導入しておく必要があります。近年では，WWW の通信手順である HTTP によるファイルのやりとりも増えています。HTTP でのやりとりは Web ブラウザさえあればできますので，新たにそのためのソフトウェアを導入する手間もいらず，数多くの PC でファイルの送受信が可能となりました。今日では，Web ページの更新からブログや動画投稿サイトへのファイルのアップロード[25]，ソフトウェアのアップデートファイルのダウンロードまで多様な場面で HTTP でのやりとりが利用されるようになっています。

演習 5

　みなさんが利用しているメーラに電子メール本体のソースを表示できる機能があれば，自分宛に適当な電子ファイルを添付したメールを送り，添付したファイルがどのように表示されるかを確認してみてください。

3.1.5　ビデオ通話と遠隔ビデオ会議

　インターネットを介したコンピュータ同士のやりとりは，割り当てられた特定の通信チャネルを常時占有して情報をやりとりする電話や放送とは根本的に異なり，ネットワークの利用状況に応じて多様な経路で流される細切れにされた情報を再構成することで成り立っています。そのため，情報の到着時間が一定でなく，その再構成のための処理も必要ですから，送り手と受け手との間でリアルタイムにやりとりをする電話や，途切れなく継続的に情報が流される放送にはインターネットは

---

23. 今日のほとんどの PC には，画像や映像，音声などの標準的なデータ保存形式のファイルを再生するためのソフトウェアが搭載されています。文書のファイルとしては PDF 形式が標準的で，メーラで表示できる可能性が高いですが，Microsoft Word 形式や Excel 形式でも表示可能なメーラもあります。
24. 送り手と受け手の双方に共通のソフトウェアが必要とされる点は文字列変換による方法を含めた他の通信方法でも同じことといえます。
25. ネットワーク上のサーバにファイルを送ることをアップロード（upload）と呼び，俗に“サーバにファイルを上げる”ともいわれます。これに対してサーバからファイルを受け取ることをダウンロード（download）と呼び，同様に“サーバからファイルを落とす”ともいわれます。

不向きとされてきました。

　しかし，PC の情報処理能力の飛躍的向上とインターネット回線の高速かつ大容量化に伴い，音声や映像を実際の再生時間よりはるかに短時間に一気に伝送可能なデジタル通信技術を活かして，違和感なくあたかも継続的に音声や映像が配信されているかのようなやりとりが可能となりました。それにより，Skype[26] のような音声通話サービスやテレビ電話のようなビデオチャット（videochat）[27] が提供されるようになり，次第に IP 電話やインターネットラジオ，YouTube に代表される画像配信サービスへと CMC の可能性が拡大されてきました[28]。

　このような CMC は個人間の新たなコミュニケーション手段としてだけでなく，遠隔地に拠点を置く組織や企業内でのビデオ会議システムとしても利用されていますし，会議や公開討議のように特定および不特定多数の相手と同時に映像やメッセージをやりとりできる場としても利用されています。しかもこれらのシステムでは，デジタル通信技術に基づいた CMC の機能特性を活かして，電子ファイルのやりとりもできるチャットや，遠隔投票，仮想グループ会議など遠隔会議の場で求められる機能も充実されてきています。それらの中でも Zoom や Webex などのビデオ会議システムは，世間で使われている一般的な PC やスマートフォンに搭載されている機能を使用して，簡易的ながらこれらのリアルタイムな CMC が実現できることから注目されています[29]。特に，2020 年に端を発した新型コロナウイルスの感染予防の切り札として，これらのビデオ会議システムは海外との頻繁なコミュニケーションが必要な企業や組織での限定的な CMC としてだけでなく，ビジネスシーン全般および教育現場で必須の CMC へと変貌を遂げています。

演習 6

　友達や知り合いと協力して，Zoom のように無料で利用できるビデオ会議システムを利用した遠隔ビデオ会議をみなさん自身で開催し，会議の開催者と参加者との利用機能や会議自体の見え方などの相異について調べてみてください。

---

26. 今日では Skype はビデオ通話システムとして認知されてますが，当初は音声通話システムでした。また，SNS の LINE も Skype と同様に元々はインターネット電話サービスからスタートしたのでした。

27. ビデオコール（video call）とも呼ばれ，インターネット経由のビデオ通話を電話回線上のテレビ電話と峻別した呼称です。

28. 映像データは視聴時間の 10 分の 1 程度の時間で配信できますので，違和感なく視聴できるよう映像データを先送りできるわけです。しかし，ネットワークが混雑して次の配信が間に合わないと，映像が劣化したり停止したりしてしまいます。

29. Zoom ではタブレット型 PC やスマートフォンで参加した場合に，チャットで電子ファイルを送受信できないというように，これら機能の一部が制限されます。

3.1.6　複合 CMC サービスとしての SNS

　今日では，Facebook や LINE などに代表される多くの SNS が提供されており，実際に利用している読者のみなさんも多いことでしょう。SNS は，本節で述べてきた電子メールや電子掲示板，ファイル共有，チャットなどの CMC 機能を基盤として，利用者によるネットワーク上でのコミュニティ形成を支援できるよう，利用者が発信したメッセージに対する他の利用者のアクセス状況やリンク作成，評価，コメントなどを確認し合えたり，メッセージのアクセス状況のランキングや更新情報などを提示したりする機能 [30] を提供しているのが特徴です。単に明示的なメッセージのやりとりだけでなく，利用者のアクセス行為そのものを利用状況やアクセスランキングなどの形で明示化して利用者相互が認識し合うことで，利用インセンティブが向上するとともに利用者コミュニティの性格ともいえる共通理解が深まり紐帯を強めることが期待できるからなのです。

　このように SNS が多用され，人々の必須の CMC となっている主な要因としては，スマートフォンやタブレット型 PC のような携帯型 PC の普及が挙げられます。その前提として，それらを常時インターネットに接続できるモバイル通話回線や WiFi 環境の拡充も忘れてはなりません。常時接続できる端末を携行することで，人々のコミュニケーション機会が飛躍的に向上することはいうまでもありません。さらに重要なことは，必要な場所で音声や映像などを含めた情報のやりとりを通してより的確にコミュニケーションできたり，それらの情報を複合して新たな SNS サービスを創造できたりすることにあります。例えば，撮影した写真に GPS 位置情報を付けて地図情報システムと連携させることで地図と連動したアルバムを作成できますし，道路ごとの風景を詳細に撮影すれば Google マップのストリートビューのようにもなるのです [31]。

　つまり，いつでもどこでも携帯端末で，文字だけでなく音声や映像をも含めた，多様な情報の受発信ができる通信環境があり，しかもそれらを必要に応じて処理可能なコンピュータとして機能できるからこそ，部屋や建物に限定されない広い空間での CMC として SNS が注目されているわけなのです。その意味で人々への SNS の普及および浸透は，電子掲示板や PC-BBS が広まったことと同様に，そのために必須とされる通信環境を人々が手にしたことに端を発した現象といえましょう。そして，人々のコミュニケーションでの多様なニーズに応える形で，これまで

---

30. 元来，ブログへのリンク作成機能を指す用語でしたが，現在ではこれらの機能を総称する用語としてトラックバック（trackback）がよく使用されています。

31. Google マップは複数の連続した写真を切れ目なく継ぎ合わせて上下左右 360°見せられることが機能的特徴で，単に写真を並べて表示しているわけでないことはみなさんも知っている通りですが，基本原理は同じです。

に培われてきた CMC の成果が複合的に組み合わされて種々の SNS サービスが提供されてきたと捉えることができるのです[32]。

　むしろ，複合 CMC サービスである SNS は，形成されるコミュニティの質的向上を図るため，実名による利用者登録や紹介制度などサービス運用面での細やかな方策が施されていることにこそ大きな特徴があります。距離や時間を超えてより多くの人々が自由にコミュニケーションできる CMC の特長を生かしつつ，有益な出会いや意見交換の場を提供する有意義なソーシャルネットワークを形成し維持するためには，個々の利用者が一方的にコミュニティから情報を得る利益の享受者としてではなく，コミュニティの運営や発展に貢献する主体的な構成員としての意識を持ち合わせていることこそが大前提となるからです[33]。しかも，このようにある程度統御された運営方策の下では，讒言（ざんげん）や欺（あざむ）きのようなコミュニティの秩序を乱す行為の抑制も期待できることから，信頼性やセキュリティの点でも重要視されているのです。

　SNS は，このようにして人々の社会的なつながりの空間を提供しているわけですが，ネットワーク上での利用者相互の存在感を高め親密度を増すためのアクセス行為の明示化には，本来自発的行為であるはずのアクセスの強要や発言内容に対する一方的な承認要請などの，社会的圧力が生ずる温床と成り得る副作用[34]もあることを認識しておく必要があります。しかも SNS の利用者には，3.3 節で述べるような一般的な利用マナー以上に，その SNS が形成しているコミュニティへの参加者意識に基づいた行為の表現形式として，明示的および暗黙的な利用マナーやルールに従った利用行為がしばしば重視されることにも十分に注意を払わなければなりません。

演習 7

　みなさんが SNS を利用する際に注意していることや利便性の背後にある問題点などについて調べてみてください。もしも複数の SNS の使い分けているのであれば，その理由や使い分けの基準について考えてみてください。

---

32. そのため，新たな SNS をめぐる社会現象は，類似の先行研究によってすでに調査研究がなされ議論されていることが多く，表面的な目新しさとは裏腹に新たな研究対象とはなり難いのが実状です。

33. 使用言語の問題以前にこのような参加者の主体性が問われる状況こそが，世界で多用されグローバルなコミュニティを形成している Facebook が日本で SNS の中心的存在とは成らず，むしろローカルなコミュニティを形成する LINE が多用されている実態を導き出している要因とも考えられます。

34. 情報技術の負の側面ともいえるこれらの副作用については Michel Foucault（田村俶訳）『監獄の誕生－監視と処罰－』（新潮社，1977）で指摘されており，この面が表出された超監視社会の状況は古典的 SF 小説として George Orwell（高橋和久訳）『一九八四年』（ハヤカワ epi 文庫，早川書房，2009）に描かれています。

3.2 CMC での情報交換における基本操作

　多くの人がインターネット接続可能な携帯電話やスマートフォンといった携帯端末を所持している昨今，CMC での情報交換は日常的風景となっています。みなさんも携帯端末を携行して SMS から LINE や Twitter，Facebook といった SNS までをも含めた CMC を恒常的に用いたコミュニケーションに勤しんでいることでしょう。それらの中でも，各自が携帯電話契約に付随したメールアドレスを保持している電子メールは，最も基本的な CMC 手段の一つといえましょう[35]。3.1.3 項でも説明したように，電子メールはインターネット環境に完備された CMC 機能であり，多様な CMC 手段を利用できる今日でも，ビジネスを含めた社会生活一般で標準的な手段として使われています。

　しかしその一方で，電子メールは形式的で敷居が高いとか，日常的でなく使い慣れないといった声が，携帯端末でのコミュニケーションに慣れ親しんだ利用者からよく聞かれます。電子メールは SMS のように気軽に使用できませんし，多様なコミュニケーションニーズに合わせて進化してきた SNS のような使い勝手の良さはありません。ですが，電子メールは特別なアプリケーションソフトウェアやサービス利用契約をすることなしに，正に社会基盤としての郵便のようにメールアドレスを保持する世界中の人とやりとりできるという点で，現代人のリテラシとして必須とされる CMC 手段となっているのです[36]。

　そこで本節では，CMC のリテラシとして電子メールでの情報交換で用いられるメーラの基本的な機能と操作について説明します。また，情報伝達メディアとしての特性を踏まえつつ，インターネットを介して電子ファイルを送受信するための実践的方法とその注意点についても説明します。

3.2.1 CMC の基礎としての電子メール

　電子メールは最も基本的な CMC 手段としてメールアドレスが分かる相手なら誰にでもメッセージを送信することができます。しかしそれ故に，知り合い同士で日常会話のようにやりとりされる SMS や LINE などとは異なり，CMC の基礎的なメ

---

[35]. 電子メールも携帯電話によって普及された日本国内の文脈から見れば，SMS の方が基本的機能と感じるかもしれませんが，電子メールはインターネット利用者が何らかの形で利用可能という意味で，またインターネット環境の基本機能として完備されているという点で，より基本的といえます。

[36]. 文字を用いる CMC 同士でも，今日の文脈に依存した話し言葉を主体とするモバイルコミュニケーションは口語的ですが，電子メールは文章力が必要とされる文語的なメディアといえ，それが敷居の高さを感じさせる要因なのでしょう。

ディア特性を理解した分別ある利用方法が求められることともなるのです。以下では電子メールでのやりとりを実践する際に不可欠な基礎知識について説明します。

3.2.1.1 電子メールアドレス

今日では，電子メールアドレスとは一般的にインターネット上で個人にユニークに割り当てられた電子メールアドレスを意味します。それは自分に割り当てられた利用者識別子（ユーザ ID）と，使用する電子メールサーバのインターネットアドレス（ドメイン名）とで構成され，ユーザ ID とドメイン名を "@"[37] でつなげて表現されています。例えば埼玉大学教育学部教育臨床講座（klinikos.edu.saitama-u.ac.jp）でユーザ ID が taro である人の電子メールアドレスは，taro@klinikos.edu.saitama-u.ac.jp と表されるのです。また，電子メールアドレスには，後述するメーリングリストのようにリストに登録された複数の利用者に配信されるアドレスもあります。

最近では，携帯電話の個人アドレスや Gmail や Yahoo! メールなどの誰でも利用契約すれば入手可能な電子メールアドレスが日常的によく利用されています。これに対して，組織や大学の名称が入った電子メールアドレスはそこに所属する者だけが使用できるわけですから，その使用者の身元や社会的位置付けを自ずと表現していることとなります。気心知れた知人や友人とのコミュニケーションでそのような電子メールアドレスを使用することは却って堅苦しく，特に企業活動でのオフィシャルなアドレスの場合，私的なやりとりをすることは社内資源の私物化との誹りも免れませんので控えるべきことといえます。ですが，社会的活動の場では企業名や大学名が入ったアドレスはその組織の一員であることの証明ともなり信頼性が高まりますので，例えば学生が就職活動をするような場面ではむしろ積極的に利用すべきこととなるわけです。

ところで，図 3.3 に示した電子メールの仕組みからもわかるように，送信指示が完了したことは必ずしも相手に電子メールが届けられたことを意味しません。配信の構造上，実際に配信が完了するまでに時間がかかるだけでなく，相手先への経路が混雑していたり，通信速度が遅かったりすれば，さらに遅延してしまいます。特に，電子メールの送信や受信をするサーバの通信機能が不調な場合には，数日間もそのサーバ内に処理されないまま滞留することさえないとはいえません。それはミスタイプなどで正しくない電子メールアドレス宛てに送信してしまったときも同様です。先の例で，"taro" を "tara" と間違えて入力してしまった場合を考えてみ

---

37. アットマーク（at-mark）と呼ばれています。

ましょう。"tara@klinikos.edu.saitama-u.ac.jp" というメールアドレスが存在しなければ，"相手先不明（unknown users）" というエラーメッセージとともにメールが送り返されることになりますが，このエラーがすぐに返らず数日たってから戻ってくることもまれではないのです。ですから，電子メールを送信するときには，正しく電子メールアドレスを記すよう細心の注意を払うことはいうに及ばず[38]，これらの不確定要素を考慮して，ある程度の余裕をもって早めに送ることを心がけるとともに，送信した電子メールが配信されたことを常に先方に確認する姿勢が欠かせません[39]。

演習 8

みなさんに大学から割り当てられた電子メールアドレスが示す意味を考えてみてください。

演習 9

みなさんに大学から割り当てられた電子メールアドレス宛てに，スマートフォンや携帯電話から SNS やショートメッセージで通常発信するような書き方でメールを実際に送信して，受信したメールがどのように見えるか調べてください。また，そのメールに記された発信者本人からのものであることを確認できるかどうかを考えてください。

3.2.1.2　メール本体の構造と顔としてのタイトル

電子メールには，メール本文とともに，メールタイトル，送信先，発信元，発信日時などの情報が付帯されています。電子メールを送信する際に，本文や送信先を記すのは当然のことですし，発信元や発信日時はメーラが自動的に付帯させますが，メールタイトルに注意を向けることが必要です。

メーラで新規にメールの作成を指示すると，図 3.5 のように，本文と送信先を記入する欄とともに，「題名」や「件名」，"Subject" などと表記されているメールのタイトルを指定する欄が表示されます。多くのメーラではタイトルを記入せずに送信指示をすると注意や警告が表示されますが，それを無視すれば電子メールを送信できてしまいます。そのため，タイトルがないメールを受信することがよくありますが，ほとんどが携帯電話やスマートフォンなどから外出先で送信指示された

---

38. 相手のメールに返信すればこのような記入ミスを減少できますが，相手がアドレスを誤って知らせてくることもあるので，その場合でも，はじめは簡単な挨拶などをやりとりしてお互いに確認し合うべきでしょう。

39. LINE のように既読サインが付くことに慣れていると不便に感じるかもしれませんが，それがお互いに受信状況を監視し合うような束縛状況を回避しているともいえます。

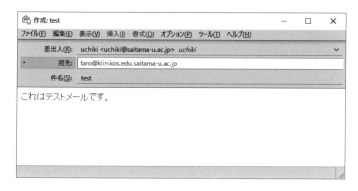

図 3.5
新規メール作成ウィンドウ［Thunderbird］

メールです。多分，SMS のように外出先で短時間にメッセージを作成して送信するためにそうしてしまうのではないでしょうか。

しかし，多くのメーラは受信したメールを送信者と題名で分類して表示するので，内容を適切に示した題名をつけるべきといえましょう。それにより，多数のメールを受け取るであろう相手にも読んでもらえるでしょうし，後で必要に応じて受信メールを検索してもらえることになるからです[40]。しかも，セキュリティ機能が強化されつつある昨今では，タイトルがないメールは迷惑メールとして分類されてしまい，受信されているにもかかわらず気づかれることもなく読まれてもいないというケースもよく聞かれますので，その意味からも重要性が増しています。

メールはこちらから一方的に送りつけることができるので，メール本文やタイトルについては常に受け手の立場を考えて，快く受け取ってもらえ，読んでもらえるよう心がけて送ることが大事です。特に，タイトルはメールの顔ですので，内容にふさわしく受け手に注意を向けてもらえる端的な表記であることが求められます。また，メールの表現は電話と異なり，文面からだけでは送信者が書いているときの状況をうまくつかむことができません。ちょっとした感情的な表現や冗談が誤解を招く原因ともなりかねないのです。そのため，メール交換する内容はできるだけ形式的な（フォーマルな）内容にとどめ，それも丁寧かつ簡潔に表現するように心がけるべきでしょう。よほど親しい間柄でない限り，あるいは親しい間柄であっても，感情的な表現を含んだインフォーマルなメール交換には誤解を生じさせないような注意が常に必要です[41]。

---

40. 相手の便宜を考えてあげることは，ひいては相手からメールを受け取る自分の便宜へもつながるのです。

41. このような使用はフレーミングの元凶ともなるので，できるだけ避けるべきです。また，相手の敵意や怒りを感ずるメールに返信するときや，そのような気持ちをもってメールを書いてしまったときは，すぐに送信するのは絶対に避けるべきでしょう。書いてしまったものを一晩以上放置してから，送信前に再度読んでみることをお勧めします。

　みなさんが使用しているメーラを起動して新しいメールの作成を指示したとき，タイトルを記入する欄がどのように表示されるかを調べてください。また，実際に，タイトルを記入せずに自分宛にメールを送信して，注意や警告が表示されるかどうかを確認してみてください。

3.2.1.3　メーリングリスト

　電子メールには，複数の受け手を同時に指定することができる同報機能（3.2.2.2項を参照）が備わっています。しかし，この方法では4〜5人程度の少人数グループであれば全員のアドレスを漏らさず指定できるでしょうが，グループの人数が増えるに従って全員のアドレスを間違いなく指定することが難しくなりますし，同じグループの人同士で頻繁にメールをやりとりする際にも不便です。メーリングリスト（ML：Mailing List）[42] は，このようなグループメンバーのリストを一つの特定のアドレス（メーリングリストアドレス）として管理し，そのアドレス宛てに送られてきたメールをそのリストに登録されているメンバー全員に転送してくれるサーバです。しかも，多くの ML では図 3.6 の Subject 欄に示したように，メールタイトルの先頭にその ML の名称や愛称および通し番号をつけてくれますので，メールの整理や検索が容易にできます。

　このように，ML はたいへん便利な機能を提供してくれますが，利用に関してはいくつかの注意が必要です。図 3.6 の Reply-To 欄に示されているように，ML 経由で送られてきたメールでは返信先が ML アドレスに設定されていることが多いので，単純にメーラに返信を指示するとメールの発信者宛てにではなく，ML 宛てとなってメンバー全員に私信のメールが送られてしまう危険があります。そのため，ML 経由で送られてきたメールに返信する際には，常に返信先のアドレスに注意を払う必要があります。

　また，写真やアプリケーションデータなどの大きなファイルを添付したメール（3.1.4 項を参照）を ML で送ることは，ネットワーク上に大量のデータが流されることとなるため，できる限り避けてください。しかも，ML サーバは送付するメンバーの数だけサーバのスプールにメールを複製しますので，送付先が多数のときは ML サーバにも多大な負担がかかることは容易に想像できましょう。このようなときこ

---

42. リストとなっているアドレスにメールを送るだけで，そのリストに登録されているメールアドレスすべてに対してメールが同報されます。単に同報されるだけのものから，同報されるメールに順次通し番号やリスト識別名をつけるもの，リストに登録されているメンバーだけが送受信できるもの，利用者が自分でリストにアドレスを登録 / 削除できるものなどもあります。

```
Date: Sun, 23 Aug 2015 22:45:21 +0900
From: Tetsuya Uchiki <uchiki@saitama-u.ac.jp>
To: uchiki-ml@saitama-u.ac.jp
Reply-To: uchiki-ml@saitama-u.ac.jp
Subject: [uchiki-ml 10] 研究指導
内木研のみなさん
明日の研究指導は，前回の取り決め通り 15：00 より行います。
今週木曜日のゼミはありませんが，野村先生からの連絡の通りに研究室
のレイアウト変更がありますのでよろしくお願いします。
--
内木　哲也
埼玉大学大学院人文社会科学研究科
```

図 3.6
メーリングリストで送られたメッセージの例

そ後述するファイルサーバを活用すべきです（3.2.3.3 項参照）。共有設定したファイルをダウンロードできるサーバを利用することで，ML ではファイルサーバの共有アドレスのみを連絡するだけで済むはずです。なお，やむを得ず ML でファイル添付を利用するときには，必要最小限の小さいファイルだけをファイル圧縮でさらに小さくしてから添付するように心がけてください。

演習 11

　みなさんが受信したメールのタイトル欄に注目してメーリングリストのアドレスから送信されたメールがあるかどうかを調べてみてください。もしそれが自分で登録依頼したものでない場合，どのような類のメーリングリストであるかを内容およびアドレスから考えてみてください。

3.2.2　メーラの基本的機能

　電子メールソフトウェアであるメーラには，文字だけのメールを送受信する基本機能のほかに，受信したメールや関連するメールアドレスを管理する機能，同時に複数の人に送信する機能，アプリケーションソフトウェアや音声，画像などの電子データファイルを送受信する機能，そのほかにも暗号化したり受信確認したりする機能などが用意されています。以下では，今日よく利用されている Web メールも含め，メーラについて概説するとともに，それらの多くに完備されているメールの送受信や管理を支援する機能について説明します。

3.2.2.1　メーラと Web メール

　電子メールを読んだり書いたりするソフトウェアは，正式には MUA（Mail User Agent）といいますが，俗に "電子メールソフトウェア" または "メーラ（mailer）" と呼ばれています。今日の PC やスマートフォンにはあらかじめ基本的な機能を備えたメーラが搭載されていますので，システムの基本機能の一部として認識され，特に気にせずそれらを利用していることも多いと思いますが，メーラはシステムとは独立したアプリケーションソフトウェアです。ですから，無料で利用できるフリーウェアや，開発者に利用料を支払って使用するシェアウェア[43] を中心に，個人のニーズや好みに合ったメーラを使用する利用者が根強くいます[44]。

　ここで例として用いている Thunderbird（https://www.thunderbird.net）も，フリーウェアとして提供されているメーラです。Thunderbird は，フリーでありながら，メーラとしての多彩な機能が用意されているだけでなく，システム環境の変容に対応したセキュリティ対策を中心に継続的な改訂作業も続けられ，長年の利用実績もある安定したソフトウェアです。2021 年 4 月現在，78 版（78.9.1）がリリースされています。このようなシステムとは独立したメーラを使用するにはそれを導入するために手間がかかるというデメリットがありますが，その一方で Windows だけでなく，MacOS や Linux などの現在使用されている多くのオペレーティングシステム上で共通のインターフェースを通して使用でき，メール本体を含む個人データも独自に管理したり移行したりできますので，新たなシステムへの乗り換えにも対処可能というメリットがあるのです[45]。

　一方で，近年ではメーラを用いずに Web ブラウザを使ってメールを送受信できる WebMail と呼ばれるシステムもよく利用されています。WebMail は，メーラがいらないだけではなく，Web ページを見る要領でメールを送受信でき，さらには受信したメールがメールサーバ上に保存されているので，インターネットカフェや PC 室のような共有の環境でのメールの送受信に適しています。Gmail（http://www.google.com/gmail/about/）や Yahoo! メール（http://mail.yahoo.co.jp/），その他ネットワー

---

43. 実際のシェアウェアについて http://www.forest.impress.co.jp などを参照。

44. かつては PostPet や Eudora などのようにアプリケーションとして販売されているメーラもありました。基本的な機能はどれも一緒ですが，使い勝手や使用感はそれぞれ異なりますので，もし使用中のメーラに不足や不満を感じているようでしたら，入手可能なものを実際にいくつか利用してみて，自分に合ったものを選択するとよいでしょう。

45. Windows から MacOS へとか，iOS から Android へとかの移行をせず，同じシステムを更新して使い続ける場合にはこのようなメリットは感じられないかもしれません。なお，システム間でのデータの移行に際しては，署名ファイルなどの一部の設定ファイルはシステムが用いる文字コードの違いによってそのままでは使用できないこともあります。例えば，Windows と MacOS とでは Shift-JIS と UTF-8 との違いがありますので，移行した署名ファイルを使用すると文字化けしてしまいます。

クプロバイダが提供する商用メールサイトは WebMail サービスの先駆け的存在です し，Microsoft 社も以前メーラとして提供していた Microsoft Outlook から WebMail サービスとしての Outlook（https:// outlook.office.com）[46] への移行を促して います[47]。

　メールをやりとりする一連の手順はメーラを使用する場合と同じですが，メール を送受信するためにメーラを起動する代わりに，Web ブラウザでメールサーバの URL を指定します。メールの送受信をはじめとして，返信，受信メールの削除， 各種設定などのように，メーラで一般に提供されている機能はページに示されたメ ニュー項目をクリックしたり，指示に従って必要な項目を入力することで利用する ことができます。

　Web メールの最大の特徴は，Web ブラウザで WWW を利用できる環境であれば 特別なメーラを導入することなしに，どこからでもメールを読んだり，送れたりす ることにあります。しかも，最近の多くのネットワーク環境では，ネットワークセ キュリティの観点から，あらかじめ登録されている場所やコンピュータだけからし かメーラが利用できなかったり，個人のコンピュータが接続できたとしても特別な 設定が必要とされたり，利用する手だてがまったくなかったりすることさえもしば しばありますが[48]，Web メールではそのような煩わしさがありません。また，メー ル本体がすべてメールサーバ上にあるので，特定のコンピュータにダウンロードし てしまうメーラに対して，どのコンピュータからでも受信済メールが読めるという 利点もあります。しかし，逆に既読メールを読むときでさえサーバに接続しなけれ ばならず，メールの呼出しや検索に時間もかかるので，コンピュータ内部にメール 本体を保存しているメーラに比べてメールを次々と切り替えて読むことは少々困難 です。さらに，メール保存用にサーバが提供しているデータ容量がいっぱいになっ てしまうと，古いメールが削除されたり，新着メールを受信できなくなったりする ことがありますので，使用量に注意しながら定期的にメールをダウンロードしたり，既 読の不要メールを削除したりする操作が欠かせないことに注意する必要があります。

　なお，スマートフォンやタブレット型 PC に予め搭載されているメーラは，PC で のメーラと Web メールの中間的存在といえましょう。これらのメーラはサーバか

---

46. Microsoft 社が運営するネットワークサービスサイトの OneDrive（https://onedrive.live.com/about/ja-jp/）でサービスを展開し ており，基本機能は無料で利用できます（2021 年 4 月現在）。

47. Gmail や Yahoo! メール，Outlook.com は無料でメールアカウントを発行してくれるので，WWW しかアクセスできない環境 や，海外で日本語のメールをやりとりするときなどに便利です。ただし，これらのサーバから送信するメールには広告が 添付されることと，ある期間使用しないと自動的にアカウントが閉鎖や削除される場合がありますので注意してください。

48. 特にメールの送信サービスを行う SMTP（Simple Mail Transfer Protocol）サーバはスパム（SPAM）と呼ばれる大量メール送 信の中継基地にならないよう外部からのアクセスを厳しく制限しています。

らメールをダウンロードするのですが，それは特に指示しない限りは今必要とされるであろう直近のメールに限られ，しかも古くなったメールは端末上に残されません[49]。つまり，自分の端末にメールデータがあるもののそれは最近のメールに限られており，丁度 Web メールで新着メールを閲覧しているのと同じような状態にあるからです。

演習 12

メーラを利用する場合と Web メールを利用する場合の違いを調べてください。また，それらの違いがメールをやりとりする上でどのようなメリットとデメリットをもたらすかを調べてください。もし，両方を利用することが可能な環境であれば，実際に両方を使い比べて，両者の得失をレポートしてください。

演習 13

Web メールの利用には，いくつかの個人情報や利用環境項目の設定が必要とされます。みなさんが利用している，あるいは利用可能な，Web メールを実際に利用する際に必要な設定項目とともに，利用上の制約や特徴，使用方法などを調べてみてください[50]。

3.2.2.2　送信機能

電子メールの送信は，1 人の受け手に対してだけでなく，同じ内容のメールを複数の受け手に対して同時に伝えることができます。これは同報機能と呼ばれ，通常は，送付先に複数のメールアドレスを“,”で区切って指定することで複数の相手に送ることができます。メーラによっては，送付先欄が複数表示されるものもあり，相手先を確認したり追加削除したりするときの便宜を図っています。このように同報先を指定した場合には，メールの送付先にそれらが羅列されることになります。それに対して，送付先ではないがメールの内容を知っておいてもらいたい人に付加的に送る場合，carbon copy[51] と呼ばれる，メールの写しを同報する機能を用います。同報で送られてきたメールでは“To:”と書かれた通常の送付先ではなく，“Cc:”と表記された場所に自分のアドレスが書かれています。つまり，そのメールの主た

---

49. みなさんも経験があると思いますが，ネットワークに接続してメールが更新されるまでは以前に接続したときの古いメールがダウンロードされたままになっています。
50. 大学や企業の内部システムではない場合には，同意できない，あるいは納得できない項目があるときは，無料で提供されていたとしてもそのサービスを利用すべきではありません。
51. 伝票を転写するために使われるカーボン紙が由来です。

る受取人ではないことをあえて明示していることになるわけです。

　また，メーラによっては"Cc:"のほかに，送られるメールに同報者のアドレスが明記されない"Bcc:"（Blind carbon copy）を指定できるものもあります。これにより，同報者のメールアドレスが第三者である他の同報者に知られてしまう危険性を回避できます。例えば住所変更や所属変更などの通知を自分の住所録に登録されている全員にメールで知らせる場合を考えてみましょう。たった一通の変更通知に自分の住所録に登録されている全員のメールアドレスが指定できれば非常に便利だと，きっとみなさんも考えることでしょう。ところが，そのメールには相手先すべてのメールアドレスが記載されていることになり，それは発信者のプライベートな交友関係をすべて白日の下にさらすことにほかなりません。そのようなときに威力を発揮するのが"Bcc："というわけなのです。

　カーボンコピーは，自分が送ったメールを手元に残しておくやり方としても利用できます。メーラによっては，自分が送信したメールを送信ボックスや送信済みメールボックスと呼ばれるような場所に自動的に保存するように設定できるものもあります。しかし，その機能は自分のコンピュータ内部で処理されるだけですので，本当にメールサーバに対して送信が行われたのかどうかがわかりません[52]。ですが，サーバへの接続は自分宛てにメールを送ることで確認できますので，"Cc："の欄にいつも自分のメールアドレスを書いておけば，サーバへの送信確認と送信メールの手元への複写を同時にかつ簡単に行えることになるわけです。

　ところで，メーラで新しく作成されたメールは，「送信」を指示することで初めてメールサーバへの送信処理が開始されます。それまでは作成したメールは作成途上の文書データに過ぎませんので，この段階でメーラを終了してしまうとデータも消失してしまいます。スマートフォンではアプリケーションソフトウェアが常時稼働にありますのでそうはなりませんが，Web メールでもメールを作成中に Web ブラウザを終了したり，ネットワークが切断されてしまうと同様の状況となる危険性がありますので注意が必要です[53]。メーラには作成途上のメールを保存する機能がありますので，メール作成に時間がかかっているときや作成したメールを送信せずに一時保存しておきたいときには便利です[54]。

---

52. メーラによっては，受信確認機能をもったものもありますが，サーバや相手のメーラがかならずしも受信確認連絡をしてくれるとは限りませんし，機能がキャンセルされてしまうこともあり，確実なものではありません。

53. 状況によっては作成途上のメールを保管してくれることもありますが，いつも保証されているわけではありません。

54. 一時保存の機能がない場合には，作成途上のメールを自分自身に送っておくという方法もあります。そのほかにも，自分にメールを出してみることは，新しいコンピュータを設定したり，新しいネットワークプロバイダにはじめて接続したときなどに，自分の設定や接続が正しくできたかどうかを確認するためにもよく使用します。

　　また，図 3.7 に示したように Thunderbird をはじめとするいくつかのメーラでは，作成したメールをすぐに送信するのではなく，後で指示するまで送信待ちフォルダ[55]に保存して，サーバに送信されないように設定することができます。これは，通信データ量ではなく，通信時間と接続回数とによって課金されていた以前の通信環境で，通信料金を節約するために設けられた機能で，メーラの終了時や任意のタイミングでこれらの送信待ちメールに対して再度送信指示が必要となります。通信回線に常時接続され従量制で課金される環境が家庭にも普及している今日では，この機能は不要なように思われるかもしれませんが，いったん送信指示したメールを再修正したり，送信中止したりできることから，忘れないよう即座に返信しながらも一呼吸置いたメール送信でトラブルを未然に回避できるという点で，一部利用者の間でその価値が見直されています[56]。

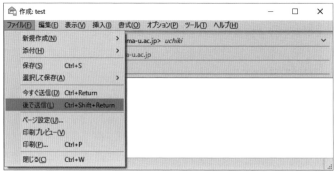

図 3.7
メールの送信タイミングの指示例 ［Thunderbird］

　　ところで，個人のコンピュータを大学や企業のネットワークに接続した場合，Web ブラウザで WWW が見られているにもかかわらずメーラでのメールの送受信ができないことや，個人的に使用しているメールサーバに接続できないことがあります。そのような現象は，多くのネットワークが，指定されたコンピュータや利用方法以外での利用を制限して運用しているために起こります。そのねらいは，ネットワーク侵入者[57]によるメールサーバへの不正アクセスやサーバを介した不正行

---

55. Thunderbird では，ローカルフォルダの送信トレイに「後で送信する」メールが保存されていますので，そのファイルを操作することで，送信前に再修正したり，削除して送信を取りやめたりすることができます。

56. 企業やプロバイダによっては，これらの機能をメールサーバのほうにもたせて，送信が指示されたメールをすぐ送信せずにいったん保存しておき，一定時間経過した後に送信することで，その間の送信メールの修正や送信中止の機能を提供しているところもあります。さらに，一部の企業はこの機能を利用して，社外にメール送信する前に内容にミスや問題となる表現がないかを検査し，トラブルを未然に防ぐ取り組みをしているようです。

為を防いで，ネットワークセキュリティを向上させることにあります。昨今では，個人的にネットワークプロバイダと通信契約を交わしているスマートフォンやタブレット型コンピュータでメールを送受信する人が多いため，一般的には気にならないことも多いこととは思いますが，個人のコンピュータを外出先でネットワークに接続して使用しなければならない場合には注意が必要です [58]。

演習 14

　みなさんが使用しているメーラおよび Web メールに，メールを一時的に蓄えておいて後でまとめて送信する機能や，作成途上のメールを一時保存する機能があるかどうかを調べてください。

3.2.2.3　受信機能

　自分宛てのメールは，自分のアカウントがある電子メールサーバのメールボックスに自動的に配信されます。このメールボックスとは具体的には一連のメールデータが詰め込まれた一つのファイルに過ぎません [59]。メーラの受信機能はこれを個々のメールに区切って抽出して読みやすい形で提示してくれる機能といえます。しかも，個々のメールが開かれたかどうかの閲覧履歴 [60] や，新しく到着したメールであることなどの情報も保持し提示してくれます。

　ところで，PC 上でメーラを使用している場合，メーラに「受信」を指示することはメールサーバ上にある自分のメールボックスからそのメーラのメールボックスにメールをダウンロードすることを意味しています。そのため，図 3.8 のようにメーラのメールボックス内にリストアップされているメールは，メールサーバに接続しなくても何回でも読むことができるのです [61]。ただし，サーバにメールを残さずにダウンロードした場合はその PC でしか読めないことにもなることに注意が必要で

57.　ハッカー（hacker）。日本ではコンピュータ犯罪者のこともよく"ハッカー"といわれますが，犯罪や不正利用を目的としたハッカーは，正確には"クラッカー"と呼ばれます。

58.　このように，不正使用者の行為はネットワークシステムの運用を難しくするばかりではなく，私たち一般の利用者の利便性をも大きく損なうことにもなるのです。

59.　そのまま見ることももちろんできますが，添付ファイルなどの多い昨今では送受信情報以外はほとんど解釈不能といえましょう。

60.　実際に読んだかどうかではなく，メールを開いて表示したかどうかに過ぎません。

61.　通常はメーラでメールをダウンロードするとサーバ上からメールが消されるように設定されていることが多いので，自分のコンピュータ上にメールが移動すると考えたほうが妥当でしょう。

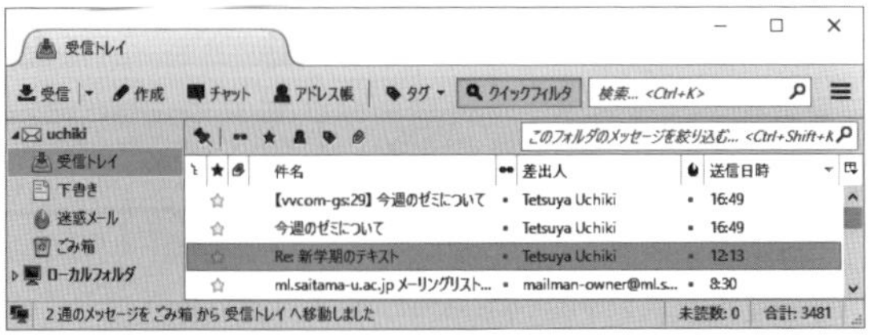

図 3.8
メールボックス内のメールリスト例［Thunderbird］

す。また，これを回避するために既読のメールをサーバに残す設定をする場合は定
期的にサーバにアクセスして古いメールを消去する作業が必要となることを忘れて
はなりません。

　Web メールは，メールサーバ上のメールボックスファイルをそのまま閲覧する
メーラといえますので，個別の PC 上のメーラでメール受信する際に生ずるこれら
の問題を回避できることが大きな特徴です。ただし，メールの閲覧にはメールサー
バへの接続が不可欠ですので，常時接続できる環境でないと全くメールが使えな
いこととなってしまいます。しかも，表示画面が小さいスマートフォンでは使い勝
手がよくありません。そのため，スマートフォンや携帯電話のメーラでは，直近の
メールのみのダウンロードすることで接続問題を回避しつつ，機材の画面サイズに
適合した使い勝手の良い独自のメーラが用いられています。

　また近年では，PC 上のメーラもメールサーバとの接続方式[62] として，従来使用
されていた POP（Post Office Protocol）に代わり，Web メールのように，PC 上のメー
ラとサーバ上のメールボックスとが同期する IMAP（Internet Message Access
Protocol）を使用することで，ダウンロード問題を軽減しています[63]。

演習 15

　PC のメーラや Web メールで利用しているのと同じメールサーバにスマートフォ
ンからも接続してメールを利用している人は，それぞれでのメールの新着や既読の
状態，削除したメールなどのメール操作が双方に反映されるかどうかを調べてくだ
さい。また，メーラがサーバと接続する通信手順が POP か IMAP のどちらに指定
されているかも調べてみてください。

[62]　プロトコル（protocol）と呼ばれ，通信手順として規格化されています。

[63]　IMAP は，POP と異なりサーバと同期してますので，メーラ上でメールを削除したり，保存フォルダーを移動したりすると，
サーバ上のメールボックスにも反映されてしまいますので注意が必要です。Web メールも同じことですが，サーバの許容
量を超えないように古いメールは自分で削除する必要があります。

3.2.2.4 返信機能とメール転送

多くのメーラには，送られてきたメールに返事を書くのに便利なように返信機能が用意されています。返信機能を使うと返信先が自動的に指定されますので，間違ったアドレスを打ってしまう危険性が減りますし[64]，元のメールを引用しながら返信を作成することもできます。図 3.9 の例では，行頭と行末に "｜" がつけられた行が元のメールの引用部分を表しています[65]。また，この機能を利用すると，受け取ったメールのタイトルの前に "Re:" や "RE:" といった返信を示す略号[66] をつけたタイトルを自動的に設定してくれるので，相手がどの内容に対して返信してくれたのかを知ることもできて便利です。

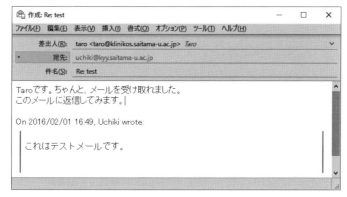

図 3.9

返信作成ウィンドウの例 ［Thunderbird］

なお，返信には送り主だけに送り返すものと，送り主が同報送信[67] した相手全員に送るものとがあります。一般的に返信というときは前者になりますが，メーラによっては自動的に同報送信者全員に返信してしまうものがあるので注意が必要です。また，メーリングリストで送られてきたメールでは，返信先がメールの送り主ではなくメーリングリストになっていることもよくあります。この場合もそのまま返信すると返信内容がメーリングリストの全員に配信されてしまいますので注意してください。メーリングリストによっては，自分で返信先（Reply-To-Address）

---

64. まれに相手が送信元を誤って送信してくることがあるので，かならずしも正しく送信できるとは限りません。その元凶は相手がメーラに誤って自分のアドレスを設定していることにあります。そんな経験をしたときは，相手を責めるのではなくみなさん自身のメーラ設定が誤っていて相手に不便をかけていないかどうか，まずチェックしてみてください。その後で相手の人に柔らかく忠告してあげましょう。

65. メーラや表示設定の違いで，例えば先頭に "＞" が表示されることもあります。

66. ラテン語起源の英語の前置詞で，「〜について」という意味で手紙で使用されます。

67. 3.2.2.5 項で説明します。

を設定しておけば，その返信先を書き換えずに送ってくれますので，個別に送り主宛の返信が欲しいメールをメーリングリストで送るときには，送信する際にメーラで設定しておくとよいでしょう[68]。いずれにしても，返信機能を使う際には，返信先のアドレスがどのように自動的に指定されたかをよく確認してから送信指示をするように心がけましょう。

ところで，返信機能の引用を利用して，送信先を変更すれば自分が受け取ったメールの内容を他の人に伝えることができます。ただし通常は，上述したように元のメールに引用記号がついてしまいますので，それを避けるには新たなメールにその内容を複写して送らなければなりません。しかし，受け取ったメールの内容を修正せずにすべてそのまま伝えるのであれば，受信したメールそのものに新たな送り先を指定して送信できる転送（forward）機能が便利です。個人宛てのメールはプライバシーの関係から他の人に転送することはまれでしょうが，会議通知や会場地図，待ち合わせ場所などの事務的な内容を多くの人に周知する場合にはたいへん便利な機能です。

演習 16

みなさんが使用している環境で，受信したメールに返信する方法を調べてください。また，返信する際に元のメールを引用する方法，引用せずに返信する方法，さらには受信したメールの転送方法についても調べてみてください。

演習 17

みなさんが使用している環境で，自分宛てに送ったメールに返信して，どのような形式で，あるいはどのような情報が付加されてメールが返信されるのかを調べてみてください。

3.2.2.5　メールの保存と検索

多くのメーラには受信したメールを保存しておくための場所が用意されています。この場所は一般にメールボックスやメール箱，受信箱などと呼ばれています。多くのメーラのメールボックスは単に受け取ったメールを受信順に保存しておくだけではなく，後で受信メールを検索しやすいように題名順や発信時刻順，発信者名順などに並べ替えて表示する機能をもっています。そのため，単にすべての受信メールをあらかじめ用意されているメールボックスに保存しておくだけでも，便利なメールのデータベースとして利用できます。

---

68. メーリングリスト側の設定によりますので，送信前に確認してみる必要があります。

　しかし，ビジネスのような社会的活動への参画やメーリングリストへの登録などにより，日常的に多くのメールを受け取るようになると，メールボックスに保存されるメールも膨大となり，そこから必要なメールを探し出すのは大変な作業となります。このとき，例えば差出人ごとに受け取ったメールを振り分けて保存しておくことができれば，より探しやすくなることでしょう。そこで，多くのメーラでは基本機能としてのメールボックス以外に，利用者が独自に新しい保存場所を作ることができるようになっています。この機能を使えば，登録しているメーリングリストやサークル，ゼミなどの交友関係ごとに独自のメールボックスを指定して整理することもできます。さらに，タイトルに含まれる文字や発信者名などによって自動的に利用者が指定した場所に保存する機能が用意されているメーラもあります。ただし，あまり細かくたくさんの保存場所を作ると，かえってわかりにくくしてしまうことにもなりますのでバランスを取りながら整理し続けることが大切です。

　ところで，PC上のメーラではメールが保存されているメールボックスは，通常はそのPCの記憶装置に置かれています[69]。近年では，ネットワークへの常時接続環境が充実してきたこともあり，インターネット上のファイルサーバになっていることがあります。このような形態は，ネットワーク全体で一つのシステムを構成している企業や大学などで以前から利用されているものでしたが，それが個人のPC利用環境にも拡大されてきたわけです。ただし，このような設定の場合にはWebメールと同様にインターネットに接続できなければ受信メールも読めませんので注意が必要です。それとともに，プライバシーに関わる内容を含む個人のメールをインターネット上のサーバに保存していることの是非についてもよく考えて利用すべきです。一般の利用者よりも優れた情報技術者を擁する専門家に任せる方が安全という見方もありますが，個人の情報に対する思い入れや価値意識はその個人に勝ることはないのですから，大切な情報は自分で管理すべきことといえましょう[70]。

演習 18

　みなさんが利用しているメーラで，受信したメールを分類したり，検索するためにどのような機能が用意されているかを調べてください。また，みなさんがどのようにして目的とするメールを検索しているかを考えて，送信する際に注意すべき点をまとめてみてください。

---

69. 企業や大学などでは個々のPC上ではなく，ネットワーク上に設定された個人の記憶領域に保存されていることもよくあります。

70. 専門家集団のいる組織や企業で発生している情報漏洩に関する事件や事故は，当事者たちの情報に対する思い入れが低いことに起因する杜撰な取り扱いが原因となっているようです。

演習 19

　みなさんがメールの送受信に使用している環境で，受信したメールが保存されるメールボックスに相当するものが実際はどこに存在しているのかを調べてください。また，そのメールボックスがネットワークサーバ上にある場合，必要なメールを自分の PC に移動して保管する方法を調べてみてください。

3.2.2.6　アドレス帳機能

　返信ではなく新規にメールを出そうとするときには，その相手のメールアドレスを知らなければなりません。しかし，多くの人々のメールアドレスを覚えておくのは大変ですし，ミスタイプによってうまく届かない危険性も発生します。そこで便利なのがアドレス帳と呼ばれるメールアドレスの登録機能です。アドレス帳に，知人のメールアドレスを登録しておくと，名前やイニシャルなどから相手のアドレスを引き出すことができます。また，利用者が識別しやすいハンドル名や愛称をつけ，それで検索できる機能をもったものもあります。その上さらに，住所や電話番号などの個人情報を付加して住所録としても使用できるほどに機能を充実させているものも見受けられます。

演習 20

　みなさんが使用しているメーラのアドレス帳機能とその使い方について調べてください。また，漢字名やハンドル名などの個人情報をどの程度まで付加できるかについても調べてみてください。

3.2.3　ファイル送受信の実践

　昨今では，多くの作業者からの文書データを集めて一つの書類にまとめ上げたり，表計算のデータファイルを交換しながら共同で分析作業を進めたり，というようにアプリケーションで作成したデータファイルを電子ファイルのままやりとりする場面が増えています。そればかりか，画像や音声，ビデオなどを知人や友人へ送ったり，YouTube や Instagram のような映像共有サイトに登録したり，というように個人の生活場面でもインターネットを介した電子ファイルの送受信は日常的光景といえるほどになされています。以下では，アプリケーションのデータや，画像や音声データなどの電子ファイルをやりとりするための基礎知識と方法，そして注意点について説明します。

3.2.3.1　データファイルとその形式

　具体的な例でデータファイルの中身を実際に見てみましょう。図 3.10 のように同じ文字列を入力してファイルに書き込んだ場合，エディタである Microsoft Windows メモ帳のファイルは 1 文字 2Byte の漢字が 8 文字だけですので 16Byte となります。これに対して，OpenOffice4 Writer のファイルは 8,979Byte，Microsoft Word2003 のファイルは 27,136Byte にもなってしまいます[71]。ファイルの内容をそのまま見ることができるツールを用いて調べてみると，メモ帳で作成したファイルは図 3.11 のように文字データしか入っていないのに対して，Word2003 のファイルでは図 3.12 のように文字データ以外に大量な制御データが含まれていることがわかります。また，OpenOffice4 Writer のファイルは，図 3.13 のように圧縮されたファイルの集合体となっています。このように，データファイルではデータ化する際の規格やデータの構造が決められており，同じ文字列のデータでも単なる文字データとしてだけでなく，アプリケーションソフトウェアが必要とするデータを付帯させるために内容そのものが大きくなってしまうのです。

　一般的には，このようなデータファイルの規格や構造を総括して，ファイル形式 (file format) と呼んでいます。ファイル形式は，表 3.2 に示すように文章や画像，音声などの内容に従って標準的な形式が決められていますが，それとは別に，アプ

(a) メモ帳の画面

(b) OpenOffice 4 の画面

図 3.10
エディタとワープロソフトウェアの比較

図 3.11
メモ帳のデータファイル（自在眼 11[72] による）

---

71. Office 系のファイルは，利用している機種やオペレーティングシステムなどの設定情報も含まれますので，利用環境によってサイズが異なるようです。

72. "自在眼（Jizaigan）V11.1"，ANTENNA HOUSE, INC., 2015.

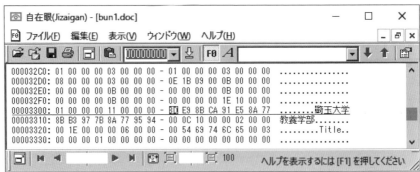

図 3.12
Microsoft Word2003 のデータファイル（自在眼 11 による）

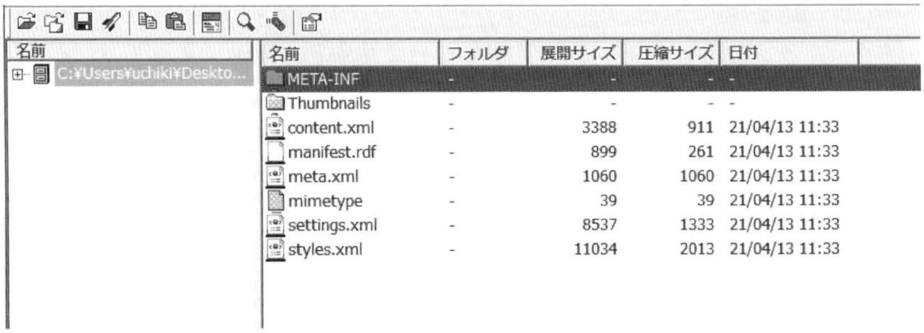

図 3.13
OpenOffice4 Writer のデータファイル（自在眼 11 による）

リケーションごとに独自の形式が数多く利用されています。そのため，多くのアプリケーションのデータファイルは異なるアプリケーションでは基本的に開くことができないのです。最近のアプリケーションでは，他の同様なアプリケーションのファイル形式を取り込めるようになっているものも多く見かけますが，完全な形で利用できないこともありますので注意が必要です [73]。ですから，文書データのみならず，種々のデータファイルを他の人とやりとりする場合には，できるだけアプリケーションに依存しない，標準的なファイル形式を利用すべきでしょう。

---

73. 現在使用されている 2007 以降の Microsoft Office は，それ以前の Office とはまったく異なるファイル形式を使用しているため，Word, Excel, PowerPoint などすべてのアプリケーションで作られるファイルの形式を示す拡張子が 4 文字になっています。一応上位互換性があるので，2007 以前の旧版の Office で作成された拡張子が 3 文字のファイルも最近の Office で使用することができますが，文書のレイアウトや書式設定などの細かい部分で元の状態とは微妙に異なることがよくあるので注意が必要です。特に，PowerPoint はバージョンアップによる設定機能の変更が著しいことがあるので，データを持ち込んでプレゼンをする場合には事前によく確認すべきです。

表3.2 ファイル形式

	ファイル形式	拡張子	説　明
文書	プレーンテキスト	txt	テキストのみを記録する基本的なファイル形式。すべてのワープロ，エディタで扱うことができる。
	HTML（Hyper Text Markup Language）	htm / html	WWWなどで使われる一種のスクリプト記述言語。文書データ中に画像や音声へのリンクを組み込める。
	CSS（Cascading Style Sheets）	css	HTMLのスタイルを規定するファイル形式。W3Cによって策定された。
	XML（eXtensible Markup Language）	xml	HTMLと同様の文書記述言語だが，タグを自由に定義できる。
	PDF（Portable Document Format）	pdf	Adobe Systems社による文書ファイル形式。フォントやレイアウトも忠実に再現することができる。
	リッチテキスト	rtf	Microsoft社による拡張文書ファイル形式。文書に加えて，書式や飾りを保持することができる。
画像	ビットマップ（Bitmap）	bmp	Windows OS，またはOS/2で標準の，ビットマップ画像のファイル形式。
	CompuServe GIF（Graphics Interchange Format）	gif	CompuServe社の8bit画像ファイル。データ量が比較的小さく，WWW上での画像処理に使用される。
	JPEG（Joint Photographics Experts Group）	jpg / jpeg	静止画データ規格策定組織のJPEGが定めた画像圧縮，保存用のファイル形式。圧縮量を加減することで画質とデータ量を調節できる。
	PIC / PICT（Macintosh PICT）	pic / pict	Macintoshの標準的な画像ファイル形式。
	PNG（Portable Network Graphics）	png	GIFより高圧縮率で画質が劣化しない圧縮方法を使っている，ネットワークでの画像配信に適した，比較的新しい画像フォーマット。最近では，JPEGと並んで，Webページなどで標準的に使われている画像フォーマットである。

演習 21

　みなさんが利用している環境で，エディタとワープロソフトウェアで同じ文字列を入れたファイルを作成して，ファイルの大きさを比較してみてください。

演習 22

　複数のワープロソフトウェアを利用できるのであれば，それぞれで作成した文書ファイルを相互に読み込んでみてください。特に図や表，複雑な文字飾り，段組みなどを用いているときに，それがうまく再現されているかどうか確認してください。

3.2.3.2　ファイル添付による転送

　作成したワープロ文章や表計算のデータファイルを他の人とやりとりしたり，デジタルカメラやスマートフォンで撮影した写真や映像を友人に送ったりする場面でよく利用されているのが，電子メールのファイル添付機能といえるでしょう。多く

表3.2　ファイル形式（続き）

	ファイル形式	拡張子	説　明
画像	TIFF（Tagged Image File Format）	tif / tiff	Aldus 社による画像ファイル形式。異機種間での交換を前提としている。圧縮に対応したものもある。
	EPSF（Encapsulated PostScript Format）	eps	Adobe Systems 社のポストスクリプト言語に対応した画像ファイル。印刷業界での標準形式。
動画	AVI（Audio Visual Interleaved）	avi	Microsoft 社の Video for Windows で採用された形式。Windows の標準形式。
	MPEG（Moving Picture Experts Group）	mpg / mp4（MPEG4 形式）	動画データ規格策定組織の MPEG が定めた動画ファイル形式。MPEG1，MPEG2，MPEG4 の規格が存在する。高画質で商業放送にも用いられる。
	QuickTime Movie	mov / qt	Apple 社による QuickTime での動画ファイル形式。Motion JPEG 方式を採用しており，Windows でも対応可能。
	WMV（Windows Media Video）	wmv	米国 Microsoft 社による動画ファイル形式。"Windows Media" で採用され，特にストリーミングで多く用いられる。
	Real Media	ram / rm	米国 Real Networks 社による動画ファイル形式。
	Flash	swf	Macromedia 社（現 Adobe Systems 社）の Web コンテンツ作成ソフト "Flash" に対応したファイル形式。サイズが小さく，Web 上で動画を扱う場合に使用されることが多かったが，2020 年 12 月で配布終了となった。
音声	AAC（Advanced Audio Coding）	aac	MPEG 規格による音声ファイル形式で，MP3 を改良したもの。MP3 の約 1.4 倍の圧縮率をもつ。iPod や Macintosh で採用されている。
	AIFF（Audio Interchange File Format）	aif / aiff	Macintosh 用の標準音声ファイル形式。Windows での再生には，別途プラグインなどが必要。
	MIDI（Musical Instruments Digital Interface）	mid	電子音源をもった装置に用いられるファイル形式。いわば楽譜のようなもので，データ量はきわめて少ない。
	WAVE	wav	Windows 用の標準音声ファイル形式。Macintosh での再生には，別途プラグインなどが必要。
	MPEG AudioLayer 3	mp3	MPEG 規格による音声ファイル形式。圧縮に対応する一方で，CD 並みの音質を維持できる。
	WMA（Windows Media Audio）	wma	米国 Microsoft 社による音声ファイル形式。"Windows Media" で採用され，MP3 よりも圧縮効率がよいため Windows 上で多く使われる。
表計算	CSV（Comma Separated Value format）	csv	表計算，またはデータベースでのファイル形式。項目間をカンマで区切ったテキスト形式で出力される。
	SYLK（SYmbolic LinK format）	slk	Microsoft 社による表計算用ファイル形式。文字列や数値だけでなく，計算式の保存も可能。
各種ソフトウェアなど	一太郎（Ver.8 以降）	jtd	ジャストシステム社製ワープロソフトウェア
	MS Word	doc / docx	Microsoft 社製ワープロソフトウェア
	MS Excel	xls / xlsx	Microsoft 社製表計算ソフトウェア
	MS Access	mdb /accdb	Microsoft 社製データベースソフトウェア
	MS PowerPoint	ppt / pptx	Microsoft 社製プレゼンテーションソフトウェア
	AutoCAD	dxf	AutoDesk 社製 CAD ソフトウェア
	LHA 形式アーカイバ	lzh	圧縮ファイル
	ZIP 形式アーカイバ	zip	圧縮ファイル
	Java class ファイル	class	コンパイル済み Java バイナリコード
	実行ファイル	exe	Windows の実行ファイル
	DLL ファイル	dll	EXE ファイルから呼び出されるコードを記したファイル
	ヘルプファイル	hlp	Windows オンラインヘルプ

秀和システム「最新基本パソコン用語事典（第 5 版)」より引用加筆

のメーラに備わっているこの機能は，3.1.4 項で説明したように，文字以外のコードを含むデータをすべて文字に変換し電子メールとして送信するとともに，受信したメールからそれらを抽出して元のデータに復元する機能です。表 3.2 に示したような PC のシステムが扱えるファイルであれば，どのファイル形式でもメールに添付して利用者同士で直接的にやりとりできますので，使い勝手の良い方法といえましょう。また，大学や外出先の PC で作成したファイルを持ち運ぶための USB メモリを持ち合わせないときには，自分宛のメールに添付して送信することで一時的な記憶装置のように利用することもできます。

　このように，ファイル添付機能はインターネットを介した電子ファイルのやりとりで日常的に使用されるようになっていますが，その実践に際してはいくつかの注意点があります。まず一つ目としては，大きなファイルを添付しないよう，その大きさに注意しなければならないことです。ファイルが添付された電子メールは，そのファイルの大きさに従って非常に大きくなってしまうからです。巨大なファイルは，メールサーバのみならず，それらのメールが飛び交うインターネット自体にも大きな負荷をかけることとなります。しかも同報メールやメーリングリストでは，送信数に応じてメールを複製するためサーバ内部ではその大きさは数倍にも膨らみ，さらに負荷が増大することとなるのです。そのため，多くのメールサーバでは送受信できる電子メールの大きさを制限し，制限を超える大きさのメールは拒否されてしまいます[74]。ですから，そのようなファイルのやりとりには，次項で述べるようなファイルサーバの仲介が欠かせません。

　もう一つは，添付して送られるファイルのセキュリティに関する注意点です。電子メールは，後述するように（3.3.1 項参照），葉書のようなシステムですから，配信途上で盗み見られないとも限らないからです。ファイルが添付されたメールは，図 3.4 に示したように，私たちには暗号文のように見えますので一見安全そうですが，メーラを使用すれば簡単に復元できてしまいます。また，盗み見られること以上に危険でよく起こるのは，発信者のミスで誤ったメールアドレスに送りつけてしまうことといえます。ですから，プライバシーや機密に関するファイルをメールに添付してやりとりするべきではないのです。

　しかし，どうしてもそのようなファイルをやりとりしなければならないときには，ファイルにパスワードを付けて通常の方法では開けないようにして送る方法があります。パスワードは，多くの場合，図 3.14 のようにファイルを保存するときに指示

---

74. 拒否される大きさはサーバによって異なります。経験的には数 MB 程度であれば大丈夫なことが多いですが，1MB でも送信拒否されたり送受拒否されて送信エラーとなったりする場合があります。

図 3.14
パスワード付き保存の指示［OpenOffice4 Writer］

して設定します[75]。ただし，設定したパスワードを本文に書いて送信しては意味がありませんので，別の電子メールで送信するようにします。このようにファイル添付でセキュリティを高めるには手間がかかりますが，利便性と安全性とは相反することをよく理解して意識しながら使用することで対処しなければなりません[76]。

演習 23

みなさんが利用しているメールサーバで，実際に画像ファイルを添付したメールを自分宛に送信して，送信可能なファイルの大きさを調べてみてください。

演習 24

みなさんが使用しているワープロや表計算などのアプリケーションソフトウェアでパスワードを付けてファイルを保存する方法を調べてみてください。また，実際にパスワードを付けて保存したファイルを開いたり，修正したりしてみてください。

3.2.3.3　ファイルサーバによるファイル交換

インターネットを介してファイルを送受信するための手段としては，3.1.4 項で説明した FTP が一般的といえましょう。FTP とは利用者のコンピュータとファイルサーバとの間での FTP 通信手順を用いたデータファイルの送受信を意味しています。ですから，FTP によるファイル転送は電子メールのように相手に直接送信するのではなく，送り手がインターネット上のサーバに FTP でアップロードしたファイルを，受け手が必要とするときに FTP でサーバからダウンロードして利用する形でのやりとりとなるわけです。

---

75. Microsoft Office では，PDF 形式で保存するときはファイル保存時に同様の選択肢が表示されますが，通常の形式でパスワードを付けて保存する場合には，「ファイル」メニューの「情報ページ」にある「文書の保護」で予めパスワードを設定してから保存します。

76. 便利なことには必ず不便なことがついてまわるのは世の道理といえます。

　昨今では，より一般的で簡便な方法として，Web ブラウザの HTTP 通信手段を用いてファイルを送受信することが広く用いられるようになっています。さらに，個人の PC やスマートフォンなどがインターネット上のデータ保管場所（データストレージ：data storage）に常時接続され，いつでもどこでも自分が管理する情報にアクセスできるモバイルコンピューティング環境としても利用されています[77]。このように個人で使用しているネットワークストレージのファイルを他者が共有できれば，FTP によるファイル交換と同様の場としても利用できることとなるわけです[78]。特に，電子メールに添付できない大きなファイルやプライベートなファイルをやりとりするためには必須の場といえましょう。

　ただし，PC システムと常時接続されているようなネットワークストレージを直接使用することは，プライベートなファイルを公開してしまう危険性を無視できませんので避けるべきで，ファイル交換にはそれとは別のファイルサーバを用意するのがよいでしょう。そのような目的で個人が利用可能なファイルサーバ機能としてクラウドストレージ（Cloud Storage）やオンラインストレージ（Online Storage）などと呼ばれるサービスがインターネット上に数多く提供されています。例えば，Dropbox[79] や Google Drive[80], OneDrive[81], iCloud Drive[82] などがよく利用されています。それらのサービスは個人でファイルを保管したり，共有したりする程度の機能と容量であれば無料で利用できますので[83]，個人的にファイルをやりとりする場として有用といえましょう[84]。

　ファイルサーバを使用してファイルをやりとりする手順は以下のようになります。

① サーバにアクセスして，ファイルをサーバにアップロードする

② サーバ上のファイルを共有設定する

---

77. Microsoft OneDrive や Apple iCloud はシステムの初期設定でその利用をデフォルト設定しますので，気づかないうちに利用しているケースが多々見受けられます。ネットワークを切断した状態で通常保存している場所やファイルにアクセスできるか否かで確認できます。

78. インターネットの黎明期には，誰でもが利用可能なように開放された FTP サーバがよく見られましたが，利用者が大衆化した現在ではシステムの安全性の面で全く考えられないこととなってしまいました。

79. https://www.dropbox.com/ja/

80. https://www.google.co.jp/drive/

81. https://www.microsoft.com/ja-jp/microsoft-365/onedrive/online-cloud-storage

82. https://www.icloud.com/iclouddrive/

83. ビジネスで本格的に利用するには，容量の制約のみならず，保管データのセキュリティや不慮の事態に対する保全などの面から契約を交わして有料で利用すべきです。

84. これらのサービス内容は，当然のことながら恒久的ではなく，変更されたり終了したりしますので利用に際しては注意が必要です。

(a) ファイルやフォルダーに対する共有の指示　　(b) リンクの送信タブ

図 3.15
共有アドレスの取得操作画面 [Microsoft OneDrive]

③ ファイルの共有情報を取得して，その情報を先方に連絡する

　例示したようなサービスでは，Web ブラウザでサーバに接続して表示される指示に従って操作するだけでできますので，①については問題ないことでしょう。②と③に関しても，図 3.15（a）に示した Microsoft OneDrive での例のように，共有するファイルやフォルダーへの操作メニュー[85] の「共有」を指示することで表示される，図 3.15（b）の「リンクの送信」タブで相手先のメールアドレスを記入して送信するだけで共有アドレスを連絡することができます。また，このタブで「リンクのコピー」ボタンを押せば，具体的な共有アドレスが得られますので，メッセンジャーや SNS のメッセージに貼り付けて相手に連絡することもできます。

　ただし，ここで注意すべき点は，図 3.15（b）の上部に表示されている「リンクを知っていれば誰でも編集できます」というメッセージです。この例のように，フォルダーを編集可能な設定で相手と共有すればお互いにファイルを書き込むことができますので，継続的に共同作業を進める際には便利です。しかし，単にこちらから先方にファイルを送付するだけで，そのファイルの改変や削除をされたくない場合もよくあります。そのようなときには，図 3.15（b）のこのメッセージ部分をクリックすることで表示される「リンクの設定」タブ（図 3.16）で，「編集を許可する」

---

85. 操作メニューは右クリックで表示されます。

図 3.16
共有アドレスの取得

のチェックを外して編集できないように設定変更しなければなりません。また，**OneDrive** に限らず，多くのネットワークサービスでは設定ごとに共有アドレスが異なりますので，設定変更に際しては共有アドレスを再度取得し直さなければならない点にも注意が必要です。なお，セキュリティの観点から，これらのファイルサーバにアップロードしたファイルや共有フォルダーは，やりとりが完了した段階で消去しておくか，少なくとも共有設定は解除しておくべきでしょう。

　ところで，ファイルのやりとりに際しては知的所有権に関しても注意を払わなければなりません。他の人とやりとりできるデータは基本的に自分が作成したものに限られます。もちろん，自分が作成したものでも音楽 **CD** のデータファイル化や写真のスキャンファイルなどは自分の著作物とはいえません。また，公序良俗に反するような内容のデータをやりとりすることも問題です。このようなデータファイルのやりとりをめぐるトラブルが，故意か過失かにかかわらず近年多発しており，著作権法違反だけではなく，窃盗事件やもっと大きな犯罪事件にまで発展しているケースさえあります。ファイルを転送できることと，転送してもよいこととの相違をよく考え，慎重にやりとりする態度が必要です。

演習 25

　3.2.3.3 項で例示したネットワーク上のストレージサービスについて，その機能や利用規程などを調べてください。もし，利用登録しているサービスがあれば，ファイルやフォルダーの共有設定についても調べてください。

演習 26

　文部科学省の統計資料のページ（http://www.mext.go.jp/b_menu/toukei/）にあげられている文部科学統計要覧などのデータをそれぞれクリックして，表示されるデータがどのようなソフトウェアによって表示されているのかを確認してみてください。多くの場合，データが表示されているウィンドウのタイトル部分に，使用しているソフトウェア名やそれを示すアイコンが表示されています。

　なお，PC の設定によっては，Web ブラウザ以外のソフトウェアが必要とされる場合に，以下のような選択パネルが表示されます。このような設定はある意味面倒ですが，勝手にソフトウェアを起動しないという面からは，安全な設定であるともいえます。もし，このような選択パネルが現れないならば，みなさんが使用している PC では Excel や Acrobat などのソフトウェアが自動的に起動しているはずですので，その点も確認してみてください。

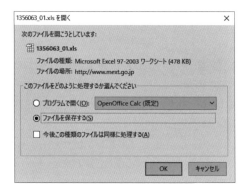

3.3　CMC の特性と利用マナー

　ネットワークを通してメッセージやデータをやりとりする CMC は，便利なだけではなく，有効に活用することで私たちのコミュニケーションを円滑にしてくれます。しかし，この電子メッセージは紙の手紙が単に電子化されただけのものではありません。例えば，みなさんがメッセージを受け取ったとき，同じ内容でも手紙や電子メール，SNS などの伝達メディアの相違やそれを受け取ったタイミングによって内容の受け取り方や感じ方が違うことを経験したことはないでしょうか。

　同じ文字によるメッセージのやりとりでありながら，情報伝達メディアとして潜在的にもつ意味や使われ方などの点もその範疇に含めれば，電子メッセージは紙の手紙とは本質的に異なる特性があるのです。ですから，他の多くの情報伝達メディアと同様に，電子メッセージに固有の特性をよく踏まえて利用しなければ，相手に対して送り手の意図が正しく伝わらないだけではなく，礼儀を欠いたり，意図

しない内容としてメッセージが伝わることにさえなってしまいます。

　しかも，電子掲示板やメーリングリストのように，一度に多数の相手に情報伝達できるシステムの場合，相手を誹謗中傷することとなったり，プライバシーの侵害やストーカー，コンピュータシステムの破壊という犯罪行為と見なされてしまったりする危険性さえ孕んでいます。さらに，データファイルのやりとりでは知的財産権や青少年保護法制 [86] の侵害，違法取引，窃盗など他者の権利侵害や法律違反となる内容を授受すれば，訴訟や犯罪として提訴されることにもなってしまうのです。

　本節では，CMC がもつ情報伝達メディアとしての特性について考えるとともに，みなさんが被害者および加害者にならずにその利便性を享受できる環境を維持するための利用上の注意点およびマナーについて説明します。

3.3.1　葉書のような電子メール

　電子メールは図 3.3 のような仕組みでやりとりされるわけですが，ここで注意すべきことは，電子メールファイルがエディタで作成した文書と同じようなデータであるという点です。電子メールファイルは，それを書いた送り手の手を離れると「受け手しかファイルを読めないはず」という錯覚に陥ります。それは，ID やパスワードを入力しなければ電子メールをサーバから受け取れないために，プライバシーが保たれていると安心してしまうからなのでしょう。しかし，サーバの管理者はシステム管理の目的のために特定の電子メールファイルを開いて読むことが可能です。それはちょうど私たちが葉書を書いて投函することと同じです。

　葉書の内容は郵便局員や配達員，受け手の家族など，葉書を扱う人々が必要に応じて見ることができる状況にあるからです。管理者がすべてのメールに目を通すことは物理的に不可能ですし，問題が発生していない平常時に見ることもまれでしょう。ですが，実際に，企業や教育機関では目的外の電子メール利用を制限したり，システムの不正利用やウイルス感染を防ぐために電子メールファイルの内容をチェックしているケースが多々見られます。

　しかも，みなさんが送ったメールは図 3.3 のようにネットワーク上にあるいくつものメールサーバを経由して転送されていきます。サーバ X とサーバ Y の途中にあるサーバでは電子メールファイルをいったん受け取ることになりますが，次の

---

86. 日本では「青少年有害社会環境対策基本法案」として起案され「青少年健全育成基本法案（青健法）」として起草されたものの，メディア規制に関する厳しい批判の下で審議未了のまま廃案となり，2014 年に再提出された法案が審議されている段階です。2016 年現在で実効性がある法制は，各地方自治体で公布された青少年保護育成条例といえます。

サーバにそれらのファイルが転送されると元のファイルは消去されます。しかし，一時的とはいえそのサーバに電子メールファイルが存在することになりますので，ある特定の発信者や受信者のメールや，クレジットカード番号やパスワードなどが書かれた電子メールファイルを取り出してコピーしておくことも不可能なことではありません。クレジットカードやコンピュータの不正使用を試みる犯罪者たちは，"VISA"，"Master"，"ID"，"password" などのキーワード [87] を含むメールを取り出して盗み見ようと狙っていますし，FBI のような警察機構では犯罪防止や犯人摘発のために "麻薬"，"武器"，"密売" などのキーワードを含むメールを定常的にチェックしているようです。

このように考えてみると，電子メールを出すことに恐れを抱く人もいるかもしれませんが，利用方法を誤らず，絶対安全で確実なものとして過度に信頼しなければ恐れることはありません。私たちが葉書にあまりプライベートな内容を書かないように，電子メールも誰かに読まれることを前提に，読まれても問題にならない極端にプライベートでない内容のやりとりに利用すればよいわけです。電子メールは時差や距離を越えて簡単にやりとりできる非常に便利な道具ですが，犯罪の被害に遭ったり不快な思いをせずに有益に活用するためには，常に葉書をしたためるのと同様な気遣いが必要とされるのです [88]。

なお，遠隔である程度安全に情報をやりとりしたいときには，簡便な方法として，その内容を記したパスワード付きの電子ファイル（3.2.3.2 項参照）をワープロや表計算などのアプリケーションソフトウェアで作成して，それを電子メールの添付ファイルとして送る方法があります。アプリケーションのデータファイルは直接読むのが困難ですし，添付ファイルが搾取されたとしてもパスワードがなければ開くことができませんので，電子メールの本文に記すよりもセキュリティが向上するわけなのです。ただし，折角パスワードでファイルを保護しても，それを添付した電子メールの本文にパスワードを書いては意味がありません。もちろん，パスワードを添付するファイル名とすることも言語道断です。利便性と安全性とは相反するものですので，安全性を高めるためには，面倒でもパスワードは別の電子メールを作成して，ファイルとは別便で送付する手間をかけなければなりません。

演習 27

電子メールに限らず，みなさんが CMC でやりとりする際にプライバシーやセキュ

---

87. "PW" や "パスワード" などの省略形や日本語表記も絶対に安全とはいえません。

88. メーラには電子メール自体を暗号化して盗み読みできないようにする方法もありますが，個人間のやりとりでは却って手間がかかるため一般的でありません。

リティの観点から使用を控えているあるいは意識しているキーワードがどのような
ものか考えてみてください。

3.3.2 電子ファイル送受信の注意点と利用マナー

　ファイル送受信の機能では基本的にどのようなファイルでもやりとり可能ですの
で，たいへん便利である反面，ウイルス（p.113 のコラム参照）が混入したファイ
ルや他者の権利侵害となるようなファイルがやりとりされてしまう危険性も持ち合
わせています。そのため，ファイルを送信する際には違法取引や窃盗などにならな
いよう特に細心の注意が必要です。たとえ自分が作成した電子ファイルであったと
しても，内容として知的所有権を伴う音楽や写真などのデータが含まれていたり，
公序良俗に反するデータであれば，法的に処罰されることとなるからです。つまり，
電子ファイルに限ったことではありませんが，「送信可能であること」は「何でも
送信してよいこと」ではなく，自分の送信責任の下で送ることができるということ
なのです。

　また，電子ファイルのやりとりは一度にひとまとまりのデータをネットワークで
転送することになりますので，利用中のコンピュータだけではなく，ネットワーク
やサーバに対して負荷をかけることになります。そのため，ネットワーク利用者が
同時に多量の電子ファイルを送受信すると，送受信に時間がかかるだけではなく，
ネットワーク全体のパフォーマンスを下げることとなり，最悪の場合ネットワーク
がダウンしてしまうことさえあります。また，電子メールサーバによっては，ある
大きさ以上の電子メールの送信や受信が拒否されることさえあります。特に画像や
音声などのファイルは，たった一つでも数 MB にもなる非常に大きなものがありま
す。また，一つひとつがそれほど大きくないファイルでも，多数を添付すると全体
としては大きなメールとなってしまい，非常に大きなファイルを添付したのと同じ
状態になります。このような理由から，電子ファイルのやりとりは必要最小限に留
めるとともに，大きなファイルや多数のファイルを転送するときはできるだけファ
イル圧縮ソフトウェア[89]を利用してデータ量を減らすよう心がけましょう[90]。近年
では，特定の利用者間でファイルを授受できるクラウドサービスも種々提供されて

---

89. zip や lha などの圧縮形式にするソフトウェアがよく利用されています。これらの圧縮および解凍（圧縮ファイルを元に戻す）
　　をするためのフリーソフトウェアがネットワーク上で配布されています。

90. このような努力はシステムの許容量の問題で技術的に解決すべき課題だと主張する人もいますが，そのようなシステムへ
　　の負荷はまわりまわって利用料金や設備の更新など，最終的には利用者に跳ね返ってくる問題です。できるだけ，利用者
　　の心がけ次第で対応できる問題は利用者で処理するように心がけましょう。

いますので，それを活用する方法もあります[91]。

　電子ファイルをネットワークを通して送受信することにより多くの利便性がもたらされますが，多くの利用者が円滑にかつ効果的に活用していくためには，上述したような注意点を考慮して，利用者自身が以下のような利用マナーを守って利用することが重要です。

- ❖ できるだけアプリケーションに依存しないデータ形式のファイルとすること
- ❖ データファイルを作成するアプリケーションの版（バージョン）に注意すること
- ❖ 購入したデータや，ネットワークからダウンロードしたデータの利用権に注意すること。特に自分が作成したデータファイルにそれらのデータが含まれているときの送信は他者の権利を侵害しないことを確認すること
- ❖ 送信ファイルの大きさに注意し，できる限り圧縮ファイルとして送ること
- ❖ 受信したプログラムファイルはかならずウイルスチェックすること。また，やたらに開いたり実行したりしないこと。また，ファイラやメーラ，FTP ソフトウェアのファイルプレビュー機能や自動実行機能は停止しておくこと
- ❖ アプリケーションのデータファイルでは，マクロウイルスに注意すること。また，マクロプログラムを含んだアプリケーションファイルの送信はできる限り控えること
- ❖ できるだけファイルを添付した電子メールをメーリングリストで送らないこと

　利用者がこのような利用マナーを遵守することで，多くの利用者がネットワークのパフォーマンスを最大限に利用でき，安全かつ円滑にデータの共同利用が可能となることでしょう。

演習 28

　ウイルスチェックサービスをしている Web ページを探してください。ただし，そのページの診断プログラムを実行するのではなく，それが本当に信頼できるページで，本当にその診断プログラムを実行してもよいかどうかを判断する基準について考えてください。

---

91. Microsoft OneDrive をはじめとして，有償無償で利用できるサービスが提供されています。ただし，これらのサービスにもリスクは伴いますので，クラウドサービスに任せきりにするのではなく，アップロードするデータは放置せずにしっかり意識して自分で管理する姿勢を怠るべきではありません。

コンピュータウイルス

ネットワークによる電子ファイルのやりとりでは，常にコンピュータウイルスの存在に注意しなければなりません。電子ファイルには，単なるデータだけではなく，ゲームやユーティリティソフトウェアのようにコンピュータが実行できるアプリケーションも含まれます。コンピュータは，ウイルスと呼ばれるコンピュータに誤動作や問題のある動作を引き起こすプログラムを含んだアプリケーションを実行することで，そのウイルスプログラムが常に起動されるように設定されてしまいます。これがウイルス感染で，コンピュータの誤動作やトラブルは感染したウイルスの種類によって多種多様です。ですから，ネットワーク上からプログラムをやたらにダウンロードして実行すべきではないのです。

しかも，以前はたとえウイルス感染ファイルを受信したとしても，自分で実行を指示しない限り感染することはありませんでしたが，昨今の Web ブラウザやメーラのように，画像やオフィス文書ファイルの中身を自動的に見せてくれるようなアプリケーションやユーティリティを無防備な状態で使用すると，その表示処理中にウイルスに感染してしまいます。そのため，ネットワークだけでなく，光ディスクや USB メモリなどを通して外部のデータにアクセスするソフトウェアを使用するときには，安全のためにファイルの内容表示や再生を自動的に実行しないように設定しておくべきです。

また，Microsoft Office や OpenOffice などでは，ワープロや表計算のデータファイルにより高度な機能を利用者自身が定義できるように "マクロ" と呼ばれるプログラムを付加することができます。このマクロプログラムを悪用してウイルスを潜ませ感染を引き起こさせてしまうのが，"マクロウイルス" と呼ばれるデータファイルのウイルスです。そのため，最近ではマクロプログラムが添付されているデータファイルを開こうとした場合には警告されるようになっていますし，ウイルス感染したファイルを流用することでウイルスがばらまかれることがないよう，通常操作ではマクロ部分が保存できないようになっているほどです。

ですから，自分や信頼のおける仲間が作成したマクロでない限りは，警告が出されたファイルは開かずに処分するのがよいでしょう。また，できるだけアプリケーションに依存しない ASCII テキストや CSV 形式のような文字コードだけのデータ形式で表現し，メールに直接貼り付けて送付するようにすべきでしょう。しかし，どうしてもファイルでやりとりしなければな

らないときには，ウイルスチェックを利用してファイルの中身をチェックしてから開くべきです。ただし，マクロウイルスは他のウイルスプログラムとは異なり，プログラムのソースコードを見ることができるので，それを参照してウイルスプログラムを試してみようとする者が後を絶ちません。そのため，ウイルスチェックのためのデータベースが間に合わないほどに，新種や一部異なる亜種のウイルスが次々と現れる状況となっています。もしもマクロが添付されたデータファイルをどうしても開かなければならないなら，手持ちのウイルスチェックソフトウェアだけではなく，ウイルスチェックソフトウェアの会社がネットワーク上に公開している最新のデータベースを使用した診断ページで診断を受けるべきでしょう。

3.3.3　電子メッセージのメディア特性と利用マナー

　電子メールや電子掲示板では，利用者の時差や距離を気にせずにメッセージを交換できるため，時差のある地域やネットワークの利用時間が異なる利用者同士の情報交換で非常に大きな効果を発揮します。しかも，このような文字による電子メッセージのやりとりは，聞き間違えのような認識ミスが少なく，やりとりしたメッセージ自体を整理して保存しておけば，データベースのようにメッセージや相手のアドレスを検索することも可能です。

　ところで，電子メッセージは紙に手紙を書くよりもずっと気軽にかつ簡単に送れてしまうため，その文面は手紙よりもくだけた表現になりがちです。しかも，私たち人間はコンピュータのような無機質な機械を相手にしているときは，人間に対するよりも，より素直に感情を表現する傾向にあるようです[92]。そのため，電子メッセージの文面は手紙よりも直接的で感情的な表現が多く見られます。

　しかし，電子メッセージのやりとりで気をつけなければならないことは，相手がメッセージを書いているときの状況がわからないということです。つまり，あるメッセージが真面目に書かれたのか，冗談で書かれたのか，善意で書かれたのか，悪意で書かれたのかなどは，文面からでは判断しにくいということです。どんなに気心が知れた友人同士であっても，メッセージを書いている，あるいは読んでいるときの状態は想定できません。ましてや，電子メッセージだけでのつながりの相手や，はじめての相手の場合，相手の年齢や職業，経験，経歴，民族性，国籍，性別さ

92.　L. Sproull, S. Kiesler（斉藤信男訳）「変わる労働環境」，『日経サイエンス』Vol.21, No.11, pp.104-112, 1991.

えもわからないことがあります。そのため，メッセージに含まれた感情表現は相手とのちょっとした認識や感覚のずれから相手に不快感を与えたり，送り手の誠意を損なうこととなったり，というように大きな誤解の元となりかねないのです。

にもかかわらず，電子メッセージには感情的な表現が多く含まれがちであるため，時として電子メッセージでの議論が白熱し，議論を通り越して喧嘩状態となってしまうフレーミング（flaming）と呼ばれる現象を引き起こしてしまいます。これは電子メッセージの特徴である利便性と素直な感情表現とがマイナス効果となった現象で，感情が激した状態で多くの感情的な表現を含むメッセージを作成して，よく見直しもせずに送りつけてしまうことが，状況をますます悪化させることとなります。しかも，電子メッセージでのやりとりは，激しい議論の過程がすべて記録に残せるため，それを再読することで本来時間経過に伴って失われていくはずの激高した気持ちが再燃してしまい，多くの場合は絶交状態となってしまうのです。電子メッセージを通したコミュニケーションは，離れた人間同士を非常に親しくさせる効果をもつ反面，絶交状態にもさせてしまう効果も持ち合わせているのです[93]。

また，利用者が限られ一般公開されていない SNS でのコミュニケーションでも，公序良俗に反したり犯罪や差別をうかがわせたりする表現は避けなければなりません。戯れの発言であったとしても発信者の真意が伝わるとは限らないだけでなく，節度ある利用者にはそのような発言や会話に加わること自体も問題として認識され不安をかき立てられるかもしれないからです。実際に，そのような会話が通報されて警察沙汰になったり，会話記録が公開されてインターネット上で糾弾されたりする事件が頻発しています。対話記録が残される電子メッセージによるコミュニケーションは，仲間内の内輪のコミュニケーションでさえ，常時録音されている状態であることを意識すべきなのです。

電子メッセージには通常は発信者の名前や発信元が明記されています。しかし，中には匿名のものや愛称の利用，さらには他人の名義を語ったものまで見受けられます。通常の手紙でも発信者が本当にその当人であるかどうかを特定することは簡単ではありませんが，筆跡や便箋などの物証がない電子メッセージでは，本人の特定はさらに困難です。それにもかかわらず，機械的に扱われ活字的に表現される電子メッセージは内容の信憑性が高くとらえられがちです。しかも，メッセージが書かれた状況が文面からだけでは伝わらないため，悪用者にとっては悪意を相手に悟られがたく好都合なのです。そのため，電子メッセージを悪用した悪戯や詐

---

93. どうも電子的なコミュニケーションは本来ファジーな人間関係を"非常に仲よくつき合うか"，"絶対つき合わないか"というような 1 か 0 かの状態にしてしまう効果をもっているようです。電子的なコミュニケーション以外はいらないとか，すべて電子的手段で連絡してほしいとか公言している人とのメッセージのやりとりには特に注意が必要かもしれません。

欺，犯罪などが近年増加の一途をたどっています。多くのトラブルや事件を引き起こしているにもかかわらず，出会い系サイトでの電子メッセージ交換だけで知り合った相手と無防備に接触する人が後を絶たないのも，このような特性によるものと考えられます。

　以上のように，電子メッセージはこれまでのコミュニケーション手段にはない利便性をもたらしてくれる反面，使い方を誤ると深刻な問題が生じてしまうのです。相手の揚げ足をとったり，故意に議論を吹きかけたりすることは論外な行為ですが，問題の多くは利用者の何気ない無意識な行為に端を発することが特徴的です。そして，これらの問題は以下にあげるような利用マナーに準じて，相手に対するちょっとした思いやりや心くばりをすることで未然に発生を防げることが多いのも事実です。

フレーミングの回避方法

もしも不幸にして不快な内容のメッセージを受け取ってしまったときには，すぐに返事をせずに少し時間をおいてから[94]，返事をするかどうかももう一度よく考えて[95]，丁寧に返事を書くようにしてみましょう。感情が激高しているときに，このように行動するのは難しいことと思いますが，それは相手も同様なため，このような現象が起きてしまうわけなのです。ですから，そこは気がついたほうがぐっとこらえてブレーキをかけることが肝要です。

同様に，不幸にしてフレーミングに巻き込まれてしまった場合も，まず冷静になるための時間をとることが大切です。そして，相手から受け取ったメッセージではなく，自分が送りつけたメッセージや送ろうとしているメッセージをよく読み返してみることです。きっと，相手を不快にさせる表現が見つかるはずです。もしかすると，自分では何とも感じていないことを相手が不快に感じている可能性もあるので，自分では何も見つけることができないかもしれません。そのようなときは，自分より経験豊かと考えられる人に自分のメッセージを見てもらってください。そしてそのような表現が見つかったら，相手のメッセージのことは一時棚上げして，自分の行為に対して素直に相手に謝りましょう。それでも，相手が許してくれなかったり，不快なメッセージを送りつけてくるようでしたら，しばらく返事をせずに相手の気持ちが沈静化するのを待ってみてください。重要なことは，"絶交"のような最終的な裁定を一度くだしてしまうと，修復が非常に困難であるということなのです。

❖ 相手に読んでもらえるような題名づけと内容表現にすること

❖ よく知らない相手からのメッセージにはやたらに返信しないこと

❖ よく知らない相手にメッセージを送信するときは，相手を対等ましてや見下した表現にならないように十分に配慮すること

❖ できるだけ感情的表現をなくして，丁寧な言葉使いで書くこと

❖ 形式的な内容のやりとりに留め，内容および表現をよく吟味してから送信すること

❖ 特殊な文字や記号を使わないこと（I, II や，①，②，のような文字も特殊です）

❖ 感情が高ぶっていたり，対応が難しい状況ではメール送信を控えること

❖ 電子メッセージは，常に相手に対して一方的に送りつける状況にあることをよく認識すること

❖ メッセージが送付されたときの状況の理解に努め，メッセージへの即答はできるだけ避けること。特にチェーンメールには注意し，応答しないこと

　さらに，SNS の場合は，メッセージの受信や電子掲示板への参加といった自身のアクセス状況が伝達されたり，簡単に定型の応答ができたりすることから，相互に存在が確認し合える親密なコミュニケーションツールとして，常時接続している状態で使用されることも珍しくありません。しかし，このような緊密な接触状況は，3.1.6 項でも指摘したように，相互の捉え方が変わると相互監視状況に変貌する危険性を孕んでいることに注意が必要です[96]。

　利用者が電子メッセージの特性をよく理解して，このような利用マナーを遵守することにより，トラブルや誤解を避けることができるだけではなく，電子メッセージの特徴を生かした，より効果的なコミュニケーションが可能となることでしょう。

---

94. 著者の場合はよく一昼夜寝かせます。さらに，自分が書いた返事をすぐに送信せずに一昼夜寝かせて再度検討することもあります。

95. 無視するというのも，問題を回避する重要な方法です。

96. 昨今，SNS 疲れや LINE 疲れという言葉が聞かれるのも，そのような相互監視状況の中で応答強要や承認要請などの社会的圧力を感じている人が多いことを物語っています。

メール爆弾（mail bomb）

電子メッセージがある特定の利用者やサーバに大量に送りつけられて，そのメッセージアドレスやメールサーバを利用不能な状態に陥れるような状態やメール送信行為のことをいいます。一般には，スパムメール（spam mail）といわれる特定の相手を狙ったメール送信プログラムや，スパム行為をするウイルスに感染したコンピュータによって故意になされる場合が多いのですが，多くの人が不幸の手紙を送り合うようなチェーンメール（chain mail）やMLへの応答の集中，MLへの巨大な添付ファイルの送信などによっても同様の状況が発生します。このような状況は特に一度に多くの利用者にメールを配信するMLに対するメール発信に注意することで防ぐことができます。

しかし，次ページの図3.17に例示したようなコンピュータウイルスの警告や，Rh-血液の提供者探索などの人の厚意につけ込んだ質の悪い悪戯メールによってもこのような現象が引き起こされています。悪戯か本当の問題かを判断することは難しいことと思いますが，あわてて行動しないことが肝要です。そして，それがデマや悪戯でないかどうかをネットワークシステムの管理者や利用経験の豊かな知人に問い合わせてみたり，Webサイト（例えば情報処理機構のサイト，http://www.ipa.go.jp）で情報検索してみてください。みなさんが注意しなければならないことは，被害者となっているかどうかということよりも，加害者として他の人に迷惑をかけていないかどうかということです。もしみなさんのコンピュータがすでにウイルスに感染していて問題を発生させているとするならば，きっとみなさんの知人からみなさん個人に警告や注意が送られてくるはずですし，その場合はまずみなさんのコンピュータをネットワークから切断することが先決です。いずれにしても，システムに手を加えるような対処は緊急措置をとった後になります。自分が加害者になっていなければ，行動するのは十分に確認してからでも遅くはないはずです。

件名：大至急，ウイルスの有無を確認してください。

　今日，知人から連絡があり，彼女のアドレスブックがウィルスに感染したので，私も調べるように言われました。このウィルスは電子メールを送付したかどうかにかかわらず，アドレスブックに登録されているすべてのアドレスに感染するそうです。ウィルスは jdbgmgr.exe という名前で，14 日間静かにしていてシステムを破壊します。ノートンや McAfee のワクチンソフトでは検出できません。

　メッセンジャーを通して自動的にアドレスブックにあるアドレスに送付されます。
　私も下記の要領で調べましたところ，感染していましたので，削除しました。恐れ入りますが，下記の要領でプログラムの存在を発見し，削除し，アドレスブックに記載されている人すべてに警告してください。

1. 画面下のスタートをクリックし，プログラムやファイルを検索するオプションをクリックして下さい．
2. 検索するファイル名として，jdbgmgr.exe と書きます。
3. ドライブ C を検索してください。
4. 「検索」をクリックします。
5. ウイルスは，jdbgmgr.exe のファイル名の頭にテディベアのアイコンがついています。絶対に開けないようにしてください！
6. 右クリックして削除。ゴミ箱に入れます。右クリックが効かないときはドラッグしてゴミ箱へ。
7. ゴミ箱をクリックして，そこでも削除してください。

https://www.ipa.go.jp/security/y2k/virus/cdrom/topic/topic_f.html より

図 3.17
"jdbgmgr.exe" に関するデマメールの例

演習 29

　「SNS 疲れ」がよく話題となりますが，それは常にオンラインリアルタイム型 CMC を使用している状態であることに端を発しています。それを回避するためには，SNS との距離を意識し，オンラインとオフラインをうまく使い分けることが大切ですが，具体的な取り組み方について考えてみてください。

演習 30

　携帯やスマートフォンは，コミュニケーションの道具である以上に，常時触りたくなる人も多くいることでしょう。その一方で，怖いと感じた経験をした人もいるかもしれません。この携帯ツールに対して魅力や怖さを感じた体験談と共に，あなた自身の付き合い方や注意していることについてまとめてみてください。

課 題 3-1

これまでに見てきた電子掲示板や電子メール以外にも，さまざまなコミュニケーション手段があります。それらを目的によって使い分けて，上手にインターネットを活用できるようになることが大事です。そのような手段としては，チャット，ネットニュース，ストリーミング，インターネットラジオなどがありますが，実際にそれらの手段について調べ，どのような場合にそれらの手段が有効であるかを考えて，レポートしてください。

課 題 3-2

電子メールの利用時に留意すべき点として下記のような事項があげられます。これらについて，なぜそうすべきなのかをそれぞれ具体的な事例を調べた上で考え，レポートしてください。レポートには，引用した参考文献や Web ページの URL や著者，著書名などの情報を書き添えることを忘れないようにしてください。

1. チェーンメールには返信しないこと
2. 知らない人からのメールに返信しないこと
3. やたらにファイルを添付しないこと

課 題 3-3

知らない人からのメールに普通は返信しないと思いますが，同様な理由で授業を担当する教員も以下のようなメールに対して返信できません。その理由として考えられることを箇条書きで述べてください。また，以下の内容での返信してもらうためにすべき書き方や送り方を，具体的にあなたの場合として書き直して示してください。

Subject: 質問です

From: satochan@hotmail.com

To: uchiki@saitama-u.ac.jp

先生の授業を受けている者です．突然メールしてすみません．課題1を提出しようとしているのですが，ID かパスワードが違うといわれてうまくいきません．どうすればよいのか教えて下さい．

課　題　3-4

CMC に関する以下のテーマから一つを選んで，書籍やインターネットで情報を探して調べてください。特に，具体的な事例や他人の意見を踏まえて，エディタを使って，800 ～ 1,000 字のレポートを書いてください[97]。レポートを書く際には，どこまでが人の意見でどこまでが自分の意見なのかを，はっきりわかるようにしてください。単なる人の意見や資料の切り貼りだけではレポートにはなりません。また，レポートの 1 行目には，かならず "タイトル"，"所属"，"氏名" を書いてください。

テーマ群：

A. ホームページへの顔写真の掲載

ある小学校の先生は，"生徒たちに自分の成果を発表する機会を与え，達成感を味わってほしい" という考えから，自分の担任する 2 年生の描いた絵を，生徒の顔写真や名前と一緒に，ホームページ上に公開しています。しかし，ある生徒の保護者から "プライバシーが侵害されている" とクレームがついてしまいました。もし，あなたがその先生の立場だとしたら，どのように対処しますか。また，このようなクレームを受けないで，この先生のねらいを達成できる別の方法を考えてみてください。

B. 電子メールの盗み見

ある企業の社長は，社員が会社のコンピュータで送受信する電子メールすべてに目を通しています。社長の考え方は "会社のコンピュータで私用メールを書くのは会社の資産を私物化している" というもので，その社長は "インターネットの公共性，および個人のプライバシー保護は，企業利益のためには制限されることもある" と主張しています。実際，係争ともなれば過度な私用メールは社有資産の私的流用としてその社員が処罰を免れないのも事実ですし，今日の多くの企業では，特定のキーワードや送信先をチェックすることで，社員の私用メールをチェックしているようです。もし，あなたが会社員になったとしたら，どのように行動すべきでしょうか。また，あなたは社長にこのような行動をとらせる企業風土についてどのように考えますか。

C. インターネットを使った授業

ある小学校の先生が，5 年生の自分の授業で，あちこちのホームページを生徒たちに調べさせました。しかし，その授業では，たまたまエッチなページに行きあたった生徒が友だちを集めて騒いだり，"のろいのページ" という電子掲示板に別の生徒の悪口を書いたり

---

97. メモ帳で文字数をきちっと数えるには，工夫が必要です。例えば，1 行目に 123456…といった数字を並べておくとどうでしょうか。各自で工夫してみましょう。また，文字数が指定されたときに，実際にはどれくらいの文字数を書けばよいのでしょうか。例えば "800 ～ 1,000 字" と指定された場合，750 字や 1,050 字のレポートは受け付けてもらえるでしょうか。また，先のような指定のされ方と，"1,000 字程度" という指定のされ方では，許容される文字数はどのように違うでしょうか。この辺りを考慮してレポートを仕上げてください。

して，授業のねらいを十分に果たすことができませんでした。もし，あなたが先生の立場でそのような状況に直面したとしたら，この状況の中で生徒たちにどのような指導をするでしょうか。また，あなたが生徒たちに調べものをさせる授業を計画するとしたら，インターネットの使用をどのように位置づけて計画を立てますか。

D. クレジットカード番号の盗用

電子メールや WWW を用いたインターネット商取引でやりとりされるクレジットカード番号は，インターネット経由の通常の通信では傍受される危険性があります。もし，カード番号と所有者名義，有効期限などをまとめて傍受されてしまうと，そのカードを盗用した，身に覚えがない買い物による利用料金が請求されてしまうかもしれません。WWW や電子メールの利便性を損なわずに安心して買い物をするためには，あなたはどのような対策をとるべきでしょうか。

E. ビデオデータのホームページへの掲載

ある人が，自分がもっている映画の DVD を携帯ビデオプレーヤー用に変換して，そのデータをホームページに貼り付けました。そのデータはクリックすれば誰でもダウンロードすることが可能でしたが，クリックしたときには「オリジナル DVD をもっていない人が使うと著作権違反になります」と，警告が表示されるようになっていました。本人は，これで著作権問題には抵触せず，データ変換したい他の人のためになると考えていましたが，その DVD の発売元から著作権違反の通告を受けてしまいました。本人の言い分は，「警告をしているのだから，オリジナルをもたずにダウンロードした人に問題がある」ということですが，会社側は「そもそも誰でもダウンロードできるような掲示は違法配布と同じ」ということでした。この状況において，どちらの言い分に妥当性があると考えられるでしょうか。このような法や権利に抵触する内容は慎重に対処すべきであり，単に利便性や思いつきで軽率に扱ってはいけませんが，実際に自分で何かをホームページに掲載する際に，その内容が法や権利に抵触するかどうかは，どのようにすれば知ることができるでしょうか。

課題 3-5

課題 3-4 のレポートを，数人のグループで以下の要領により相互にコメントし合ってください。

1. 課題 3-4 のレポートの内容を評価するための自分自身の評価観点を三つあげて，次のような表に書き込んでください。

評価観点 1	
評価観点 2	
評価観点 3	

2. グループの他のメンバーが提出したレポートを読んだ上で，それぞれのレポートについて

   a）自分の評価観点1〜3

   b）自分自身の評価観点を踏まえて考えたよかった点

   c）悪かった点

   d）悪かった点についてはどうすればよくなるかその改善方法

   の4点を，メールで以下のように書いて，レポートの提出者に伝えてください。例えば，Aさんが B さんのレポートに対して書く場合は以下のようになります。これを B さんに伝えるわけです。

> **評価者 A**
>
> 　評価観点1：字はていねいに書かれているか
>
> 　評価観点2：文字の大きさは適当か
>
> 　評価観点3：指定された字数の範囲内か
>
> 　B さんのレポートに対するコメント：
>
> 　　よかった点1：字がていねいに書かれていた
>
> 　　よかった点2：原稿用紙の枠から字がはみでることなく適当な大きさだった
>
> 　　改善すべき点1：指定された文字数よりも少なかった
>
> 　　　（改善方法）レポート課題で指示されていることをもう一度よく読み，ワープロの文字数カウント機能などを使って正確に文字数を数えた上で，不足分を加筆する．
>
> 　　改善すべき点2：引用された内容がまるで筆者が書いた内容かのように捏造されていた
>
> 　　　（改善方法）このやり方は，著作権を侵害していることはもちろんのこと，筆者の信用を落としてしまうことになる大きな問題である．まず，きちんと，例えばカギ括弧をつけて引用部分がわかるような区別をし，参考文献に引用元の情報を明記すること．また，引用部分を紹介する場合，「〇〇氏は？と述べているが…」といったように3人称主語を明示するなど，読者に混乱を与えないような配慮をするべきでしょう．

3. 最終的に，各自が自分のレポートに対して，それぞれグループの人数より1人少ない人数から内容面での評価を受け取ることになります。受け取った評価を整理して，一つのファイルにまとめておきます。

4. 次に，3で整理した評価に基づき，必要に応じて課題3-4のレポートを修正します。コメントで指摘された点はかならずしも修正が必要とは限らないので，自分なりによく考えて修

正してください。そして修正したレポート本文の冒頭に,誰のどのコメントに対して修正(書き直し)を行い,どのコメントに対してはどういう理由で修正しなかったのかを,以下のような形式でかならず付記してください。ただし,レポート本文（コメント部分は除く）は課題 3-4 の条件（例えば,字数は 800 ～ 1,000 字である）を満たすように注意してください。

> (1)　C さんの "具体例を増やしたほうがよい" の意見については,そのとおりだと考え,具体例を追加します。
>
> (2)　B さんの "…" の意見については "…" という理由で修正しません。
>
> (3)　D さんの "…" という意見に従って該当箇所を削除しました。

第4章

よりよい問題解決のための
情報の科学的な理解

ねらい

- ❑ 問題解決には一定の手順があることを理解し，日常的な問題解決の場面で適用することができる
- ❑ 情報には一次情報と二次情報があり，信憑性の違いがあることを理解する
- ❑ 統計資料など問題解決に役立つデータを入手する方法を理解する
- ❑ 基本的な統計計算のようなコンピュータを使ったデータ処理の方法を理解する
- ❑ 問題解決においてさまざまな代替案を検討する手段の一つとしてシミュレーション技法があることを理解する
- ❑ 表計算ソフトウェアの一般的な役割や機能を理解する

　私たちは，日常的にさまざまな問題を解決しています。例えば，次のような場面を考えてみましょう。

【PC 購入問題】

　いまみなさんは就職活動に向けて準備をしているとします。今日では企業の情報や国家試験 / 採用試験の情報が Web ページを介して伝えられることが多く，また，就職説明会や面接試験も遠隔会議システムを通して行われること

が多くなっています。そのため，就職活動の準備としてインターネットに接続して遠隔会議に参加できると同時に，エントリーシートやプレゼン資料を作成できる環境を用意しておく必要があります。また，就職活動での連絡用には，ショートメッセージだけでなく，インターネットで電子メールもやりとりできなければなりません。そこで，PCを購入しようと考えました。一方で，技術が日進月歩で新しくなる中，たくさんの機種が店頭に並んでいて，どれを買えばよいのかわかりづらくなっています。

さて，みなさんは，どのようにして購入するPCの機種を選択したり，購入方法を選択したりしますか。具体的にその手順を考えてください。

このような問題解決場面において，わりあい，いつもうまく解決できている人もいると思いますが，時として失敗を経験したことがある人も多いのではないでしょうか。例えば，PCに限らず「なんでこんなモノを買ってしまったのだろう」と後悔したことはないでしょうか。そこで，ある人の次のような行動を見てみましょう。ここで問題をうまく解決できない原因は何でしょうか。

(1) Webページを見ることができて，電子メールのやりとりができるPCが買えればよいと思い，広告を調べていたら，近くの家電量販店でバーゲンセールをやっていた。安くPCが買えそうなので行ってみることにした。

(2) インターネットに接続できるPCがたくさん並んでいた。だいたい10〜20万円くらいのPCが多いようだが，貯金を全部使っても15万円が限度だ。よく見るとノート型PCとタブレット型PCがあるらしい。タブレット型PCはスタイリッシュで格好いいなあと感じた。

(3) やっぱり大学で使ったことがあるので安心なノート型PCにしようと考えた。タブレット型PCだと，本体だけではなくキーボードやマウスも買わなくてはいけないし，持ち運びに不便だと思われるし。できるだけ安いのがいいので，ノートPCの中でも一番安い10万円の機種に決めようと考えた。

(4) 店員さんから「どうせ買うなら，もっと高速なPCのほうが最新のゲームができるし便利ですよ。あと3万円出すと一つ上の性能のPCが買えますがいかがですか」と言われて，いいなあと考えた。まだまだ予算内だからそちらの機種を買おうと思った。

(5) さらに店員さんとPCの使い方について話していると「画面の大きいタブレット型PCなら，タッチペンで絵やアニメを描いたり，移動中に映画やYouTubeを見るのに便利ですよ。あと2万円出せば手に入ります」と言われて，いいなあと考える。まだ予算内だから，そのタブレット型PCを購入

することに決定した。

(6) 持ち帰って早速 Web ページを見ようとしたとき，インターネットに接続するためには，PC だけではなくてプロバイダという会社と契約をしないといけないことに気づいた。契約金や利用料も，プロバイダとの接続方法が有線の専用回線か携帯電話回線かで違ってくるらしいし，PC 購入時にセット契約すれば安く加入できたこともわかった ―― しまった，しかももうお金もない！！

この状況をよく振り返ってみると，次のような三つの問題点があることに気づきます。

- 目的の途中変更

  PC を買う目的が，最初は就職活動のために遠隔会議に参加したり，資料を作成したりすることだったのが，途中で，ゲームや描画，動画鑑賞もできることに目を奪われてしまい，本来の目的を見失ってしまったことにあります。問題の解決方法や結果は目的によって変わってくるため，最初に目的を決めたら，それを最後まで変えないことが大事です。

- 解決の条件の設定の甘さ

  予算は 15 万円と決めていましたが，どの程度の性能の PC であれば目的を満たすことができるかといった，購入すべき PC の条件をきちんと定めていませんでした。問題を解決するときに，いつも最善の解決策が見つかるとは限りません。高機能の PC になるほど高価になるというように，性能と価格のようなトレードオフの関係にある条件もあります。目的に応じて，予算のように絶対に守らなくてはいけない必要条件と，性能のような明確な基準のない努力目標を区別しておかなければ，解決に失敗してしまいます。

- 情報収集の甘さ

  バーゲンセールの広告を頼りに店に行ったのに，買った金額がバーゲン価格で他の店で買うよりも得だったのかどうかや，そもそも買った PC がバーゲン品だったのかもよく確かめていません。もしかしたら，近くの別の店に行くと，同じ機種がもっと安く売っていたかもしれません。また，より大手の電器店に行けば，先に行った店には置かれていなかった機種があったかもしれません。このように，目的に応じて必要な情報をあらかじめ集めておくことも大事です。

問題解決活動

一般に，適切に問題を解決するためには，図 4.1 のような適切な解決手順を意識してたどることが必要です。問題解決は，経験やカンが大事なのではなく，適切な手順を知っていることがより大事です。図 4.1 になぞらえて，先の PC 購入問題の解決手順を追ってみると次のようになります。

① 《問題の発生》 就職活動の準備をしなければいけない。何を用意する必要があるのだろうか。

② 《問題の分析》 就職活動には Web ページを見て情報を収集したり，電子メールで企業とやりとりをする必要がある。そのために，インターネットにアクセスができる PC を買う必要がある。

③ 《目標設定》 Web ページを見ることができ，電子メールを使うことができる PC を買いたい。

④ 《評価方法の決定》 予算は 10 万円を上限として，できるだけ快適に遠隔会議に参加したり，資料を作成したりできるように，予算内で一番高速なノート型 PC を選ぶ。ただし，PC や携帯電話とのセット契約や通信量限度などを勘案して，プロバイダとの契約金や当面の利用料を予算に組み入れておく。また，予算には送料や交通費も含める。

⑤ 《代替案の生成》 ④の条件に当てはまる候補となる PC を調査する。交通費や問い合わせの電話代も予算に含めるため，それらを節約する調査方法として，すでに家にある数種類の広告を調べることと，歩いて行くことができる近所の数軒の電器店をまわり，店頭に並んでいる機種を調べたりパンフレットを集めたりする。

⑥ 《評価》 候補の中から，④の条件に最も当てはまる機種と購入店舗がどれになるかを比較検討する。もし，同程度の条件の候補が複数残ったら，⑤に戻ってより詳細な調査によって違いを明らかにする。

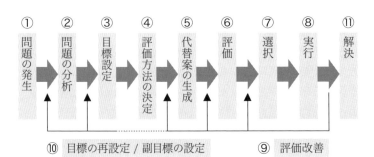

図 4.1
問題解決の手順

⑦⑧ 《選択，実行》 ⑥で決定した候補を選択して，購入する。

　さて，最初から適切な目標設定や解決手段の選択ができるとは限りません。「失敗は成功のもと」という諺のように，実際に試してみた結果，新たな問題が現れたところで，それを解決するためのさらなる問題解決を続けていくという，図4.1の⑨⑩のような手順は，工学的な問題解決活動として重要視されています。しかし，例えばPCのように，一度買ってしまうとすぐに次のPCを買うわけにはいきませんので，軽々しく実行に移してしまうと犠牲が多くなってしまう問題も少なくありません。

　ですから，問題解決をよりよく実行に移すためには，問題解決手順の各段階での意思決定のよさを評価吟味することが大事でしょう。先の例でも，⑤で候補を調査したとしても，⑥で条件に合うか評価したところで決め手に欠けるときには，⑤の調査をやり直したり，より詳細な調査をしています。その前提としては，意思決定に際して，さまざまな代替案を検討して，その中から目的に合った内容を比較検討して選択することが求められます。より多様な代替案を検討できたほうが，より多くの可能性を評価でき，失敗も少なくなるでしょう。

　このように，よりよい問題解決をするためには，⑤の段階で，解決策に対して多様な代替案を考えられることが大事だということになります。さらに，そのためには，多様な方法で，問題に対する情報を収集することができる必要があります。収集される情報の中にはウソの情報が含まれている可能性もあります。ですから，真偽を確かめるためにはどうすればよいか，信頼性の高い情報収集の方法はどれかといった，情報収集の方法を選択するための条件も，さまざまに考えられます。

　さらに，例えばPCの価格と性能，機能を個別に調査しただけでは，どの機種が目的に合っているのかを判断できません。条件に合っているかどうかを確認するチェックシートを作成したり，総合性能を数字で示すことができる計算式を立てたりする必要があるでしょう。このように，調査によって収集した情報だけでは十分に判断できないときには，さまざまな判断のためのモデルを立てて検討することも大事です。そのためのモデルが記号や数値によって定型的に表現できるのならば，コンピュータシミュレーションによって机上で模擬購入をしてみるといった実験が可能です。しかも，シミュレーションでは複雑に絡み合う要素からなる状況下での意思決定を，わかりやすくとらえることができます。

　本章は，よりよい意思決定のために不可欠である，情報の信頼性を吟味する方法や，モデル化とシミュレーションといった比較検討のための考え方を身につけることを目標としています。本章の学習を通して，よりよい意思決定のためには，単に経験や勘に頼るのではなく，このような知識と考え方に基づいて，緻密に調査し，

多様な代替案を比較検討する姿勢を常にもつことこそが大事であることを理解するとともに，実践できる能力を養います。

4.1　信頼性のある一次情報への接近

新しいアイディアというとみなさんはすぐに特許や実用新案などを思い浮かべることでしょう。特許や実用新案のようにしかるべき組織によって認められ，集中的に管理および公開されている情報であれば，膨大な情報を調査する手間はかかるものの，信頼性については保証されているので，目的とする情報への接近は公開情報の検索という作業のみで得ることができます[1]。しかし，一般的に研究で対象としているのは新しい知の探求といえ，そのような情報の信頼性，新規性，オリジナリティ，そしてその所在などは特許のように明確になっていない場合がほとんどです。

インターネットが普及した今日では，WWWを検索することで多くの未知の情報を収集することができます。Webページの内容は活字体で整然と記述されているため，出版物と同様に信頼性のある情報として認識しがちです。しかし，Webページは個人の裁量でどのような内容でも記述できますし，簡単に更新もできてしまうので，いかに整然と記述されていたとしても本や論文のような出版物に比べて内容の信頼性には疑問が残ります。実際に，でっち上げられた情報とはいえないまでも，よく調査せずにあいまいな知識に基づいて記述された疑わしい内容が散見されることも事実です。WWWによる検索は紙に印刷された論文や書籍などの検索に比べて簡単かつ便利ですが，その一方で，掲載されている情報の信頼性については自分で評価しなければならないため，かえって時間や手間がかかることもあります。特に研究活動のように新たな知見を得たり，創造する場合には，信頼性のある情報に基づいて活動しなければ，研究成果の価値を明確に示せないばかりか，研究活動そのものが意味をなさない無駄な作業となってしまうことさえあります。

自ら創造した情報でなければ，そもそもその信頼性を確実に判断することは不可能といえますが，より確かな判断を下すための材料を見出すことはできます。本節では，情報の信頼性の高さを判断するための要件について考察するとともに，そのようにして見出された情報を入手するための方法について述べます。

1.　ここで見つからなければ，まだ提案されていないという根拠にもなります。

4.1.1　情報の信頼性

　どのような情報が信頼性の高い情報といえるのでしょうか。あるいは，WWW上の情報はまったく信頼性がないのでしょうか。情報の信頼性の高さは，その情報の属性として 5W1H が明示されていることがまず第一の決め手です。5W1H，すなわち，いつ（When），どこで（Where），誰が（Who），何を（What），なぜ（Why），どのようにしたのか（How）という事柄は，新聞記事をはじめとする伝達を目的とした情報に含まれるべき基本的内容です。これと同様に，情報の属性についても，いつ，どこで，誰が，何を目的として，なぜ，どのように発信したのかによってその内容が意味することや受け取られ方が変わります。出版物の場合は，一般的に出版社，発行人，印刷所，執筆者，参考文献などが明確であり，確たる証拠としての印刷物が世の中に出回るので，出版物の内容に対する責任の所在が明らかです。特に，その中に掲載されている参考文献の入手可能性や，それ自体の信頼性の高さも重要な判断要素となります。

　このような意味で，自由に発信情報の修正や公開の中止ができる Web ページの信頼性は高くありません。特に一過性で発信責任の訴追や補償範囲に自ずと限界がある一個人の Web ページの場合はなおさらです。しかし，WWW を用いた情報発信は非常に利便性が高く，出版にかかる時間を著しく短縮し，発信コストも低く抑えることができます。そのため，出版社や学会のように社会的に認知され，発信情報に対する社会的な評価を受ける組織や企業では，WWW で発信する情報の信頼性を高める努力をしています。そのような例として，Web ページを出版物と同様の扱いとして，やたらに改訂しないことをルールとしていたり，改竄しにくいようにいくつかの表現形式で同時に公表していたり，どのコンピュータで閲覧および印刷してもまったく同様に見えるような形式[2]で表現していたりします。

　ところでみなさんは，このような情報の属性がしっかりした出版物といっても，ゴシップ週刊誌やスポーツ新聞のセンセーショナルな見出しや記事を，信頼性の高い情報と受け取っているでしょうか。あるいは，ハードカバーがついた大手出版社の本であれば，その内容はすべて確実で信頼性が高いと言い切れるのでしょうか。信頼性の高さは，出版社や執筆者の過去の実績や評価などとともに，やはり

2.　このような形式として，Adobe 社の Acrobat 用の PDF 形式がよく用いられています。PDF 形式のファイルを作成するためには，このソフトウェアを購入し実装しなければなりませんが，PDF ファイルを読むだけであれば Acrobat Reader という読み出し専用のソフトウェアを Adobe 社の Web ページ（http://www.adobe.co.jp）から無料でダウンロードすることができます。

内容に大きく依存していることは疑いもない事実です。常識を超えた，あるいはセンセーショナルな内容ほどそれを裏づける根拠や証拠が明示されているかどうかを決め手としているのではないでしょうか。しかも，電子情報が氾濫する今日では写真や実験さえもねつ造することが可能なため，それらでさえ確実に信頼できる情報とは言い切れません。その意味で内容の信頼性については，その分野の専門家が論拠や論述を認知しているかどうかが大きな判断要素であることに間違いありません。

　以上に述べてきたことをまとめると，信頼性の高い情報としては，ある特定のテーマの論文誌や研究書のように，公開されている参考資料に基づいて理路整然と著者の見解が記述された原著文献，特許のように権威がある機関が認証した情報，信頼および責任のある機関による統計資料や観測データなどをあげることができます。

演習 1

あるアイディアを思いついたとき，それが自分独自のものなのか，それとも他の誰かによってすでに公表されているものなのかは，どのようにしたら調べることができるかを考えてみてください。

演習 2

みなさんが情報の信頼性の高さを判断するときに基準としていることをあげてください。

演習 3

みなさん自身が今現在で公表可能なオリジナルな情報をあげてみてください。

4.1.2　一次情報への接近

　次に，このような信頼性の高い情報を入手する方法について考えてみましょう。ある一つの情報が発生すると，その周囲には派生的に多くの情報が発生することになります。それらの情報はオリジナルの情報源に対する加工の度合いによって以下のように分類することができます[3]。

3.　加瀬滋男『改訂版産業と情報』，日本放送出版協会，1988.

- 一次情報 — 原著文献，観測データ，特許情報など

- 二次情報 — 抄録誌，索引誌など

- 三次情報 — データベースの目録，百科事典など

　一次情報とはオリジナルな原著資料を指しています。そして，一次情報の抄録や概要を集めた書誌情報や一次情報の索引は，原著資料に至る二次的な情報を与えることから**二次情報**と呼ばれます。さらに，一次情報や二次情報よりも普遍的で，かつ一次情報検索の最初の手がかりとなる可能性が高い百科事典や年鑑などの解説的または累計的な情報を**三次情報**と呼びます。私たちは，数が多くかつ散在している一次情報をいきなり入手することは困難なので，まず情報収集の糸口として三次あるいは二次情報から一次情報へと接近していくのが一般的です。特に未知の領域では，専門用語やキーワードが不明なために，いきなり一次情報へ到達することは困難で，このように段階的に接近を試みざるを得ません。

　ところで，自分が知っている歴史上で有名な知識人や作家，芸術家などの著作物や作品を実際に読んだり見たりしたことがある人はどれぐらいいるでしょうか。逆に著作物や作品，さらにはその本人にまったく接したことがないのに，人物像を思い浮かべられる有名人はどのくらいいるでしょうか。そのような人たちは，多分あまりに有名なために二次および三次情報としてたびたび私たちの前に登場しているのでしょう。そのため，一次情報に接する以前にそれらの多くの情報から本人像が形成されてしまったのでしょう。しかし，そのようにして形成された人間像はかならずしもその本人を表したものではないことをみなさんは過去に少なからず経験していると思います。

　このように，多くの人々は一次情報にたどり着くまでの過程で，その情報について深く理解すると同時に，既知の情報であったのではないかという錯覚に陥ってしまうことが多いようです。ですから，信頼性のある情報を得るためにはどんなに広く知られていることでも，あるいは社会の常識であると認識していることでも，かならず一次情報に接してみることが重要なわけなのです。

4.1.2.1　言葉や事柄の探索

　一般的に広く言葉の意味や概念を知るためには，百科事典や国語事典，専門分野の事典で調べるのが便利です。これらの三次情報を収めた冊子は，多くの図書館に所蔵され閲覧できますが，今日では光ディスクでの提供や電子辞書への組み込みなどによって，さらには出版社と利用契約を結ぶことによってインターネットを介して，個人が必要な場所で簡便に利用できるようにもなってきています。図4.2

は，CD-ROM 版の『平凡社世界大百科事典』で検索をしている例です。

　言葉や事柄を広く一般的に調べるには，このように広く一般的に知られた百科事典を用いるのが便利ですが，特定の分野についてよりくわしく調べるにはその分野の主要な学会や研究機関，大学などが編纂した事典を用いるとよいでしょう。これらの中には WWW 上に無料で公開されているものもありますが，その多くは有料で提供されています。冊子体としての定評がなく WWW だけでの情報サービスの場合は，有料・無料にかかわらずその信頼性や内容がまちまちですので，それらを参照する際には注意が必要です。

　さらに，言葉や事柄に関係が深い人物についての情報を得ることができれば，調査対象や調査領域に関する知識を深めることにつながります。人物についての情報は，人物名辞典で調べるのが一般的ですが，現在活躍中の人についてはこのような辞典にまだ掲載されていない場合が多く，調査範囲は限られてしまいます。しかし，最近では本人が個人的に制作した Web ページや，所属組織および団体の Web ページを通してその活動を公開していることが多いので，Web 検索エンジンで見つかることもままあります。このような個人の Web ページを検索するには，

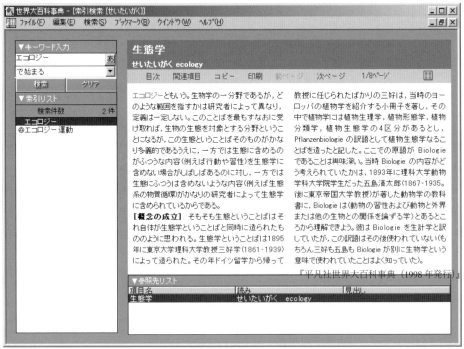

図 4.2
CD-ROM 版百科事典による検索例

https://ja.wikipedia.org/wiki/ エコロジー / より

図 4.3
ウィキペディアによる検索例

第 2 章でも述べたようにロボット型の検索エンジンを利用するのが効果的です[4]。

　ところで，インターネット上の無料の百科事典としてはウィキペディア (Wikipedia; https://www.wikipedia.org) が有名で，実際に使ったことがある人も多いことでしょう（図 4.3）。ウィキペディアは，多くのボランティアによって書き込みや内容のチェック，編集作業がなされていることから，世の中の変化に迅速に対応できるだけでなく，特定の編集者に依存しない広い視野からの内容記述も期待され，無料サービスでありながら定評を得ています。しかし，ウィキペディアの長所も場合や状況によって短所とも成り得るため，利用に際しては注意を怠れないことはネットワーク上での他の情報サービスと同様です[5]。

---

4. 多くの検索結果が出力されることがあるので，名前だけではなく，所属や関連業績などの属性を付加して検索結果を絞るべきでしょう。

5. ウィキペディア日本語版について解説した項目（https://ja.wikipedia.org/wiki/ ウィキペディア日本語版）では，多くの課題が具体的に記述されています。

演習 4

みなさん個人が興味のある分野の事典を，図書館や Web 検索エンジン，インターネット書店などで検索してみてください。もしも，それがいくつも見つかった場合には，どれが最もよく用いられているのか，それはなぜなのかを調査してみましょう。

演習 5

著名人の名前を Web 検索エンジンを使って検索して，得られた情報の信頼性の高さを評価してください。また，知名度の高さと検索された Web ページ数との相関関係について考えてみましょう。

演習 6

ウィキペディアの内容を巡る問題指摘や議論をインターネット上で探り出し，その問題点や論点を整理してまとめてみてください。

4.1.2.2 目的とする一次情報の探索

　ここでは一次資料の中でも特に原著文献を検索することを取り上げます。原著文献は，書籍と雑誌の論文・記事とに大きく分けられます。ここで雑誌として取り上げるのは，いわゆる大衆誌のように読者を限定せずに一般に向けて販売されている雑誌ではなく，ある特定の学術領域の研究者や学識者に向けて，新しい知見としての学術論文や学術的記事を掲載した雑誌（ジャーナル）です[6]。

　このような書籍や雑誌を検索するには，各図書館が提供している OPAC（Online Public Access Catalog）を利用するのが便利です。図 4.4 は，埼玉大学図書館の OPAC 画面を示しています。近年では，多くの図書館でこの図のような WWW を通して利用できる OPAC を導入しているので，図書館に出向くことなく蔵書の検索ができます。例えば国立国会図書館の蔵書も WWW を通して検索することができます（図 4.5 参照）[7]。

---

[6]　「日経サイエンス」のように学術誌と一般誌の中間に位置するような雑誌もあります。また，学術団体が刊行する会報にも，興味がある人を啓蒙することを目的とした，学術論文よりはくだけた内容の雑誌があります。

[7]　実際に国会図書館まで出向いて文献を得るのは労力も必要ですので，国会図書館の Web 検索で得た情報を元に，できるだけ自分が所属する大学や組織，近隣の公立図書館などで見出す努力をすべきでしょう。

図 4.4
WWW を利用した OPAC の例（1）埼玉大学図書館

国立国会図書館 OPAC（https://iss.ndl.go.jp）より

図 4.5
WWW を利用した OPAC の例（2）国立国会図書館

　書名，著者名，出版社名，ISBN などの書籍に関する具体的な情報がわかれば，より確実に検索できますが，もしもそれらの情報がまったくわからない場合には，タイトルに含まれる単語や関連するキーワードで探すことも可能です。キーワードで探すときには，ただ一つの言葉だけではなく，同義語や類義語，より上位の概念で広い意味をもつ上位語，より下位の概念で狭い意味となる下位語などを意識して入力することがポイントです。JICST や新聞社などが提供する広範囲なデータベースでは，このようなキーワードを体系的に整理した一種の類義語辞典であるシソーラス（thesaurus）が用意されているので，それらを参考にするのもよい方法です（表4.1 を参照）。

　なお，OPAC で検索した図書にはその請求記号が表示されます。この記号は，表4.2 に示したような日本十進分類法（NDC：Nippon Decimal Classification）に従って付与されていることが多く，それは図書館内の図書の配架にも用いられています。そのため，自分で図書を書架から取り出す開架式の図書館では，この番号を頼りにすることで，よりすばやく目的とする図書を見出すことができます。

演習 7

自分が所属している組織や住んでいる地域の図書館の OPAC を探して利用してみてください。手近なところで見つからないときは，図 4.5（p.139）にあげた国立国

表4.1　シーソラスの例

	見出し項目	説　明
	情報システム（ジョウホウシステム）	ディスクリプタ（見出しの語）
	IA10　　　0, 0	主題カテゴリーコード
UF	情報処理システム	優先語（Use For） ―――　これよりも見出し語のほうが優先的に使われる
NT	案内システム 医用情報処理システム 経営情報システム 情報検索システム ・データ検索システム ・文献検索システム 資料管理システム 予約システム	下位語（Narrower Term） ―――　見出し語よりも狭い意味をもつ用語 下位語が階層関係をもつときはその階層の深さを・印の数で示す。この場合は 1 階層を示す
BT	システム	上位語（Broader Term） ―――　見出し語が含まれるより広い意味をもった用語
RT	交通情報	関連語（Related Term） ―――　見出し語に関連した用語

JICST シーソラスより

表 4.2 日本十進分類法（NDC）第 2 次区分表

000	総記	500	技術・工学
010	図書館・図書館学	510	建設工学・土木工学
020	図書・書誌学	520	建築学
030	百科事典	530	機械工学・原子力工学
040	一般論文集・一般講演集	540	電気工学・電子工学
050	逐次刊行物	550	海洋工学・船舶工学・兵器
060	団体	560	金属工学・鉱山工学
070	ジャーナリズム・新聞	570	化学工学
080	叢書・全集・選集	580	製造工学
090	貴重書・郷土資料・その他の特別コレクション	590	家政学・生活科学
100	哲学	600	産業
110	哲学各論	610	農業
120	東洋思想	620	園芸
130	西洋哲学	630	蚕糸業
140	心理学	640	畜産業・獣医学
150	倫理学・道徳	650	林業
160	宗教	660	水産業
170	神道	670	商業
180	仏教	680	運輸・交通
190	キリスト教	690	通信事業
200	歴史	700	芸術・美術
210	日本史	710	彫刻
220	アジア史・東洋史	720	絵画・書道
230	ヨーロッパ史・西洋史	730	版画
240	アフリカ史	740	写真・印刷
250	北アメリカ史	750	工芸
260	南アメリカ史	760	音楽・舞踊
270	オセアニア史・両極地方史	770	演劇・映画
280	伝記	780	スポーツ・体育
290	地理・地誌・紀行	790	諸芸・娯楽
300	社会科学	800	言語
310	政治	810	日本語
320	法律	820	中国語・その他の東洋の諸言語
330	経済	830	英語
340	財政	840	ドイツ語
350	統計	850	フランス語
360	社会	860	スペイン語
370	教育	870	イタリア語
380	風俗習慣・民俗学・民族学	880	ロシア語
390	国防・軍事	890	その他の諸言語
400	自然科学	900	文学
410	数学	910	日本文学
420	物理学	920	中国文学・その他の東洋文学
430	化学	930	英米文学
440	天文学・宇宙科学	940	ドイツ文学
450	地球科学・地学	950	フランス文学
460	生物科学・一般生物学	960	スペイン文学
470	植物学	970	イタリア文学
480	動物学	980	ロシア・ソヴィエト文学
490	医学・薬学	990	その他の諸文学

会図書館の OPAC を利用してみてください。

演習 8

ISBN および ISSN という用語の意味を調べてください。

　ところで，大学の図書館は相互に連携し合っているので，ある図書が全国の大学図書館のどこに所蔵されているかを調べることができます。それには，国立情報学研究所の学術情報ナビゲータ（CiNii：Citation Information by National institute of informatics）で提供されている CiNii Books が便利です[8]。OPAC リンクで結ばれている大学図書館の OPAC 検索画面では表示タブを切り替えるような簡単な指示で CiNii Books 検索ができます（図 4.6（a）参照）。また，広く一般的には国立情報学研究所のサイトで CiNii Books（https://ci.nii.ac.jp/books/）を利用できます。さらに，CiNii Books の検索結果が十分でないときは，連想検索機能をつけた Webcat Plus（図 4.6（b）を参照）による検索サービスも利用することができます[9]。

　研究や論文執筆活動で必要とされる論文雑誌は発行部数や対象が限られているため，それが近隣の大学図書館に所蔵されている可能性はかならずしも高くありません。そのため，CiNii Books のようなサービスの存在がますます重要になります。しかし，せっかく目的とする論文雑誌や書籍を探し出したとしても，それが直接訪ねることが困難な遙か遠いところにある図書館の場合には，入手するまでに多くの手続きと時間を必要とします。国立情報学研究所では，そのような論文利用上の障壁を解消して相互利用性を高める目的で，日本で刊行された論文誌に掲載された論文を収録した電子図書館サービスを提供しています。電子図書館に収蔵された論文であれば論文検索システムである CiNii Articles で検索した後で，全文を読んだり，印刷したりすることも可能です。一部有料のサービスもありますが，これらを用いることで効率的に文献を収集することが可能となります。

　近年では，これらのサービスのように冊子体を電子化して提供するのではなく，はじめからインターネット経由で電子的に提供される雑誌として，電子ジャーナル[10]が注目されています。電子ジャーナルは新たな知見が求められる自然科学系の学会を中心として 1990 年代後半より付加的なサービスとして試用されてきましたが，

---

8. 以前は NACSIS Webcat と呼ばれ，CiNii Books にサービスが移行した後も，大学の OPAC リンク上では暫くその名称が残ってましたが，今日ではすべてこちらに統一されています。

9. 最近では，全国の公立図書館でも相互連携が進み，同様の図書館横断的な蔵書検索システムであるカーリル (https://calil.jp) が構築され検索サービスを提供しています。

10. 海外では OJ（Online Journal）や EJ（Electronic Journal）とも呼ばれています（慶應義塾大学日吉メディアセンター編『情報リテラシー入門』，慶應義塾大学出版会，2002 を参照）。

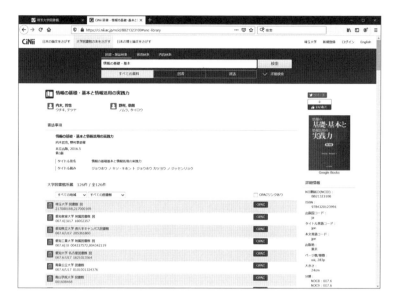

図 4.6 (a)
CiNii Books の検索結果表示画面

図 4.6 (b)
Webcat Plus (http://webcatplus.nii.ac.jp/) の検索画面

　近年では学会だけではなく出版社が主体となり，冊子体の雑誌よりも力が入れられている分野さえ出てきました。一方，人文・社会科学系分野では，速報性とは反対に，文献資料の保存性と公開性の観点で冊子体を補完する形で電子ジャーナルが広がりつつあります。これらは基本的に有料サービスなので，契約と利用料金の支払いが必要です。もちろん個人で利用することも可能ですが，主要な電子ジャーナルは大学の図書館や組織で購読契約を結んでいることがあるので，まずそれを調べてみることをお勧めします。

　一般の書籍や論文雑誌のほかに，政府や自治体などが発行する白書や統計資料などの公的資料も一次情報としてよく用いられます。これらは，以前は冊子体で発行され，大きな図書館へ行かなければ閲覧できませんでした。しかし，WWW の普及によりインターネットを通して最新の資料をすばやく入手できるようになってきました。表 4.3 にそのような公的な情報を提供する代表的な Web サイトの例を示します。

4.1.3　参考文献と注

　情報を創造するにあたっては，2.3.2 項で述べたように事実と意見を十分に精選し，それらを峻別するとともに，それらの創造性やオリジナリティを明らかにするために，既存の情報との差異を明確に区別しなければなりません。その第一歩は，信頼性の高い情報に基づいた議論や考察を展開することにあります。どんなに大量の情報に基づいていても，それらの情報の社会的な信頼性が低くては客観性お

表 4.3　公的情報源を提供する代表的な Web サイトの例（2021 年 3 月現在）

公的情報源	URL
『官報バックナンバー』	https://kanpou.npb.go.jp/old/index.html（平成 15 年 7 月 15 日以降分）
『国会会議録』	http://kokkai.ndl.go.jp/（国会会議録検索システム）
	https://www.shugiin.go.jp/internet/itdb_kaigiroku.nsf/html/kaigiroku/kaigi_l.htm（衆議院）
	http://www.sangiin.go.jp/japanese/joho1/kaigirok/kaigirok.htm（参議院）
『白書』	http://www.kantei.go.jp/jp/hakusyo/（年次報告書）
『統計資料』	http://www.stat.go.jp/data/index.htm（統計データ一覧）
	http://www.e-stat.go.jp/（e-Stat：政府統計の総合窓口）
『法令集』	https://elaws.e-gov.go.jp/（法令データ提供システム）
『判例集』	http://www.courts.go.jp/（裁判所のホームページ）
『特許資料』	https://www.j-platpat.inpit.go.jp/（特許情報プラットフォーム）

慶應義塾大学日吉メディアセンター編『情報リテラシー入門』，慶應義塾大学出版会, 2002 より作成

よび普遍性などの点で説得力に欠けることになります。基礎となっている情報の信頼性を示すためには，その参照元および引用元が明確に記されていることが求められます。また，他者の成果や考えの盗用および盗作という誹りを避けるためにも，これは学習者や研究者の倫理として最低限守らなければならないルールなのです。たとえ，単なる記載漏れであったとしても，重要な引用情報に対する出典が欠如していた場合には，その情報全体の信頼性を喪失してしまうことになってしまいます。そのため，論文や研究成果報告など，社会的に信頼性が高いと考えられている成果を公表するにあたっては，参考文献の明確な記載が特に重要になるのです。

参考文献リストや注を書く際には，科学技術情報流通技術基準 02（SIST 02）[11]や 2.3.2 項で参照した木下是雄の著書を含む以下の書籍が参考になります。

- 木下是雄『理科系の作文技術』，中公新書 624，中央公論社，1981.
- 木下是雄『レポートの組み立て方』，筑摩書房，1990.
- 河野哲也『レポート・論文の書き方入門(改訂版)』，慶應義塾大学出版会，1998.
- 櫻井雅夫『レポート・論文の書き方上級』，慶應義塾大学出版会，1998.

ところで，SIST 02 は自然科学分野における基準として示されていますが，自然科学分野の中でさえ書き方が統一されているわけではなく，研究領域や学会，論文雑誌，出版社などの慣例に従って種々の書き方があるのが現状です。さらに，人文・社会科学系分野においては自然科学系以上に多様な書き方が存在しています。そのため，発表の第一歩としては発表しようとする分野の標準的な規定や慣例などを知ることが重要です。なお，科学技術情報流通技術基準検討会では，近年増えつつある電子媒体や電子データを利用した成果公表の基準として電子投稿規定作成のためのガイドライン（SIST 14）[12] も策定しており，WWW や電子出版などを含んだ公表のための指針としても参考になります。

---

11. https://jipsti.jst.go.jp/sist/handbook/sist02_2007/main.htm を参照。

12. https://jipsti.jst.go.jp/sist/handbook/sist14/sist14_m.htm を参照。

OpenOffice.org

本書で例として用いている OpenOffice 4 は，一般のコンピュータ利用者が日常的に使う機能を一つにまとめた統合ソフトウェア[13]と呼ばれるフリーソフトウェアです。日本語版の OpenOffice 4 は，OpenOffice のホームページ（http:// www. OpenOffice.org/）で日本語を選択すると表示される日本語ページから無償でダウンロードして利用できます。OpenOffice 開発中のプログラムソースコードが公開されているオープンソースソフトウェアで，多くの人々の貢献によって改良が続けられ，完成度を高めつつ今日の第4版に至っています。2021 年 4 月現在，4.1.9 版にバージョンアップされています。

OpenOffice は，ビジネス環境でよく利用されている Microsoft Office のデータファイルとの高い互換性がありますし，Microsoft Office と同様に，ワープロソフトウェア，表計算ソフトウェア，プレゼンテーションソフトウェア，そして本書では紹介していませんが，データベースソフトウェア，描画ソフトウェアなどが一式入っています。さらに，Windows 系だけではなく Mac OS，Linux など多くの OS 環境で動作するので，教育機関以外にも個人や一般組織で，安価で良質のアプリケーションとして広く利用されています。

なお，オープンソースソフトウェアはプログラムソースを公開して，利用や開発，導入をサポートすることを理念としているので，無償で提供されています。しかしその一方で，ソフトウェアを自己責任で利用することと，もし問題点や改善点などを発見したら積極的にフィードバックして利用者組織全体に貢献することを忘れてはいけません。オープンソースソフトウェアの開発に携わっている人たちに感謝しながら利用するとともに，みなさんも一緒に OpenOffice を育てていきませんか。

OpenOffice 日本語版ダウンロードページ（2021 年 4 月現在）

4.2 表計算ソフトウェアを利用したデータ処理

　データを整理したり，効果的に表現するためには，表が便利です。そのため，作表機能は多くのワープロソフトウェアにも組み込まれています。しかし，表を用いてデータの数値計算をしたり，大きさ順や読み仮名順に並べ替えたり，グラフ化したりするには，**表計算ソフトウェア** [14] を用いるのが便利です。

　ここでは，表計算ソフトウェアを使ったデータの整理と加工方法と簡単なプレゼンテーション資料の作成方法を紹介します。

4.2.1 表計算によるデータの整理と加工

　問題解決で必要となるデータを表計算ソフトウェアで整理し，加工するための基本的な手順は次のようになります。

① データの入手とワークシートへの入力

② データの整理と加工

③ 表現方法の検討と選択

④ プレゼンテーション資料の作成

以下では，この順序に従ってそれぞれの操作手順について解説していきます。

① データの入手とワークシートへの入力

　必要なデータを入手するには，対象となる事象や現象，実験を観測したり，アンケートをとったりするほかに，政府や行政機関などが発行している統計表から入手する方法があります。

　図 4.7 は文部科学省が刊行している学校基本調査（平成 10 年度版）の表です [15]。

13. 統合ソフトウェアは Microsoft Office，SuperOffice など "Office" と名づけられたものが多く見受けられます。これらの多くはワードプロセッサ，表計算，プレゼンテーション，データベース，図形描画など，ほぼ同様な機能を有したソフトウェアの集合体でできあがっていて，それぞれのソフトウェアで作成したデータを相互に簡単に利用できるように設計されています。

14. スプレッドシート（spread sheet）とも呼ばれ，OpenOffice Calc や Microsoft Excel などがあります。

15. 最近では，多くの統計資料が WWW 上に公開されており，単に閲覧するだけではなく，データを直接ダウンロードできるものもあります。学校基本調査については文部科学省の統計資料としてホームページ（http://www.mext.go.jp）からたどることができます。

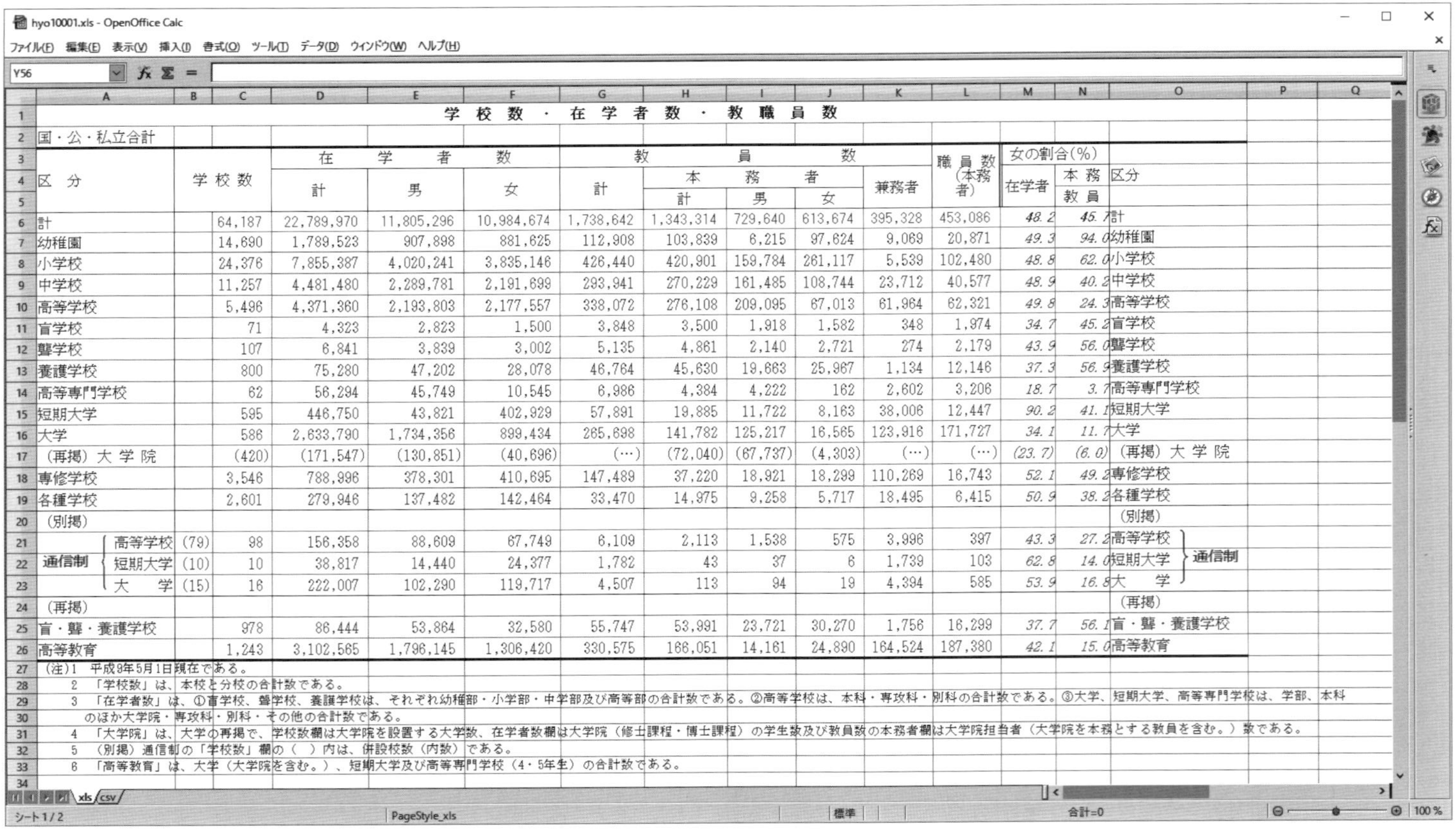

hyo10001.xls - OpenOffice Calc
ファイル(F)　編集(E)　表示(V)　挿入(I)　書式(O)　データ(D)　ツール(T)　ウィンドウ(W)　ヘルプ(H)

国・公・私立合計

区分	学校数	在学者数 計	男	女	教員数 計	本務者 計	本務者 男	本務者 女	兼務者	職員数(本務者)	女の割合(%) 在学者	女の割合(%) 本務教員
計	64,187	22,789,970	11,805,296	10,984,674	1,738,642	1,343,314	729,640	613,674	395,328	453,086	48.2	45.7
幼稚園	14,690	1,789,523	907,888	881,625	112,908	103,839	6,215	97,624	9,069	20,871	49.3	94.0
小学校	24,376	7,855,387	4,020,241	3,835,146	426,440	420,901	159,784	261,117	5,539	102,480	48.8	62.0
中学校	11,257	4,481,480	2,289,781	2,191,699	293,941	270,229	161,485	108,744	23,712	40,577	48.9	40.2
高等学校	5,496	4,371,360	2,193,803	2,177,557	338,072	276,108	209,095	67,013	61,964	62,321	49.8	24.3
盲学校	71	4,323	2,823	1,500	3,848	3,500	1,918	1,582	348	1,074	34.7	45.2
聾学校	107	6,841	3,839	3,002	5,135	4,861	2,140	2,721	274	2,179	43.9	56.0
養護学校	800	75,280	47,202	28,078	46,764	45,630	19,663	25,967	1,134	12,146	37.3	56.9
高等専門学校	62	56,294	45,749	10,545	6,986	4,384	4,222	162	2,602	3,206	18.7	3.7
短期大学	595	446,750	43,821	402,929	57,891	19,885	11,722	8,163	38,006	12,447	90.2	41.1
大学	586	2,633,790	1,734,356	899,434	285,698	141,782	125,217	16,585	123,916	171,727	34.1	11.7
(再掲) 大学院	(420)	(171,547)	(130,851)	(40,696)	(…)	(72,040)	(67,737)	(4,303)	(…)	(…)	(23.7)	(6.0)
専修学校	3,546	788,996	378,301	410,695	147,489	37,220	18,921	18,299	110,289	16,743	52.1	49.2
各種学校	2,801	279,946	137,482	142,464	33,470	14,975	9,258	5,717	18,495	6,415	50.9	38.2
(別掲) 通信制 高等学校	98 (79)	156,358	88,809	67,749	6,109	2,113	1,538	575	3,996	397	43.3	27.2
短期大学	10 (10)	38,817	14,440	24,377	1,782	43	37	6	1,739	103	62.8	14.0
大学	18 (15)	222,007	102,290	119,717	4,507	113	94	19	4,394	585	53.9	16.8
(再掲) 盲・聾・養護学校	978	86,444	53,384	32,580	55,747	53,991	23,721	30,270	1,756	16,299	37.7	56.1
高等教育	1,243	3,102,585	1,796,145	1,306,420	330,575	166,051	141,161	24,890	164,524	187,380	42.1	15.0

(注) 1　平成9年5月1日現在である。
2　「学校数」は、本校と分校の合計数である。
3　「在学者数」は、①幼稚園・小学部・中学部及び高等部の合計数である。それぞれ幼稚園・養護学校、それぞれ幼稚園・養護学校、②高等学校・中等教育学校及び高等部の合計数である。②高等学校、高等専門学校は、本科・専攻科・別科の合計数である。③大学・短期大学は、本科・別科・専攻科の学生数及び大学院の学生数を含む（大学院を本務とする教員は数である。）。
4　「大学院」は、大学の再掲で、学校数欄は大学院を設置する大学数、在学者数欄の（ ）内は、併設校数（内数）である。
5　「別掲」の「通信制」の（ ）内は、併設校数（内数）である。
6　「高等教育」は、大学（大学院を含む。）、短期大学及び高等専門学校の合計数である。

.xls / .csv　　シート1/2　　PageStyle_xls　　標準　　合計=0　　100%

図4.7　統計表の例　[OpenOffice 4 Calc, Windows 10]

文部科学省文部統計要覧平成10年度版より抜粋

この統計表は，通常私たちが見慣れている表とは少々異なり，行および列の各区分の最初はその区分の"合計"になっています。これは多くの統計表で見られる形式で，まず全体を示した後に，より詳細な区分について示しています。このように独特の形式でデータを表現しているので，最初は戸惑うかもしれませんが，慣れてしまえばたいへん合理的で利用しやすい表現形式であることに気がつくことでしょう。

演習 9

みなさんの身のまわりで入手可能なデータにはどのようなものがあるか考えてみましょう。

演習 10

WWW や図書館で閲覧可能な統計資料にはどのようなものがあるか調べてみましょう。

　次に，このデータを表計算ソフトウェアで利用できるように，ワークシート（図4.8）に入力します。以下，表計算ソフトウェアでよく用いられる用語を説明しておきます。

ワークシート，シート

　　　表の形で情報を入力できる画面

セル

　　　値を入力できる表の一つひとつのマス目

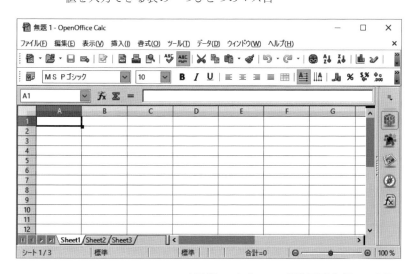

図 4.8
表計算ソフトウェアの起動画面例［OpenOffice 4 Calc，Windows 10］

セルアドレス，セル番地

> 表の中のそれぞれのセルの位置を表し，単に"アドレス"または"番地"とも呼ばれる。例えばワークシートの左上隅のセルは，A列の1行目となるので，"[A1]"と表す

演習 11

みなさんが利用している環境で利用可能な表計算ソフトウェアの名称とその起動方法を調べてください。また，実際に起動して表示された画面を図4.8と比較して，ワークシートやセル，アドレスのような基本概念について違いを調べてみましょう。

先に取り上げた学校基本調査から抜粋して作った表4.4をワークシートに入力してみましょう。入力に際して注意するべきことは，とりあえずすべてのデータを入力することから始めることです。データの整形や表示形式は後からいくらでも変更することができるからです。そこで，複数のセルをまたいだ欄は，とりあえず無視して適当に入力します。ただし，後で「セルを結合」したり「書式を設定」したりすることを考慮して，図4.9のように入力するのが効率的です。この例では"区分"を[A1]番地に入れています。

以上の入力を終えた後で，次の作業に移る前にかならずデータを保存しておいてください。第2章で述べたように，計算や修正などの処理を進めてしまってからそれらの処理を取りやめたくなったり[16]，停電やシステムの不調のような不慮の事

表4.4 学校数と在籍者数（平成9年5月1日現在）

区分	学校数	在籍者数	
		男	女
幼稚園	14,690	907,898	881,625
小学校	24,376	4,020,241	3,835,146
中学校	11,257	2,289,781	2,191,699
高等学校	5,496	2,193,803	2,177,557
短期大学	595	43,821	402,929
大学	586	1,734,356	899,434

---

16. OpenOffice をはじめとするアプリケーションソフトウェアには，いったん実行した処理を取りやめる機能が備わっているので，アプリケーション上でデータを元に戻すことが可能です。ただし，取りやめることができない処理も一部あります。そのような処理は多くの場合，実行前に警告が表示されますが，注意してください。

態に遭遇したりして，作業前のデータを必要とする場合があるからです。特に多大なデータを入力した後に不慮の事態で入力データが失われてしまったときは，入力作業そのものをやり直さねばならず，大きなショックを受けることでしょう。そのような不幸を少しでも回避するためにも，作業の節目ごとにこまめにデータを保存してバックアップ（back up）すべきなのです。

演習 12

みなさんが利用する表計算ソフトウェアでのデータの保存方法を調べ，実際に入力したデータを保存してください。

② データの整理と加工

入力したデータを使って計算してみましょう。例として幼稚園の男子と女子の在籍者数の合計を求めてみます。

1. ［E3］番地に合計数を入れることにします。まず，［E3］のセルをクリックし，"="を入力します。

2. 幼稚園の男子在籍者数がセル［C3］に，同じく女子在籍者数がセル［C4］に入力されていることから，"C3+D3"と入力して Enter キーを押します。すると，［E3］には "=C3+D3" ではなく，［C3］の値である 907,898 と［D3］の値である 881,625 を足し合わせた結果が表示されるはずです。

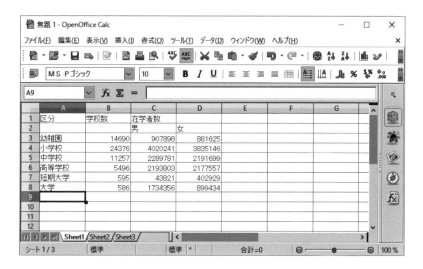

図 4.9
ワークシートへのデータ入力例

3. ここで, 試しに幼稚園の男子や女子の数を変えてみてください。すると, それに従って先ほどの計算結果も変化するはずなので確認してみてください。

上の例ではたし算を行いましたが, 以下にコンピュータ上での一般的な四則演算の書き方を示します。以下の例からもわかるように, たし算とひき算以外の演算記号は少々書き方が異なるので, 注意が必要です。

- たし算 —— + (例：1+2 → 1+2)
- ひき算 —— - (例：1-2 → 1-2)
- かけ算 —— * (例：1×2 → 1*2)
- 割り算 —— / (例：1÷2 → 1/2)

また, 演算順序を示す括弧も使用できますが, 数学表記のように大中小の違いはなく, すべて "()" 丸括弧で示し, いくつでも入れ子にすることができます。

例：$\{(3+4)\times(5-2)\}\div 3$ → $((3+4)*(5-2))/3$

演習 13

幼稚園の在籍者数の合計方法にならって, 表4.4 (p.150) の各区分ごとに在籍者数の合計を計算して, 在籍者数の合計欄を作成してください。

演習 14

表計算ソフトウェアでは, セルのアドレスではなく, 直接 "＝907898＋881625" というようにデータを打ち込んで計算させることももちろんできます。では, なぜ直接データを打ち込むのではなく, データが入力されたセルのアドレスを利用するのか考えてみましょう。

③ 表現方法の検討と選択

数値情報を表現する方法としては, 表のほかにグラフがあります。多くの表計算ソフトウェアで, 表形式で表されたデータをグラフとして表現することができます。そこで, 表の形をした数値情報からグラフを作成する方法について説明します。ここでは, 前ページの図4.9のように入力した表を使って, 区分ごとの学校数を示すグラフを作成してみます。

1. まず表からグラフ化したいデータの範囲を選択します（図4.10）。

2. 「グラフウィザード」などとも呼ばれるグラフ作成パネルを呼び出します（図4.11）。

3. パネルの指示に従い，データ範囲の選択（図4.12）やデータ系列のカスタマイズ（図4.13）を行います。

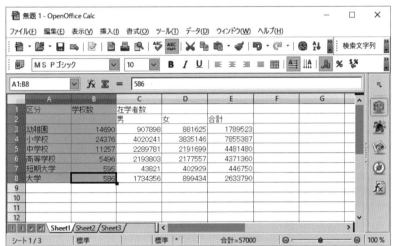

図4.10
グラフ化したい範囲の選択

図4.11
グラフウィザードの開始パネルとグラフの種類の選択［OpenOffice 4 Calc］

図 4.12
データ範囲の選択［OpenOffice 4 Calc］

図 4.13
データ系列のカスタマイズ（追加，修正など）［OpenOffice 4 Calc］

4.　必要に応じて，グラフのタイトル，横軸（X 軸），縦軸（Y 軸）の名称を指定します[17]（図 4.14）。

5.　グラフ表示に必要な一連のデータ入力が完了すると，指定したシート上に図 4.15 のようなグラフが表示されます[18]。

17.　OpenOffice 4 Calc のグラフウィザードでは，タイトルや凡例を含めたグラフの全体像をワークシート上で確認しながら作業することができます。

18.　旧バージョンの Calc では，図 4.10 の学校数の 2 行目のようにデータの入っていない行がある場合，Microsoft Excel と同様にデータが 0 の行と解釈されて間延びしたグラフとなってしまいましたが，OpenOffice 4 Calc ではタイトル行に続く空行もタイトル行として解釈されるようになりました（図 4.18 参照）。

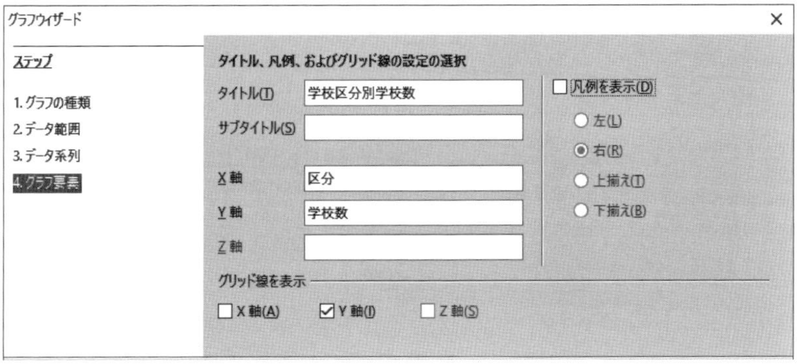

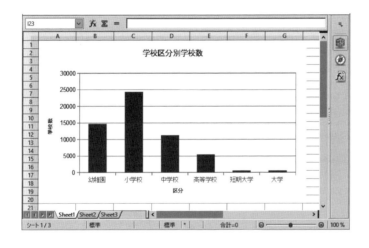

図 4.14
グラフのタイトルや軸名称の指定［OpenOffice 4 Calc］

図 4.15
作成されたグラフ

演習 15

みなさんが利用中の表計算ソフトウェアで，グラフ化する方法を調べてみてください。その方法を使って図 4.15 と同様のグラフを作成してください。

演習 16

みなさんが利用中の表計算ソフトウェアで，作成したグラフを修正する方法を調べてください。また，例で用いた棒グラフだけではなく，折れ線グラフや円グラフなどを用いる方法も調べてみてください。

④　プレゼンテーション資料の作成

　ここまでは，作表とグラフ化の基本的なやり方を説明してきました。この表とグラフでもとりあえず利用することはできますが，完成された資料としては少々不満が残ることでしょう。例えば，表にしても表4.4（p.150）と同じ形式では表示されていませんし，自動的に割り当てられたグラフの棒や背景の色，文字の種類や大きさなどが見やすいかどうかは意見が分かれるところでしょう。そこで，より満足がいく資料を作り上げるために，データの整理および加工の仕上げとして，表やグラフの書式を指定する基本的な方法とそれらを印刷する方法について説明します。さらにくわしくは，使用している表計算ソフトウェアのヘルプを参照してください。

(1) 表の書式変更

　表の書式設定は，基本的にセル単位に書式を指定して行います。対象とするセルを選択した後に，図4.16のような書式設定パネルを用いて表の罫線の種類や，文字位置など，表に関するあらゆる書式を設定することができます。

　このとき，複数のセルを選択して同時に同じ書式を指定することもできます。また，ワークシートの列および行全体を同じ書式にしたいときには，シートの端に表示されている列を示す記号（A, B, C, …）や行を示す数字（1, 2, 3, …）をマウスでクリックして列または行全体を選択した後で，同様にセルの書式を指定すれば，列または行全体が同じ書式となります。

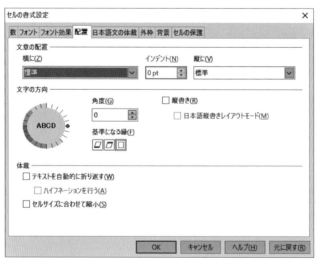

図4.16
表の書式設定パネル［OpenOffice 4 Calc］

演習 17

みなさんが使用している表計算ソフトウェアで，セルの書式を設定する方法をヘルプメニューなどを用いて探してください。

　ところで，表4.4（p.150）のように複数のセルをまたいだ欄を作成するには，結合したい隣接するセルを選択した状態で，「セルの結合」を実行します（図4.17）。この図のように縦のセルを結合した場合には，図4.16に示したセルの書式設定パネルで文章の縦の配置を中央にすれば，結合したセル全体の中ほどにセルの内容が表示されるようになります[19]。

演習 18

みなさんが使用している表計算ソフトウェアで，セルを結合するための方法をヘルプなどを用いて探してみてください。その方法で入力した表を表4.4と同じように罫線を引いたり，文字位置を変えたりしてください。

(2) グラフの書式変更

　グラフも作成した後で，大きさや書式，さらにはグラフの種類や表示形式さえも変更することができます。まず，修正したいグラフを選択された状態にしま

図 4.17
セルの結合指示例 ［OpenOffice 4 Calc］

---

19. これらの書式指定の具体的な方法は，表計算ソフトウェアによって多少異なるので，くわしくは利用しているソフトウェアのヘルプを参照して確認してください。

す（図4.18）。この状態で次の操作を行うことにより，グラフの棒や背景の色，目盛りの入れ方，枠線の入れ方など，グラフに関する書式を設定することができます。詳細な方法は，ヘルプ機能を参照してください。

グラフの種類・形式	対象となるグラフ全体を選択した状態で「グラフ」メニューから「グラフの種類」を選択する
背景や枠線	対象となるグラフ全体（グラフエリア）をダブルクリックする
グラフの棒	対象となる棒グラフをダブルクリックする
目盛り	対象となる目盛り名（数字など）をダブルクリックする

演習 19

適当な棒グラフを作成し，グラフの色を変更してください。次に，グラフの形式を立体的な表示に変えてください。

(3) 表とグラフの印刷

表計算ソフトウェアのワークシートは，スプレッドシート（spread sheet：広大なシート）と呼ばれるように縦横ともに広大に用意されています。ですから，

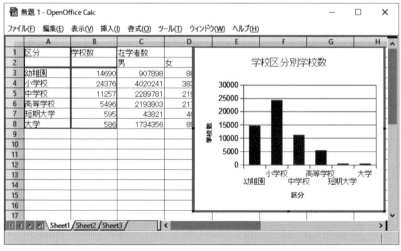

図4.18
グラフを修正可能にした状態［OpenOffice 4 Calc］

シートを印刷するにはその広大なシートのどこの部分を印刷するのかを指定しなければ大変なことになってしまいます。実際には，印刷範囲を指定しないと印刷が実行できないようになっていますので，無意味に白紙をたくさん排出したりすることはありませんが，いずれにしても注意が必要です。また，最近の表計算ソフトウェアでは，データが入っている部分を選択的に印刷する機能をもったものもありますが，複数の表や計算の途中結果を同じワークシート内に作成しておいて，その一部分だけを印刷したい場合には，やはり問題になってしまいます。そこで，表計算ソフトウェアでは，通常印刷を実行する前に印刷範囲を設定することを求められるのです。

演習 20

使用している表計算ソフトウェアで，印刷範囲を指定する方法を調べてみてください。そして，実際に印刷範囲を指定すると，指定された範囲がどのように表示されるかを確かめてください。

演習 21

使用している表計算ソフトウェアで，印刷プレビューする方法を調べて，プレビューを確認してみてください。また，シートの印刷書式（ページスタイル）を変更する方法も調べてください。

4.2.2 表計算ソフトウェアの機能

　前項では，表計算ソフトウェアの最も基本的な機能とその使い方に焦点を絞って説明しました。これだけでもデータの整理や加工を行えますが，本項で紹介するような機能や操作方法を使いこなせるようになると，効率よく，かつ容易にデータの整理や加工ができるようになるはずです。ただし，本当に表計算ソフトウェアを使いこなせるようになるには，単に本書に書かれている機能や操作方法をそのまま実行して慣れるだけではなく，その仕組みや操作の意味をよく理解することと，自分なりに考えて工夫して試してみることが重要です。自分で見つけたり考え出した操作方法は，どのようなマニュアルで示される方法よりも，きっといつも有用な結果をみなさんに与えてくれることでしょう。

4.2.2.1 便利な入力方法

繰り返し表れるデータは，一つのパターンを入力して複写できれば便利でしょう。同様に同じ計算を繰り返して利用する場合に，一つの計算式が再利用できれば入力ミスも減り，助かるでしょう。このように，表を作る上でたいへん便利で効率よくデータを入力できる，セルのコピーと連続データの入力方法について簡単に説明します。

(1) セルのコピー1

表計算ソフトウェアでは，以下の手順で一つまたは複数のセルの内容を同時に他のセルにコピーできます。

1. コピーするセルの範囲を選択し，「編集」メニューから「コピー」を選択します。この段階ではセルの内容が内部の一時記憶に取り込まれるだけです。

2. 矢印キーやマウスの操作によって複写先のセルを選択します。複数のセルをコピーする場合には，複写先の左上のセルを一つ選択します[20]。

3. 「編集」メニューから「貼り付け」を選択すると，選択したセルに，先に一時記憶に取り込んだ内容が複写されます。

コピーの応用として，複写先を複数のセルにまたがって指定することができます。[A1]をコピーした状態で図4.19 (a) のように貼り付けの範囲を指定すれば，同図(b) のように連続的に複写されます。

同様に，図4.20 (a) のように複数のセルをコピー範囲として取り込んでおき，先の例（図4.19 (a)）と同様に貼り付けの範囲を指定すれば，図4.20 (b) のように同じ内容が2列にわたって連続的に複写されます。ここでは列のコピーを紹介しましたが，行のコピーもまったく同様に行われますので，みなさんで試してみてください[21]。

---

20. このとき複数のセル範囲を複写先として指定することもできますが，複写元と同じセル数で同じ形状（行と列の数）でないと警告が出されて複写されないことがあります。OpenOffice 4 Calc では警告の後で強制的に複写できますが，期待した結果が得られない可能性があります。そのため，左上のセルを一つだけ指定するのが最も合理的です。

21. このように隣り合ったセルにコピーしたいときには，「連続的な複写」機能が便利です。OpenOffice 4 Calc や Microsoft Excel ではセルを選択したときに表示される黒い枠線の右下隅にある黒い四角いツマミを，マウスでドラッグすることで，最初に選択したセルの値が連続的に複写されます。

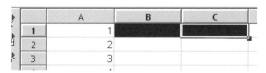

（a）貼り付け範囲を指定した状態

（b）貼り付け実行後の状態

図 4.19
複数セルのコピー

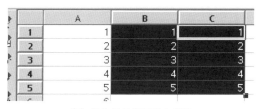

（a）コピー範囲を指定した状態

（b）貼り付け実行後の状態

図 4.20
複数セルの複数箇所へのコピー

演習 22

セル［A1］〜［E1］に適当なデータを入れ，これら五つのセルを選択してコピー
範囲として指定した状態で，セル［A2］〜［A4］を貼り付け範囲として指定した
ときに得られる結果を確認してください。

(2) セルのコピー2

セルのコピーでは，上述したように数値や文字のコピーはもちろんのこと，数式もコピーできます。数式のコピーには少々注意が必要ですが，仕組みを理解してしまえば，表をすばやく完成させるためにたいへん強力な道具になります。

図4.21 (a) に示したように，セル［A1］に"1"，セル［A2］に"＝A1＋1"を入れます。［A2］の式は［A1］の値に1を加えることを意味するので，［A2］には結果として"2"が表示されます。ここで［A2］の式を［A3］～［A5］にコピーしたとき，もしもすべてに"＝A1＋1"が入るのであれば［A3］～［A5］はすべて"2"になるはずです。しかし，結果は図4.21 (b) のようになります。試しに，［A5］の内容を確認してみると"＝A4＋1"となっていることがわかります。

実は表計算ソフトウェアでは，式で参照されているセルは絶対的な場所を示しているのではなく，"一つ上"とか"二つ左"というような，式が書かれたセルとの相対的な場所を示しているにすぎないのです[22]。言葉で表すと少々難しいかもしれませんが，［A2］に入れた式は，"セル［A1］の内容に1を加える"のように［A1］という絶対的なセルを指すのではなく，"自分より一つ上のセルの内容に加える"という相対的な関係を意味しているのです。そう考えてみれば，図4.21 (b) のような結果になることも納得できることと思います。

(a) コピーする式の入力

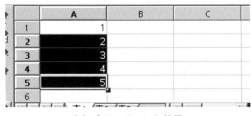

図4.21
式のコピー

(b) 式をコピーした結果

---

22. 絶対番地指定をすることで，絶対的な場所を示すことも可能です（4.2.3.2項を参照）。

このような相対的な位置関係は，式で考えると少々複雑で難しく感じるかもしれません が，表形式で計算するときには直感的で扱いも楽です。例えば，図 4.22 (a) のように［A1］〜［A5］の列の合計を［A6］で計算することを考えてみてください。［A6］の式を［B6］にコピーするとき，みなさんは［B1］〜［B5］の列の合計が得られると期待するのではないでしょうか。あるいは，単に列の合計を計算する式を隣のセルにコピーしたいと思うのではないでしょうか。［A6］の式は "列の自分より上のセルを合計する" ことを意味していますので，その式を隣の［B6］にコピーすれば，図 4.22 (b) のように，まさに期待どおりの結果が得られます。

(3) 連続値の入力

先の例でも出てきたように，データの順序や番号を示したり，整理するために連番をつけることがよくあります。例のように 5 件程度であれば手で入力してもあまり問題にはなりませんが，数が多くなると厄介で面倒なものです。これを簡単に行う方法の一つは，図 4.21 で示したように "自分の一つ上のセルを参照して計算する" 式をコピーして利用することですが，このような操作はよく利用されるため，多くの表計算ソフトウェアでは，初期値と範囲を指定するだけで自動的に連続的なデータをセルに入れてくれる機能を用意しています。

演習 23

利用している表計算ソフトウェアで，連続データの入力方法を調べてみてください。ただし，メニューの場所や機能の表現などは異なっているかもしれないので，ヘル

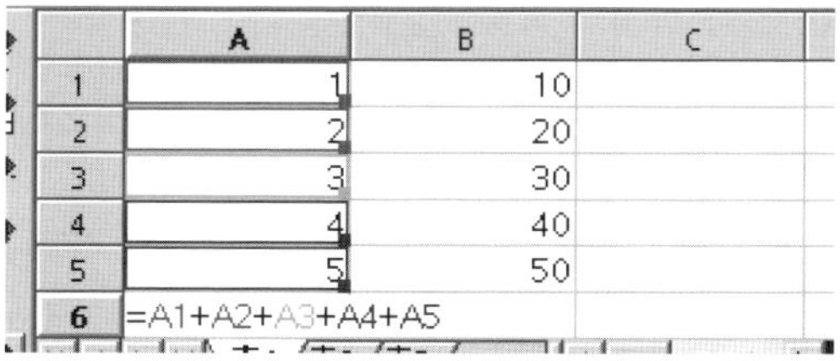

(a) コピーする式の入力

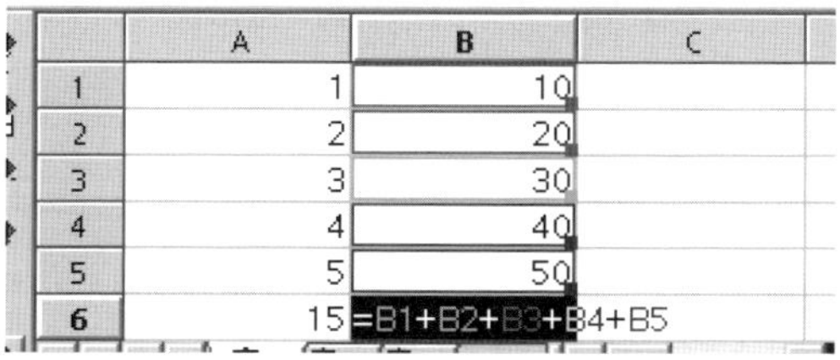

(b) 式をコピーした結果

図 4.22
列の合計式のコピー

プやマニュアルを参照して上記の手順との違いを検討してください[23]。

演習 24

連続データの入力機能を使って，1 〜 100 の偶数と奇数，2 の倍数という三つの数列を作ってください。

4.2.2.2　関数の利用

　4.2.1 項では，合計を求める際の，セルの番地（アドレス）を使った計算式の書き方を説明しました。ですが，"＋"を使用して記述する場合には，合計するセルの個数が増大するにつれて，単調な計算式を長々と書かなければなりません。表の行や列の合計は，作表する上では日常的に求められるので，セルの範囲を指定するだけで合計が計算できればもっと便利なはずです。そこで，表計算ソフトウェアでは，このようによく使われる処理や複雑な処理を簡単に指示できる関数を用意しています。

　関数は多数用意されているので，それらの全貌や詳細についてはヘルプやマニュアルに任せることとして，ここでは，よく使用される関数に絞って説明します。

(1) 関数の利用方法

　関数の基本的な書き方は以下のとおりです。

　　関数名（引数）

　関数名はそれぞれの表計算ソフトウェアで独自に決められた英略字[24]で表現されています。引数は，一つまたはそれ以上の関数に与えるデータを示し，しばしばそのデータが入ったセルの番地が用いられます。例えば，よく利用される関数に行や列の合計を計算する SUM 関数[25]は以下のように書きます。

　　＝SUM(A1:A10)

　関数も式の一つに変わりはないので，先頭に数式を示す"＝"をつけています。"＝"をつけずに入力してしまうと式としては扱われないので，計算されずにエラーが表示されます。

---

23. 例えば Microsoft Excel では"フィル"という表現が使われています。

24. 関数名は英大文字で表記されますが，多くの場合は小文字で入力しても自動的に変換されます。利用しているソフトウェアでの対応を調べてみましょう。

25. SUM は英語の"sum"または"summation"に由来しています。

また，以下のように式の中で使うこともももちろん可能で，この例は合計値を 5 で割り，10 をたすことを意味しています。

$$=10+\text{SUM}(\text{A1:A10})/5$$

多くの関数のうち，よく利用されるものを表 4.5 に示します。

演習 25

利用している表計算ソフトウェアで，関数の利用方法を調べてみてください。また，表 4.5 と同じ機能をもつ関数の書き方を調べてください。

(2) 条件関数の利用

データや計算結果に応じて処理や表示を変えることができれば，より明確にデータを分類したり整理できることでしょう。このように指定された条件に従って処理や表示を切り替える機能をもった関数が**条件関数**です。例えば図 4.23 で，"M"，"F" のような記号で C 列に表記された性別データに基づいて，"M" なら "男"，"F" なら "女" を D 列に表示することを考えてみます。

セル［D2］に入力される式は以下のようになります。

$$=\text{IF}(\text{C2}="M";"\,男\,";"\,女\,")$$

ここで用いられている **IF** というのが条件関数で，「［C2］が "M" と等しいときはこのセルの値を "男" とし，そうでないときは "女" とする」ということを意味しています。ここで，ダブルクォート "" で囲まれている部分は，関数名やセル

表 4.5　よく利用される関数の例（OpenOffice Calc）

機能	関数	意味
合計	SUM（［番地 1］:［番地 2］）	セル［番地 1］から［番地 2］までに含まれる数値の合計を返す
平均	AVERAGE（［番地 1］:［番地 2］）	セル［番地 1］から［番地 2］までに含まれる数値の平均を返す
標準偏差	STDEV（［番地 1］:［番地 2］）	セル［番地 1］から［番地 2］までに含まれる数値の標準偏差を返す
最大値	MAX（［番地 1］:［番地 2］）	セル［番地 1］から［番地 2］までに含まれる数値の最大値を返す
最小値	MIN（［番地 1］:［番地 2］）	セル［番地 1］から［番地 2］までに含まれる数値の最小値を返す

番地として評価せずに文字列としてそのまま利用することを示しています。［D2］の式を［D3］〜［D16］にコピーすることにより漢字で性別表記した表となります。

IF 関数の記述方法ならびに働きは，以下のようにまとめることができます[26]。

　　IF（条件式；

　　　　条件が成立するときの値または計算式；

　　　　条件が成立しないときの値または計算式）

この条件式では，表 4.6 の六つの条件を示すことができます。表の A と B には，先の例からもわかるように，セル番地や，数値や文字のデータ，式などが入ります。

　場合によっては，男性か女性かというような一つの条件だけではなく，"男性で 30 才以下"というように，複数の条件が成立することを調べる必要があるでしょう。このような場合には，以下のように複数の条件を結合した条件式を定義することができます[27]。

　　AND（条件式 1，条件式 2，…，条件式 n）

　　　　—— 条件式 1 から条件式 n がすべて成立したときのみ条件成立

　　OR（条件式 1，条件式 2，…，条件式 n）

　　　　—— 条件式 1 から条件式 n のどれか一つ以上が成立したとき条件成立

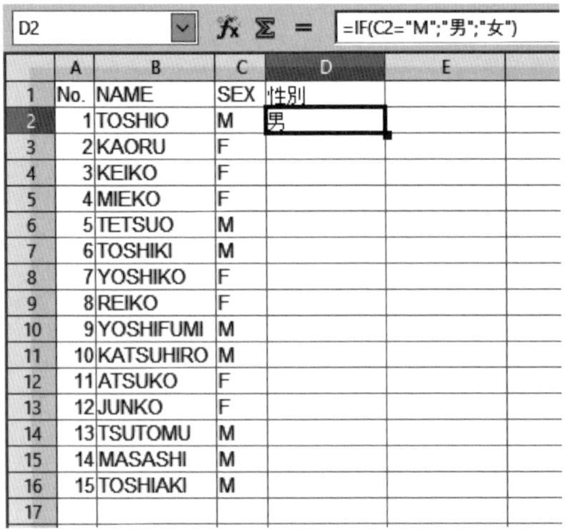

図 4.23
記号表記されたデータの例

26.　Microsoft Excel の場合，IF 関数の引数の区切りは ";"（セミコロン）ではなく，","（カンマ）を使用します。

27.　OpenOffice 4 Calc では，30 個までの条件式を併記できます。

表 4.6　IF 関数での条件式

条件式	意味
A ＝ B	A は B に等しい
A ＜＞ B	A は B に等しくない
A ＞ B	A は B より大きい
A ＞＝ B	A は B 以上
A ＜ B	A は B より小さい
A ＜＝ B	A は B 以下

演習 26

使用している表計算ソフトウェアで，用意されている条件関数とその記述方法を調べてください。その関数を用いて図 4.23 の性別欄を完成させてください。

(3) 乱数の利用

統計資料やアンケートなどから得られるデータを利用する以外に，ある分布に従ったランダムな値を用いて模擬実験を行い，自分でデータを得る方法があります。このランダムな値である乱数は，簡単にいえば，サイコロを振って得られた目のように，偶然によって作り出される数字のことです[28]。コンピュータゲームでは乱数を用いて登場人物の動きや初期状態を決定し，作られる状況が画一的にならないようにしています。

かつては，このようなランダムな数値集合を，乱数表と呼ばれる印刷された表の適当な場所から一連の値を参照することで得ていました。しかし，表計算ソフトウェアでは擬似的に一様に数値が分布する一様乱数を自動的に発生させる乱数関数[29]が標準で用意されていますので，関数を参照するだけで必要な乱数を得ることができます。また，乱数はテストや例としてのデータを多量に作成するときにも簡単で，かつ偏りの少ない方法として用いることができます。模擬実験（シミュレーション）については 4.3 節で述べますが，ここではランダムな値を発生させる乱数関数について説明します。

28. くわしくは，確率統計に関する教科書や参考書を調べてみましょう。
29. 擬似的というのは，発生した乱数のあるまとまりを見たときに，各数値の出現確率がかならずしも期待どおりになっていないという意味です。そのため，乱数を用いたコンピュータシミュレーションでは偏りのないより精度の高い乱数を発生させることが重要な課題となっているのです。

　表計算ソフトウェアには，0から1まで[30]の乱数を作り出すRAND関数が用意されています。利用方法は簡単で，図4.24のように乱数を発生させたいセルにRAND（）と記入するだけで自動的に一つの数値が作り出されて表示されます。

　図4.24で，［A2］に適当な数値や文字などを入力すると，それと同時に［A1］に表示される値も変わってしまいます。これは，表計算ソフトウェアでは，セルの値が更新されるたびにすべてのセルの値が再計算されるからです。このような機能は，表計算ソフトウェアの**再計算機能**と呼ばれています。一般の式やその他の関数も同様に，ワークシート上のセルが更新されるたびに再計算されていますが，通常は更新内容に直接影響を受けない限りは値が変わらないので気がつかないのです。しかし，乱数関数は再計算のたびに新しい数値が計算されるため，違う数値が表示されてしまうのです。

　多くの表計算ソフトウェアの乱数関数は0から1までの乱数を作り出しますが，例えば以下のように関数が作り出す値[31]を10倍することにより，0から10までの乱数を得ることができます。

　　＝RAND（）*10

　また，0から始まるのではなく，5から15までのような範囲での乱数は，以下のように最小値を加えることで得られます。

　　＝ RAND（）*10 + 5

　ここで注意すべきことは，図4.25に示されたように，得られる値は1, 2, …, 6というサイコロの目のような整数値の乱数ではなく，実数値であるということです[32]。しかし，関数には，実数値を整数値に変える機能をもつものも用意されています。

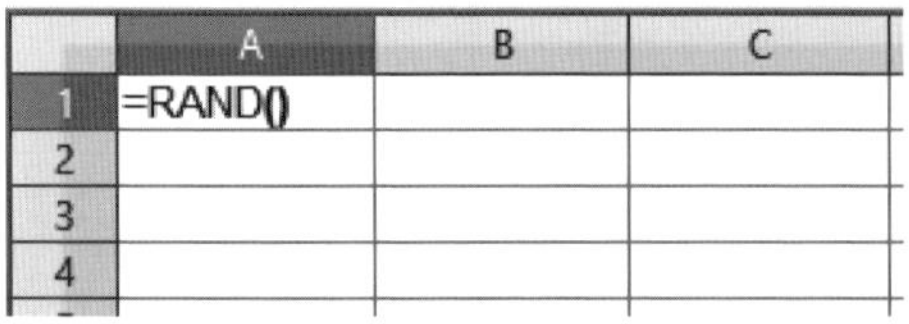

図4.24
乱数関数の利用

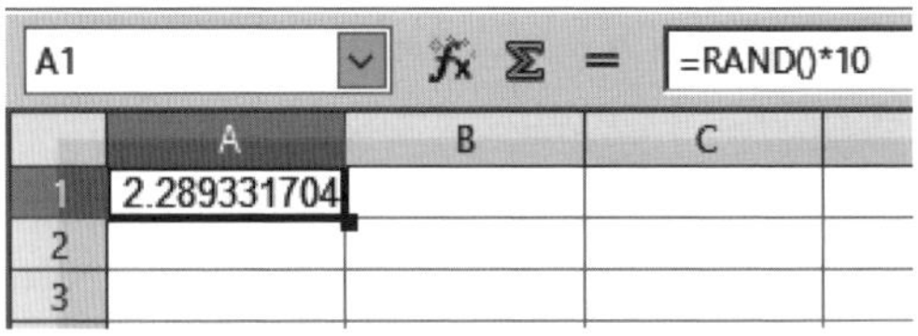

図4.25
乱数関数が作り出す値

---

30. 正確には0以上1未満の実数値で，1は含まれません。

31. 関数が計算して返す値のことを"関数値"といいます。

32. ある範囲の乱数を発生する関数としてRandbetweenも用意されていますが，発生するのはサイコロ同様の整数乱数ですので注意して使用してください。

OpenOffice Calc でのそのような関数には以下があります。

INT（3.56）　　　→　3　（小数点以下切り捨て関数）
ROUND（3.56; 0）　→　4　（四捨五入関数）[33]

演習 27

使用中の表計算ソフトウェアで，乱数関数を呼び出す方法と，発生する数値の範囲を調べてください。また，あるセルに定義した乱数関数を別のセルにコピーしたとき，元のセルに表示されていた値とコピー先のセルに表示される値を比較して考察してください。

演習 28

サイコロと同様に 1 〜 6 の六つの整数値を得るための式を考えてください。

演習 29

図 4.23（p.166）の表に年齢，身長，体重，テストの項目を追加した，次ページの図 4.26 のような表を作成してください。各項目のデータは以下のような乱数で作成するものとします。

	A	B	C	D	E	F	G
1	No.	NAME	SEX	AGE	HEIGHT	WEIGHT	TEST
2	1	TOSHIO	M	39	175.6	51.1	80
3	2	KAORU	F	39	161.0	64.0	56
4	3	KEIKO	F	28	151.7	53.0	34
5	4	MIEKO	F	25	175.2	76.4	45
6	5	TETSUO	M	22	164.1	42.5	70
7	6	TOSHIKI	M	33	164.0	55.6	72
8	7	YOSHIKO	F	27	151.2	41.8	24
9	8	REIKO	F	48	174.6	76.0	52
10	9	YOSHIFUMI	M	56	167.5	51.9	78
11	10	KATSUHIRO	M	54	167.2	51.9	49
12	11	ATSUKO	F	43	156.1	60.5	51
13	12	JUNKO	F	53	162.7	64.6	34
14	13	TSUTOMU	M	55	150.6	64.2	44
15	14	MASASHI	M	46	150.9	44.7	34
16	15	TOSHIAKI	M	45	162.2	59.6	14
17							

図 4.26
乱数によるデータ表の作成例

---

33. 整数化だけではなく指定した桁で四捨五入することができます。なお，整数化のときは桁数指定の "; 0" を省略可能ですが，Microsoft Excel では省略できません。

- 年齢は 20 〜 60 才の間の実数値

- 身長は 150 〜 180 cm の間の実数値

- 体重は 40 〜 80 kg の間の実数値

- テストは 10 〜 100 点の間の整数値

演習 30

図 4.26 のデータ表を利用して，年齢，身長，体重，テストの各データに対する合計，平均，標準偏差，最大値，最小値を求め，それぞれを各列の 17 〜 21 行目に表示してください。ただし，B 列の対応する行には "合計"，"平均"，…といった見出しをつけてください。これらの計算には表 4.5(p.165) がヒントになりますが，具体的な利用方法については，みなさんが利用している表計算ソフトウェアのヘルプを参照してください。

(4) 複数の状態の判別

(2) で述べたように，条件関数は基本的に条件が成立するかしないかの二つの状態しか判別できません。私たち人間は，多くの条件や状態を瞬時に判別することができますが，条件関数の例だけではなく，コンピュータによる条件判断は，条件が成立するかしないかの二つの状態しか判別できないのです。

そのため，現実の問題で直面する複数の状態を判別するためには，条件関数を複合的に用いなければなりません。例えば，図 4.26 の表で 40 才以上の男性か女性，40 才未満の男性か女性という四つの状態に分けるには，以下のように IF 関数の中に IF 関数を書きます。

```
IF（C2="M";
    IF（D2>=40; "40 才以上男性 "; "40 才未満男性 ");
    IF（D2>=40; "40 才以上女性 "; "40 才未満女性 "))
```

このように IF 関数を重ねて使用することで，判別できる状態数を増やすことができます。具体的には，IF 関数を一つ増やすことで判別できる状態数が一つ増えることになります。また，幾重にも重ね合わせることができるので，テストの評定をするときのように，90 点以上は "優"，70 点以上 90 点未満は "良"，50 点以上 70 点未満は "可"，それ以外は "不可" というようにふるい分けるには，以下のように IF 関数を重ねて書くとよいでしょう。

```
IF(G11 >= 90; " 優 "; IF(G11 >= 70; " 良 "; IF(G11 >= 50; " 可 "; " 不可 ")))
```

ただし，このように IF 関数を幾重にも重ね合わせるときは，"）" や ";" が過不

足しないように注意してください。

4.2.2.3 グラフ作成機能の活用

　前項で示した例では，図 4.18 に示されたグラフに使用されているデータ範囲からもわかるように，グラフ作成に最適なデータ配列になっていたため，グラフ作成パネルに用意されている細かな調整機能をほとんど使用することなく，ほぼ自動的にグラフが作成されています。しかし，一般的な表では例題のように最適なデータ配列であることは稀で，グラフ作成にはパネルに用意されている機能を活用した調整作業が必要となります。

　ここでは，グラフ作成に際して，しばしば問題となる典型的な状況を取り上げ，その対応方法について説明します。

(1) 軸項目の追加表示設定

　先の例題で，学校区分別の在学者合計数をグラフにする場合を考えてみましょう。在学者数の合計は学校数のようにすぐ隣の列に学校区分がありませんので，最も基本的な方法としては合計数のデータのみを選択してグラフを作成することになります。しかしこのとき，途中の設定項目を無視してグラフ作成を完了した場合や，最近の Microsoft Excel のようにそもそも設定パネルが表示されないソフトウェアの場合は [34]，図 4.27 (a) のように横軸のデータ項目が数字になってしまいます。

　この図に軸項目を追加指定するには，まず対象のグラフをマウスなどで選択して，グラフ設定用のメニュー項目を表示させ，「(グラフ) データの選択」や「データ範囲」などを選択して「項目軸のラベル」や「(軸項目の) 範囲」などの欄に軸項目が表記されたデータ範囲を指定します（図 4.27 (b)）。

(2) データ系列の追加と削除

　すでに作成したグラフに別のデータ系列を追加したり，グラフから余計なデータ系列を削除したりするのも，先の説明で使用した「(グラフ) データの選択」や「データ範囲」などのグラフデータの設定パネルで指示できます。追加する場合は，パネルのデータ系列の追加ボタンを押し，表示される指示に従って追加する表中のデータ範囲を指定します。グラフに表示されているデータ系列を削除する場合は，その系列名をパネルのデータ系列欄で指定した後，削除ボタンを押せば完了します。

---

34. Microsoft Excel2007 以降では，グラフ作成時にグラフウィザードの設定パネルが表示されなくなったため，いきなり図 4.27 (a) のように横軸項目が数字のままのグラフが作成されてしまいます。

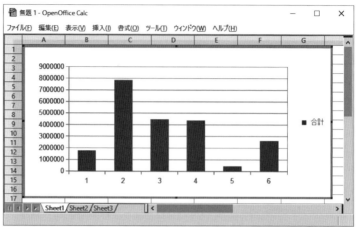

図 4.27 (a)
軸項目が設定されていないグラフの例

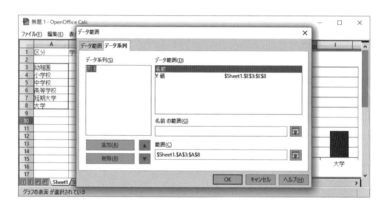

図 4.27 (b)
軸項目の追加設定の例

(3) 離れたデータ系列をあらかじめ指定する方法

　　表中の離れた場所にあるデータをもし一度にすべて選択指定できれば，グラフ作成機能で自動的にグラフを作成できるはずだと考えた人もいることでしょう。通常，ひとまとまりのデータ系列を指定した後で，離れた場所にある別のデータ系列を指定しようとすると先の指定範囲が解除されてしまうので，うまく指定できません。しかし，このとき別のデータ系列を「Ctrl」キー（Windows）や「command」キー（Mac OS）を押しながら指定すると，それ以前の選択範囲が解除されることなく別のデータ系列を指定することができます。この方法は一見簡単そうですが，ちょっとした手順を間違えたり，データ範囲の大きさが揃っていなかったりすると期待通りに表示されないことや最初からやり直しとなることがよくあるので，使用に際しては注意と慣れが必要です。

演習 31

図 4.10 に示された例題の表を用いて，学校区分別の在学者総数を示す棒グラフを作成してください。

演習 32

図 4.10 の例題の表を用いて，学校区分別の男女それぞれの在学者数を示すグラフを上述した 3 つの方法を用いた以下の方法で作成してみてください。また，この 3 つ方法のうちで自分に最も適した方法はどれかを検討してください。

(1) 男女の在学者数のみを指定して，後から学校区分の軸項目を追加指定する。

(2) 区分から在学者数の男女まですべてを含めて指定して，後から学校数のデータ系列を削除する。

(3) 離れたデータを指定する方法でグラフに必要なデータのみをすべて指定して，自動的にグラフを作成する。

　表計算ソフトウェアのグラフ作成機能では，用途に応じて多様なグラフを描くことができます。データを表の形に整理するだけでなく，グラフ化することで変化の状況がわかりやすく，またデータ同士の比較も容易になります。しかし，グラフは強い印象を与えることができる表現方法であるため，データや用途に適したグラフ表現でない場合には却ってわかりにくくなったり，最悪の場合には誤解を招く元となったりもするので注意が必要です。一般的にグラフといえば，棒グラフか折れ線グラフが用いられることが多いですが，その両者の選択においてもその表現意図の正しい理解に基づいてなされるべきことはいうまでもありません。

　以下に，代表的なグラフの表現意図を示しますので，描くべきグラフを選択する際の参考にしてください。なお，円グラフやレーダーチャートのような感覚的な表現を得意とするグラフは，市場調査や性質動向など人々の感性に訴える場面ではよく使用されていますが，客観性を重視する科学的な分析や論文にはなじみません。また，デザイン性の高いグラフや奥行きを強調した 3 次元グラフは感性に強く作用することと相反して，故意に強調箇所を目立たせたり，逆に問題箇所を目立たないようにしたりすることさえできてしまうので，単に見栄えだけでなくその心理的効果についても注意を払う必要があります [35]。

---

[35] 広告やプレゼン資料に掲載する場合には特に注意が必要で，故意に掲載したと裁定された場合には罪に問われることさえあります。

❖　棒グラフ ── 比較結果を表す

複数の情報の絶対量を比較するのに適しています。人の視覚は，同じか同じではないかという一致度合いの判定は，非常に高精度に行うことができます。ですので，二つの棒の一致度合いの比較することによって，どちらが大きいかといった情報をわかりやすく伝えることができるのです。後述する図5.1（p.216）のレポートに使われているのは，この棒グラフです。図5.1の棒グラフは，企業の規模別と，情報技術の種類別という二つの次元での比較を一つの図で行おうとしています。このような複雑な比較も，グラフにすることで一見して把握することができることがわかるでしょう。

❖　円グラフ，帯グラフ（積み上げ棒グラフ）── 割合を表す

これらは，構成される情報の全体における割合を記述するのに適しています。割合を，円の一部としての扇形の大きさで表すのが円グラフ，帯（全体を表す長方形）を一定の長さに分割して表すのが帯グラフ（積み上げ棒グラフ[36]）です。特に帯グラフは，複数を並べることで，棒グラフのもつ比較の機能も同時に有するグラフを作成することができます。

❖　折れ線グラフ ── 経時的変化を表す

一つの情報の変化に対する別の情報の変化を表すのに適しています。例えば，横軸に時間をとり，縦軸にその時間で移動した距離を表すなど，時系列情報の経時的な変化を把握するのに適しています。

❖　散布図 ── 分布状態を表す

二つの数値の組として情報が表現できるとき，情報の分布状態を表すのに適しています。散布図では，複数の情報が似たような情報の集まりなのか，ランダムな集まりなのか，一定の法則性をもった集まりなのかを視覚的に把握することができます。

❖　レーダーチャート ── パターン / バランスを表す

三つ以上の情報について，一組の情報群がもつパターンを表現するのに適しています。例えば，料理の種類ごとにその栄養成分のパターンを比較することで，それぞれの料理の特徴を視覚的に把握することができます。さらに，

---

36. 名称からも推察できるように，多くのアプリケーションソフトウェアでは円グラフのように独立した種類としてではなく，棒グラフの一種として扱われていることが多いようです。

栄養成分のような各情報の分布のバランスが重視される情報では，レーダーチャートを見ることで，そのバランスを把握しやすくすることができます。

演習 33

表計算ソフトウェアで四つのデータ 1，2，3，4 を用いて 3 次元円グラフを描き，グラフを見る視点を変化させたとき，最も小さい部分の見え方がどのように変わるかを調べてください。特に，その部分が最も大きく見えるとき，感覚的にどのくらいの比率として見えるかも調べてみてください。

4.2.3 発展的利用方法と表形式資料

前項までに見てきたように，表計算ソフトウェアを使うことで，データを処理し，表やグラフとして表現した資料を容易に作成することができます。さらに，表計算ソフトウェアの機能を活用することによって，単純な表ばかりではなく，履歴書のような定型的な文書や，ブロックダイヤグラムやフローチャートのような図による資料もきれいにすばやく作成することができます。しかも，あらかじめ指定しておいたセルにデータを入力することによって，計算結果や表示をダイナミックに変化させることができるので，データを入力するだけで自動的に合計金額や数量を計算してくれる注文書や請求書のような計算書を作成することも可能です。

4.2.3.1 簡便なデータベース処理

表計算ソフトウェアには，これまでに述べてきた個々のセルのデータに対する処理だけではなく，表形式のデータベースとしての処理機能も用意されています。ここでは，これらの機能の中でよく利用される並べ替え機能とフィルタ機能について説明します。

(1) 並べ替え機能

並べ替えは**ソート**（sort）あるいは**ソーティング**（sorting）とも呼ばれ，表形式で入力されたデータを，行あるいは列方向のひとまとまりのデータ群と考えて，各データ群の同じ行または列のデータによって分類することを意味します。図 4.26 を例とすれば，E 列のデータを用いて体重の重い人から順番に並べ直したり，D 列のデータを用いて年齢が若い人から順番に並べ直すことができます。

並べ替えるには，図 4.28 に示すように，まず並べ替えるデータをすべて選んだ後で「データ」メニューから「並べ替え」を選択します。このとき注意しなければ

ならないのは，対象となるすべてのデータを選択するということです。例えば，も
しもD列しか選択しなかった場合，並べ替えられるのはD列のデータだけとなっ
てしまいます。これでは，図4.26でデータがもっていた行方向の関係がなくなっ
てしまうので問題です。そのため，並べ替えるデータにかならず関係があるすべて
のデータを選択しなければならないのです[37]。

　なお，残念ながら図4.26の表はそのままでは並べ替えができません。なぜなら，
ほとんどのデータが乱数で作られているからです。並べ替えられた後にそれぞれの
データは再計算されて新しい数値となってしまうので，並べ替えが意味をなさない
わけです。もし図4.26のように表示されているデータの並べ替えをしようとする
のであれば，図4.29に示すように，一度すべてのデータを選択した後，同じ場所
に「形式を選択して貼り付ける」ことによって乱数の式から乱数で作り出された数
値にセルの内容を置き換えなければなりません。OpenOffice Calcでは「形式を選
択して貼り付け」を選択すると，図4.30に示したパネルが表示されます。通常は「選

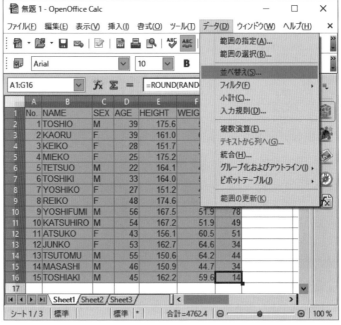

図4.28
データの並べ替えの指示例［OpenOffice 4 Calc］

37.　データベースソフトウェアでは，関係のあるデータをレコードという一つのまとまりとして扱えるため，通常このような
　　問題は発生しません。

択」項目の「すべて挿入」項目がチェックされているため，他の項目は暗転してい
ますが，そのチェックを外せば個別の形式項目が選択可能となります。そこで貼り
付けたくない項目，この場合は図 4.30 のように「数式」項目のチェックを外して「OK」
をクリックすれば，数式以外のデータがコピーされることになります。乱数を使っ
てデータを作成した場合で再計算が不要であるならば，この方法でデータが変化
しないように固定化できます。

演習 34

みなさんが使用している表計算ソフトウェアで，並べ替えを指示する方法を調べ
てください。同様に形式を選択して貼り付ける方法についても調べてください。

演習 35

図 4.26（p.169）の乱数データを数値データに変換してみてください。そのデータ
を年齢順に並べ替えてください。

図 4.29
形式を選択して貼り付ける

　並べ替え機能は，数字だけではなく，文字でも ABC 順あるいはその逆に並べ替えることができます。それが可能な理由は，コンピュータ内部で利用されている文字コードが ABC 順に数値的に大きくなるように割り当てられているからです。同様に日本語でもひらがなやカタカナはあいうえお順，あるいはアイウエオ順に文字コードが数値的に大きくなるように割り当てられているので，文字データをそのまま利用して 50 音順やその逆順に並べ替えられるのです[38]。しかし，多くの読み方がある日本語の漢字は，残念ながら自分が使いたい読み方によってコード化されているとは限りませんので，そのままではうまく読み方順には並べ替わってくれません。そのため，かな漢字データを並べ替えるには，ひらがなやカタカナで読み仮名をつけ，その読み仮名データを使って並べ替えることになります[39]。

演習 36

図 4.26（p.169）の NAME 欄の名前に基づいてデータを ABC 順に並べ替えてください。また，それぞれの名前に適当な漢字を割り当てて，データが 50 音順に並べ替えられるかどうかを確認してください。

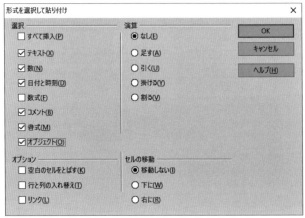

図 4.30
貼り付ける形式の選択パネル例［OpenOffice 4 Calc］

---

38. ただし，カタカナは全角と半角の文字があり，それを間違えたり混在させて利用していると，うまく並べ替えできなくなってしまうので注意が必要です。

39. Microsoft Excel のように入力時のローマ字綴りをデータとして記憶していて，それを使って並べ替えるという高度な技術を使った表計算ソフトウェアもあります。ただし，これがうまくいくのは，入力自体が正しい読みでなされている場合だけですので，これも注意が必要です。

(2) フィルタ機能

フィルタ機能は，大きな表形式データの中から条件に合ったデータ項目を含むデータのみをふるい分けて取り出す機能のことで，**データ検索**とも呼ばれます。この機能を用いれば，住所録の表から特定の名字をもつ人や特定の地域に住む人を抽出したり，出納帳からある摘要項目の支出をした日付や支払金額などを探し出したりすることができます。

フィルタ機能を利用するためには，図4.31に示すように，まず "NAME" や "AGE" などのデータ項目名を含めて表全体を選択した後で [40]，「データ」メニューから「フィルタ」項目を選択します。「フィルタ」項目にはさらに選択肢がありますが，ここでは「標準フィルタ」の利用方法を説明します。

「標準フィルタ」を選択すると，次ページの図4.32のようなフィルタ条件の設定パネルが表示されるので，このパネル上で目的とするデータを抽出するための条件

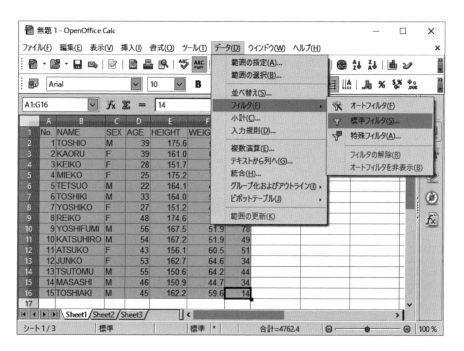

図4.31
フィルタの利用例〔OpenOffice 4 Calc〕

40. データ項目名を含まなくてもフィルタ機能は利用できますが，フィルタ条件を設定する際に項目名が表示されないため，"C列"，"D列" のように指定することとなります。

を設定します。図 4.32 では "SEX" 項目が "M" であり，しかも "AGE" 項目が "30"
以上である人のデータと条件づけています。この条件を実行すると，図 4.33 のよ
うな結果が表示されます。条件どおりのデータとなっているでしょうか。

演習 37

みなさんが利用している表計算ソフトウェアで，フィルタ機能を利用する方法を調
べてください。また，図 4.32 のフィルタ条件をいろいろと変化させて，フィルタ
機能の働きを調べてみてください。

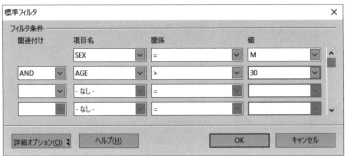

図 4.32
フィルタ条件の設定［OpenOffice 4 Calc］

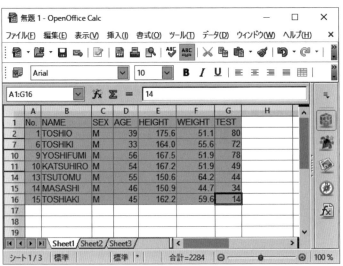

図 4.33
フィルタの実行結果［OpenOffice 4 Calc］

演習 **38**

みなさんが利用している表計算ソフトウェアで，並べ替えやフィルタ以外にどのような機能があるかを調べてください。また，それらがどのような場面で便利に利用できるかを，実際に利用して評価してみてください。

4.2.3.2　相対番地と絶対番地

4.2.2.1 項で述べたように，セルの番地を使った式をコピーしたときは，番地そのものがコピーされるのではなく，セル同士の相対的な位置関係がコピーされます。そして，この機能があるために，表計算ソフトウェアのコピー機能は非常に有効に利用できるのです。

しかし，常に特定のセルを参照するような場合には，この機能が逆に災いして，うまくコピーできません。例えば，九九の表を作成することを考えてみましょう。まず，図 4.34 のように 1 〜 9 の値を入力した行と列を作ります。

セル［B2］には，九九の「1 かける 1 は 1」に相当する計算が入るので，計算式は "＝A2*B1" となります。［B3］は「2 かける 1」を表す "＝A3*B1"，［B4］は「3 かける 1」を表す "＝A4*B1"，…というように，隣りのセルを指し示す "A" は順次変化しているものの，"B1" は変化していません。そのため，［B2］の式をそのまま連続的にコピーすることはできません。

この場合には，セルの相対的な位置関係ではなく，セルの "絶対的な" 位置を示すことができれば都合がよいわけです。表計算ソフトウェアでは，このような，絶対的な位置を示す方法が用意されています。OpenOffice Calc では，変化させたくない行や列の記号の前に "$" の記号をつけることで，コピーによって変化しない絶対的な位置を指定することができます。"$" をつけた位置指定を**絶対番地指定**と呼びます。これに対して，これまで使ってきたような連続的な複写によって変

	A	B	C	D	E	F	G	H	I	J
1		1	2	3	4	5	6	7	8	9
2	1									
3	2									
4	3									
5	4									
6	5									
7	6									
8	7									
9	8									
10	9									
11										

図 4.34
九九の表の作成

化することを許す位置指定を**相対番地指定**と呼びます。

相対番地指定	行や列の複写や移動する方向に従って，指し示す場所が相対的に変化する
絶対番地指定	行や列の複写によっても，それぞれが指す場所が変化しない

　図 4.34 に示した九九の表の場合，［B2］に "＝A2*B$1" と入れることで，縦方向に複写しても，"＝A2*B$1" → "＝A3*B$1" → "＝A4*B$1" …といった具合に，式中のセルの位置が変化することになります。絶対番地指定には，以下の 3 通りの指定方法があります。

B1	常にセル［B1］を参照し，どこにコピーしても行も列も不変
$B1	"B" すなわち列のみ不変。したがって，行方向（横方向）に複写しても位置は不変であるが，列方向（縦方向）には変化する
B$1	"1" すなわち行のみ不変。したがって，列方向（縦方向）に複写しても位置は不変であるが，行方向（横方向）には変化する

　なお，絶対番地を指定するには，キーボードで "$" を直接入力する方法以外に，キーボードの "F4" キーを使用する方法があります。数式の中で指定したい箇所でこのキーを押すと，その回数に応じて "B1" → "B1" → "B$1" → "$B1" → "B1" のように指定方法が変化します[41]。

演習 39

みなさんが利用している表計算ソフトウェアで，絶対番地の指定方法を調べてみてください。

演習 40

［B2］に入れる "＝A2*B$1" という式を，さらに行方向（横方向）にもコピーできるようにするためには，どのように絶対番地指定をすればよいか考えてください。その式を用いて，20 の段までの九九の表を完成させてください。

---

41. この機能は，システムとソフトウェアによって異なっています。Windows では Microsoft Excel が "F4"，OpenOffice Calc が Shift+ "F4" となっています。一方，MacOS では "F4" に機能が割り当てられているため Microsoft Excel は command+"T" を割り当てているものの，OpenOffice Calc は残念ながらこの機能を利用できなくなっています。

4.2.3.3　CSV 形式のデータファイル

　表計算ソフトウェアのデータファイルも，他の多くのアプリケーションと同様に，文字や数値のデータ以外にグラフやレイアウトなどのソフトウェア特有の制御コードが含まれています。そこで，多くの表計算ソフトウェアでは，そのソフトウェア専用のファイル形式だけではなく，よく利用されているいくつかのファイル形式でも読み出しや保存ができるようになっています。

　しかし，表計算ソフトウェアの機能はそれぞれ異なっていますので，他のファイル形式のデータはかならずしも完全に同じ形で再現できるとは限らず，対応しているファイル形式であるにもかかわらず，データがまったく読めない場合さえあります。そこで，他のコンピュータや他の人と確実にデータをやりとりする方法として，グラフやセルのレイアウト形式を除いて各セルのデータだけをテキスト形式で保存する方法がよく利用されています[42]。このような形式は CSV（Comma Separate Value）形式と呼ばれ，その略称どおりに表の各セルのデータをカンマ“,”で区切った形で保存したものです。例えば，図 4.9（p.151）の表に示された情報は，CVS 形式では図 4.35 のように表現されます。CSV 形式は，ほとんどの表計算ソフトウェアで基本的なファイル形式として取り扱えるため，近年 Web ページ上に多数載せられるようになった統計表も，CSV 形式でダウンロードできるものをよく見かけます[43]。また，CSV 形式で表現されたデータであれば，容量が小さいため電子メールの添付ファイルとしても適当なだけではなく，電子メールの本文内に取り込むことさえ可能です。

```
区分 , 学校数 , 在籍者数 ,
,, 男 , 女
幼稚園 ,14690,907898,881625
小学校 ,24376,4020241,3835146
中学校 ,11257,2289781,2191699
高等学校 ,5496,2193803,2177557
短期大学 ,595,43821,402929
大学 ,586,1734356,899434
```

図 4.35
CSV 形式のデータ表現

---

42. 表計算ソフトウェアに必要なセルのデータさえ取り込めてしまえば，グラフ化や作表などは比較的簡単にできることでしょう。

43. 最近では Microsoft Excel 形式が利用されることもありますが，OpenOffice Calc では Microsoft Excel 形式のファイルを読み込んだり，あるいは Microsoft Excel 形式で保存することもできます。

演習 **41**

経済産業省や文部科学省の Web ページから統計データを探し出し，それらのデータ形式を調べてみましょう。また，それらのデータを実際にダウンロードして，みなさんが利用している表計算ソフトウェアで利用できるかどうかを調べてください。

4.3　シミュレーションによるオリジナルな情報の創造

シミュレーションは，模擬実験とも呼ばれ，現実の世界に存在する，あるいは思考により考え出された系（システム）のモデル[44]を作り，それを使って実験することを指します。今日では多くのモデルがコンピュータ上に作り出され[45]，複雑な物理現象の解明から，工場や仕事場での作業分析や設計，経済予測，組織の問題解決など数多くの領域で利用されています。シミュレーションというと飛行機のフライトシミュレータのように複雑な現実の世界を再現したり，コンピュータゲームや景観シミュレータのように未知の，あるいは仮想的な世界を体験できるものと考える人も多いかもしれませんが，かならずしもそのようなコンピュータグラフィックスを多彩に用いたものばかりではありません。ここでは，表計算ソフトウェアを用いて私たちの日常の意思決定に役立つ簡単なシミュレーションを考えてみましょう。

4.3.1　意思決定を支援する What if 分析

私たちはよく "もし～だったら，どうなるのか？"[46] というような問題提起をします。簡単なモデルとして対象を頭に思い描くことができれば，コンピュータを用いるまでもないでしょう。しかし，多くの計算を繰り返す必要があったり，細かい制約条件があったりする場合には，それらを想定される状況に応じていちいち考えるのには大変な労力が必要になります。このような What if 型の疑問や問題提起を分析することは，私たちの行動の意思決定を支援する情報を提供することになるため，**意思決定支援**とも呼ばれています。これらは企業や組織の活動においてよく用

---

44. このモデルは特に "シミュレーションモデル" と呼ばれています。コンピュータ処理のほとんどはシミュレーションであるといっても過言ではありません。ワープロでさえ，文字を表示し，配置し，並べ替えることで，紙に書くことをシミュレーションしているともいえるからです。そして，私たちは "ここにこの文章や文字を入れたらどうなるか？" を常に実験しているともいえるのではないでしょうか。

45. コンピュータが登場する以前には大がかりなジオラマのような模型を使ったりした複雑な機械的装置が中心でした。

46. これが "What if ～？" にあたるので，このような問題分析方法を "What if 分析" と呼びます。

いられてきましたが，多くの新しいサービスや商品が提供される今日では，私たちの日常的な生活においても必要とされる場面が増えてきています。

What if 分析には，目標とする状態や制御要素などを数値化した意思決定の基本構造（モデル）が必要です。しかも，モデルは工場や仕事場での作業分析や設計，経済予測，組織の問題解決など対象によって異なります。そのため，多くの場合には他の問題用のモデルを対象とする問題状況に合わせて改修したり，新たなモデルを構築することになります。ここでは，表計算ソフトウェアを使い，私たちの日常の意思決定に役立つ簡単なモデルを用いた意思決定支援を考えてみましょう[47]。What if 分析のための一連の手順は以下のようになります。

①　意思決定の対象となる問題を数値的にモデル化する

②　モデルをコンピュータ上に表現し，分析する

③　分析結果からモデルの妥当性を検証し，必要に応じてモデルを修正する

④　完成したモデルを用いて想定される状況を分析し，それらの状況を評価する

①　意思決定の対象となる問題を数値的にモデル化する

コンピュータができることは基本的には数値計算とデータの比較です。そのため，問題を分析するモデルは，数値と論理を用いた式で表現されていなければなりません。式で表されるモデルというと複雑な方程式のようなものを思い浮かべるかもしれませんが，まず単純で簡単なモデルとして考えることが重要です。

身近な例として，ある家計の収支状況をモデル化して5年後にいくら貯蓄できるかを考えてみましょう。この家計は月に1回支給される給料によって賄われ，主たる支出は生活費で占められているものとします。月々の給料と生活費は一定で，すべての収入からすべての支出をひいた残りはすべて貯蓄されるものとします[48]。このように言葉で表された事柄を式の形で表現すると以下のように表すことができます。

年間総収入 ＝ 給料×12（ヶ月）

年間総生活費 ＝ 生活費×12（ヶ月）

年間貯蓄額 ＝ 年間総収入－年間総生活費

---

47. ここでの学習を終えたら，みなさんも独自のモデル作りにぜひ挑戦してみてください。

48. 本来は所得税や消費税を計算しなければなりませんが，ここではそれらはすでに差し引かれたものとして考えています。

　モデル化に際して重要なことは数学で使われる x, y のような抽象的な記号ではなく，“給料”や“生活費”といった具体的な用語をそのままモデル式の中に用いていることです。そして，式の左辺に定義する用語を一つ置き，それを得るための方法を式の右辺に示すことです。例えば，最初の式は“年間の総収入は12ヶ月分の給料である”ということを表しており，式の左辺にある“年間総収入”の定義を右辺で与えていることになります。また，モデル化に際して注意すべきことは，モデル内に登場する“給料”のような用語がすべて定義されているか，あるいはデータ取得可能かどうかということです。このモデルでは，“給料”，“生活費”にデータが与えられると想定されています。したがって，それ以外の用語はすべてモデルの中で定義されていなければなりません。そこで，上記のモデルを検証してみましょう。

年間総収入 ＝ 給料×12（ヶ月）

年間総生活費 ＝ 生活費×12（ヶ月）

年間貯蓄額 ＝ 年間総収入－年間総生活費

　モデルで示された式は，その式の左辺に登場した用語を定義しているわけですから，式の左辺には直接データが与えられる用語は置きません。また，同じ用語が2回以上左辺に登場している場合は，余計な定義をしているか，定義が矛盾している可能性があるので，再度検討が必要です。式の右辺に登場する用語すべてにデータが与えられていれば，その式の左辺の用語は定義されたことになります。先のモデルで，データが与えられる用語に網掛けをすると，右辺が網掛けの用語だけで表されているのは，“年間総収入”と“年間総生活費”であることがわかります。下線を引いたこの二つの用語が定義済み用語となったので，“年間貯蓄額”の定義が確定し，モデル内のすべての用語の定義ができたことになります。このように，モデルの中に登場するすべての用語が定義できていれば，そのモデル化が完了したことになります[49]。

　次に今後の給料と生活費は毎年一定の割合で増加するものと仮定する[50]と，翌年の給料と生活費は次の式で表すことができます。

翌年の給料＝今年の給料 ×（1＋給料のアップ率）

翌年の生活費＝今年の生活費 ×（1＋生活費の上昇率）

翌年の貯蓄残高＝現在の貯蓄残高 ＋ 今年の年間貯蓄額

49. ここではモデル式に未定義がなく，形式的にモデルが検証できたことを示しています。構築したモデルから得られた結果の妥当性の検証は，次のステップで必要になります。

50. 基本的にインフレーションが進むものと仮定した場合です。

　通常，給料のアップ率や生活費の上昇率は"3%アップ"や"5%の上昇"のように与えられます。それは金利計算の利率と同様に増減部分のみを表していますので，翌年の給料や生活費の額は現在を100%とすれば103%や105%となります。また，貯蓄残高は1年間経過したら増えると考えるほうが簡単ですので，今年の年間貯蓄額は現在（今年初め）の貯蓄残高と合算されて翌年の貯蓄残高になるとして計算します。この式を繰り返し用いることによって，現在を基本として翌年以降の年ごとの貯蓄額を計算でき，5年後の貯蓄残高を予測できるのです。

②　モデルをコンピュータ上に表現し，分析する

　①で考えたモデルを，表計算ソフトウェアを使ってコンピュータ上に表現してみましょう。この規模のモデルをコンピュータ上に表現するには，一般のプログラミング言語やシミュレーション用の言語などを用いるまでもなく，表計算ソフトウェアで容易に，かつ十分な結果を得ることができます。

　まず，図4.36のようにモデル内に登場するすべての用語を書き出します。その際，はじめからデータとして与えるものと，計算によって得られるものとを意識的に分けておくと，後の処理がわかりやすくなるでしょう。さらに，上の例では，はじめからデータとして与えるものでも，[A2] ～ [A3] に示されている変化率のように変わる可能性があるものと，現在の給料や生活費のように計算の基礎として確定しているものとを分けています。では，現在の状態（初期値）が以下のようになっているとして，1年後の年間貯蓄額を算出してみましょう。

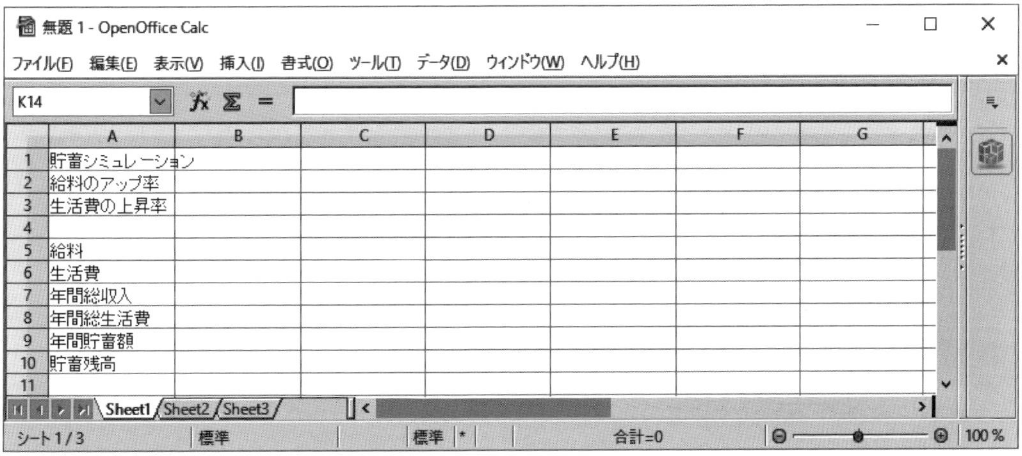

図 4.36
モデルに登場する用語の書き出し

給料	200,000 円
生活費	150,000 円
給料のアップ率	3%
生活費の上昇率	5%
貯蓄残高	0 円

　図4.37の中で，スプレッドシートの上の入力枠中には"年間貯蓄額"を計算するセル［B9］の内容が示されていて，"＝B7−B8"という式は"年間総収入［B7］− 年間総生活費［B8］"を意味しています。

　次に，このモデルの条件に従って5年間働いた場合に貯蓄残高がいくらになるかを求めてみましょう。貯蓄額は年に一度一括して貯蓄するものとし，ここでは簡単のために金利はつかないものとします。最初の年の貯蓄残高は0円です。まず，給料は毎年3％ずつアップすると考えているので，翌年の給料［C5］は現在の給料［B5］にアップ率を見込んだ金額を計算する式を入れます。その次の年の給料［D5］も同様にして計算し，図4.38のように5年後までの給料を計算させます。このとき，アップ率についてはその数値が示されている［B2］を参照して利用するようにします。このように特定のセルの値を参照することで，後で給料のアップ率が変化したとき，［B2］や［B3］のような特定のセルの値を変化させるだけで，5年後の貯蓄残高を容易に求めることができるようになります。同様に［B3］を参照して5年後までの生活費が計算できます。

　1年後の貯蓄残高［C10］は，今年の貯蓄残高［B10］に今年の年間貯蓄額［B9］

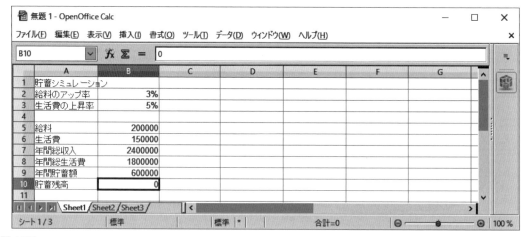

図 4.37
初期値および初期状態の設定

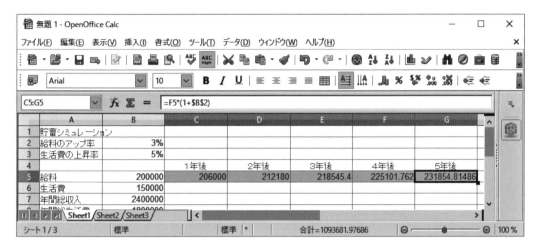

図 4.38
給料の計算

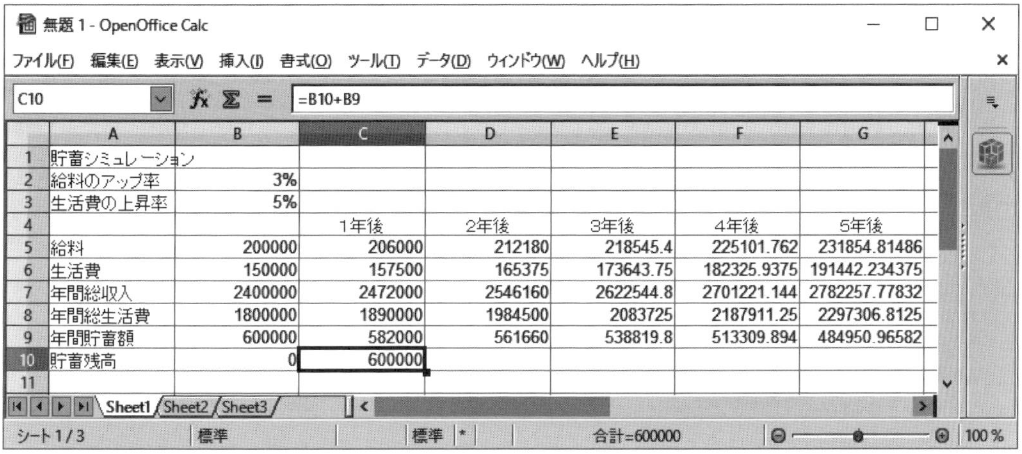

図 4.39
貯蓄残高の算定式入力

を加えたものとなるので，図 4.39 に示したように［C10］には "＝B10＋B9" が入ります。翌年以降も同様に計算できるので，この式はそのまま複写して利用できます。

　このような手順に従って，図 4.40 のように貯蓄シミュレーションの表を完成させます。なお，各セルは図のように小数点以下を四捨五入して表示するように設定されている場合がありますが，シミュレーションに備えて，給料のアップ率と生活費の上昇率を指定する二つのセルは，いつも小数点以下 4 桁くらいを表示するように書式を変更しておくとよいでしょう。

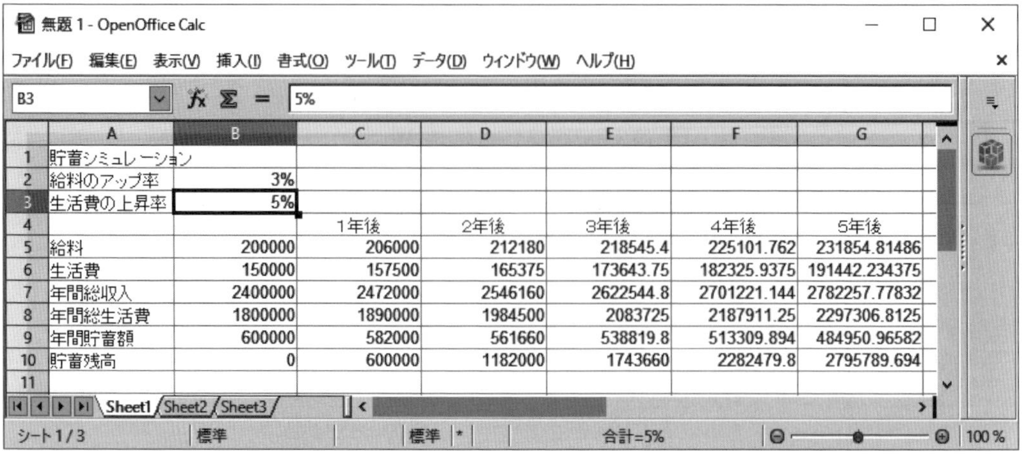

	A	B	C	D	E	F	G
1	貯蓄シミュレーション						
2	給料のアップ率	3%					
3	生活費の上昇率	5%					
4			1年後	2年後	3年後	4年後	5年後
5	給料	200000	206000	212180	218545.4	225101.762	231854.81486
6	生活費	150000	157500	165375	173643.75	182325.9375	191442.234375
7	年間総収入	2400000	2472000	2546160	2622544.8	2701221.144	2782257.77832
8	年間総生活費	1800000	1890000	1984500	2083725	2187911.25	2297306.8125
9	年間貯蓄額	600000	582000	561660	538819.8	513309.894	484950.96582
10	貯蓄残高	0	600000	1182000	1743660	2282479.8	2795789.694
11							

図 4.40
貯蓄シミュレーションに関わる変数表示の変更

演習 42

1 年後の給料［C5］を計算するときに，“＝B5*(1＋0.03)”を用いるのと，“＝B5*(1＋B2)”を用いるのとでは，何がどう異なるのかを考えてください。また，［C5］の式をそのままで複写して利用できるかどうかを試してください（4.2.3.2 項を参照）。

③ 分析結果からモデルの妥当性を検証し，必要に応じてモデルを修正する

シミュレーションモデルの妥当性を検証する前に，モデルを正しく表現できたかどうかの正当性を確認しなければなりません。シート上にモデルを構築できると，多くの人はすぐにシミュレーションしたくなるでしょう。しかし，その挙動の正当性や妥当性の検証をせずにいきなりシミュレーションすることは，完成したばかりのロケットでテスト飛行なしにいきなり月へ行くのと同様の危険性があります[51]。

動作確認のためには，各セルに入れられた式が正しく表現されているかどうかを，わかりやすい数値を使って計算してみるとよいでしょう。例えば，変化率 0%，100%というような極端な数値やキリのよい数値を入れてみるわけです。給料のアップ率と生活費の上昇率の双方を 0%にすると，給料も生活費も年次変化しないので，貯蓄残高は毎年 60 万円ずつが加えられることとなり，5 年後には 300 万円となるはずです（図 4.41）。

51. 人命に関わらなくても，そこで得られた結果に振り回されたり，その結果の検証に手間どったり，かえって後々手間がかかることにもなるので，事前に十分な検証をしなければなりません。

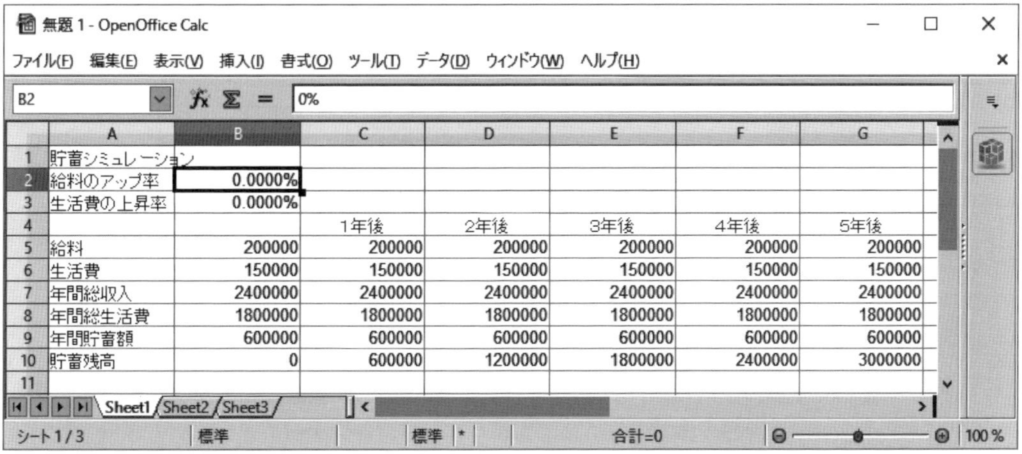

	A	B	C	D	E	F	G
1	貯蓄シミュレーション						
2	給料のアップ率	0.0000%					
3	生活費の上昇率	0.0000%					
4			1年後	2年後	3年後	4年後	5年後
5	給料	200000	200000	200000	200000	200000	200000
6	生活費	150000	150000	150000	150000	150000	150000
7	年間総収入	2400000	2400000	2400000	2400000	2400000	2400000
8	年間総生活費	1800000	1800000	1800000	1800000	1800000	1800000
9	年間貯蓄額	600000	600000	600000	600000	600000	600000
10	貯蓄残高	0	600000	1200000	1800000	2400000	3000000
11							

図 4.41
極端な変数値によるモデルの動作検証（1）

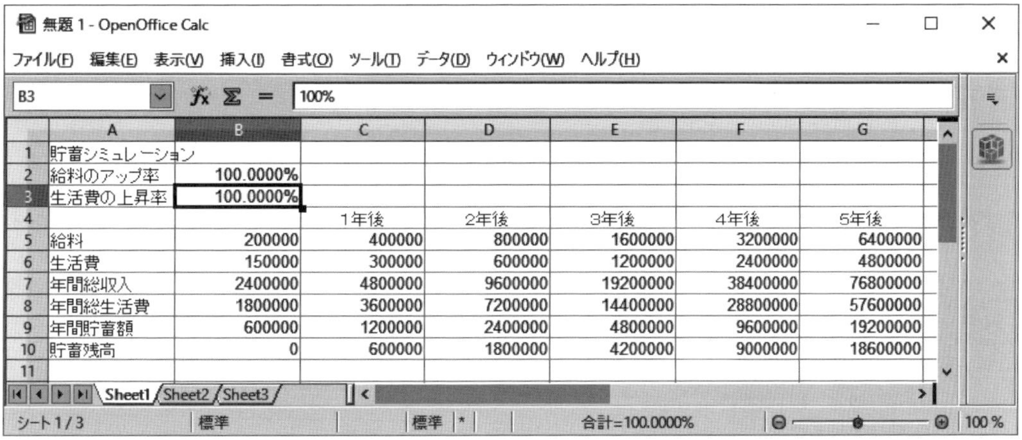

	A	B	C	D	E	F	G
1	貯蓄シミュレーション						
2	給料のアップ率	100.0000%					
3	生活費の上昇率	100.0000%					
4			1年後	2年後	3年後	4年後	5年後
5	給料	200000	400000	800000	1600000	3200000	6400000
6	生活費	150000	300000	600000	1200000	2400000	4800000
7	年間総収入	2400000	4800000	9600000	19200000	38400000	76800000
8	年間総生活費	1800000	3600000	7200000	14400000	28800000	57600000
9	年間貯蓄額	600000	1200000	2400000	4800000	9600000	19200000
10	貯蓄残高	0	600000	1800000	4200000	9000000	18600000
11							

図 4.42
極端な変数値によるモデルの動作検証（2）

一方，双方とも 100％の場合は，給料と生活費が毎年倍々に増えていくことになり，年間貯蓄額も同様に倍々に増えていくはずです。1 年後には 2 倍，2 年後には 4 倍になり，5 年後には 2^5 倍，つまり 32 倍になりますから，給料は 20,000 円が 640,000 円に，生活費は 15,000 円が 480,000 円になれば正しく計算されていることになります。また，年間貯蓄額もこれに連動して倍々に増えるので [52]，最初の年の

52. 給料や生活費に連動して年間貯蓄額が同様に倍々に増えることは，年間貯蓄額の定義から証明できるので，各自でやってみてください。

32倍になります（図4.42）。これらを確認した後，さらに給料と生活費を一方ずつ変化させてみて計算が正しければその動作はほぼ間違いないと考えられます[53]。

演習 43

このシミュレーションモデルを用いて，以下の二つの初期値に対する計算値が正しいかどうかを判定してください。

- 給料のアップ率が0％で生活費の上昇率が100％であるときの状態
- 給料のアップ率が100％で生活費の上昇率が0％であるときの状態

モデルの正当性は，以上のような手順によって確認できますが，モデル自体の妥当性は実際にいくつかのシミュレーションを行って，そこで得られた解が期待するものであったか否かによって評価しなければなりません。例として用いたモデルは非常に簡素化しているので，より現実に近づけるためにはモデルをさらに詳細化しなければならないことはあらためて指摘するまでもありません。ここでは，このモデルが妥当であるとの立場で，次のステップへ進みますが，モデルの修正・更新については章末の課題4-9で考えてみてください。

④ 完成したモデルを用いて想定される状況を分析し，それらの状況を評価する

このモデルの条件に従って5年間働いた場合の貯蓄額をシミュレーションしてみましょう。初期値として与えられているように，給料のアップ率が3％で生活費の上昇率が5％であるとすると，図4.40（p.190）に示されているように5年後の貯蓄残高は2,795,789.69円[54]となります。では，もし生活費の上昇率を少々抑制できるとするならば，上昇率を年何％以下に抑えると5年後の貯蓄残高が300万円になるかを考えてみましょう。

まず，生活費の上昇率を4％にしてみても5年後の貯蓄残高はまだ300万円未満ですので，300万円以上にするためには3％にしなければならないことがわかります。次に1桁精度を上げて，3.5％としてみても300万円以上ですし，3.9％としても300万円未満とはなりません。ですので，3.90～3.99％の間に求める解があることが想定できます。この過程を繰り返していくと，図4.43に示すようにこのモデルの下で5年で300万円貯蓄するためには，生活費の上昇率を小数4桁の精度で3.9617％以下に抑えなければならないことがわかります[55]。

---

53. 場合によっては，一方のセルだけを間違って参照していたり，参照するセルを間違っている可能性もありますので，二つ以上のセルを同時に変化させるだけでは調査不足です。

54. 現実的には整数値のみで計算すべきですが，ここでは簡単に表現および計算するために，便宜的に小数で表現しています。

55. さらに細かく求めることも可能ですが，これはラフなモデルなので小数点以下4桁でも細かすぎるくらいです。

	A	B	C	D	E	F	G
1	貯蓄シミュレーション						
2	給料のアップ率	3.0000%					
3	生活費の上昇率	3.9617%					
4			1年後	2年後	3年後	4年後	5年後
5	給料	200000	206000	212180	218545.4	225101.762	231854.81486
6	生活費	150000	155942.55	162120.526003	168543.254882	175220.433011	182162.140905
7	年間総収入	2400000	2472000	2546160	2622544.8	2701221.144	2782257.77832
8	年間総生活費	1800000	1871310.6	1945446.31204	2022519.05858	2102645.19613	2185945.69086
9	年間貯蓄額	600000	600689.4	600713.68796	600025.741416	598575.947872	596312.087457
10	貯蓄残高	0	600000	1200689.4	1801403.08796	2401428.82938	3000004.77725
11							

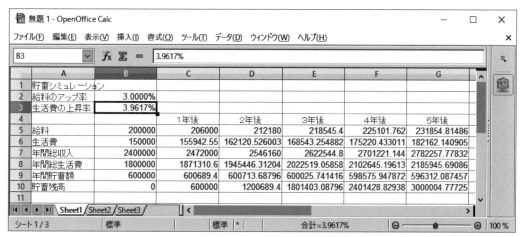

図 4.43
生活費の上昇率の変更例

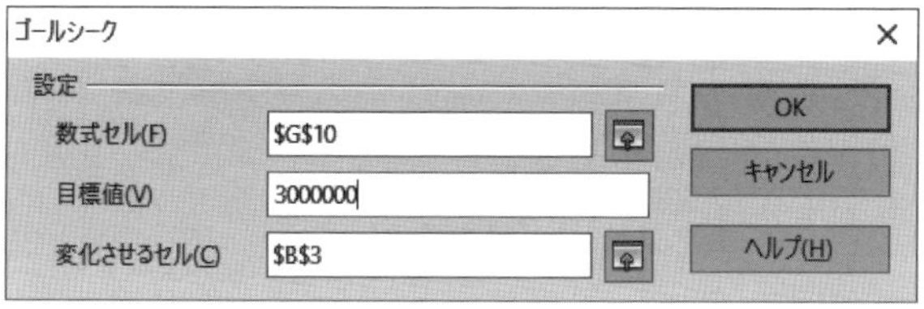

図 4.44
ゴールシークの設定ウィンドウ例［OpenOffice 4 Calc］

以上のような手順によって，目標値を達成するための変化率を求めることができますが，ここに示したように何度かの試行錯誤によって変化率を推定していかなければなりません。この操作を支援するために，いくつかの表計算ソフトウェアでは**ゴールシーク**と呼ばれる目標値から逆算するツールが用意されています。ゴールシークのようなツールを利用する場合，図 4.44 に示したように目標値が表示されるセル（ここでは 5 年後の貯蓄残高を表す［G10］）を指示し，その最終目標値（3,000,000）を決めます。そして，この目標値を得るために変化させるセル（ここでは生活費の上昇率を表す［B3］）を指示して，処理をスタートさせます。

ゴールシークの結果は，次ページの図 4.45 に示すように変化させるセル内に表示されます。その値は，図 4.45 にも示されているように手で計算する以上に高い精度で計算されます。

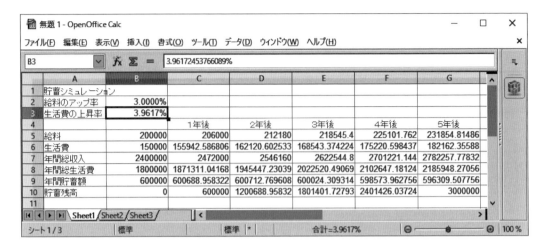

図 4.45
ゴールシークによる計算結果

演習 44

生活費の上昇率5%を変えることはできないが，出来高払い制の給料やアルバイト収入によって給料のアップ率を変えられるとするならば，年何%のアップ率となれば5年後に300万円の貯蓄を得ることができるか計算してください。利用している表計算ソフトウェアにゴールシーク機能があれば，それも利用してみましょう。

4.3.2　不確実な状況での意思決定支援

　不確実な状況を表すには，4.2.2.2 項（3）に紹介したように，参照するたびに規則性がないランダムな数字を示す乱数関数を用います。シミュレーションの手順に関しては乱数を用いない場合と同じですが，乱数によって毎回異なる実行結果が得られます。これを何回も繰り返して得られた数多くの結果を確率的や統計的に処理することで，不確実性を伴った予測結果を得ることができるのです。このような方法によって，将来起こるであろう事柄がどのくらいの確率で発生するか，あるいはある確率で発生する現象の影響などを調べることができます。また，確率的に発生する状況変化に応じた操作を実時間で求めたりすることで，フライトシミュレータのような機械の操作訓練やビデオゲームなどに利用することもできます。

① 　意思決定の対象となる問題を数値的にモデル化する

　乱数を用いた簡単なシミュレーションとして，ケーキを製造して販売する店の利

益がどのようになるかを考えてみましょう。この店は朝その日に販売する生ケーキをすべて製造し，売れ残ったケーキは処分しているものとします。また，客は1人につき1個だけケーキを買うこととします。

　売り切れてしまったときは客が来てもケーキは補充されません。逆に製造したケーキが売れ残ってしまった場合には，その製造費用が損失となって利益が減少することになります。これをケーキ1個当たりの利益と製造費を用いて式の形で表現すると以下のようになります。

　　　ケーキの製造数が来客数より少ないとき：
　　　　　総利益 ＝ 製造数 × 利益
　　　ケーキの製造数が来客数より多いとき：
　　　　　総利益 ＝ 来客数 × 利益 －（製造数 － 来客数）×製造費

　いま，ケーキ1個当たりの利益や製造費が以下のようになっており，1日の来客数が0〜9名の一様乱数に従うとして考えてみます。

利益	100 円
製造費	100 円
来客数	9 名以下の一様乱数

　この場合，1日最大9個まで売れる可能性があるわけですから，1日9個の製造数としては1〜9個を想定することとなります。

②　モデルをコンピュータ上に表現し，分析する

　表計算ソフトウェアは，プログラミング言語を用いる場合とは異なり，一つの式やモデルの値を変えながら繰り返し計算させることは簡単にはできません[56]。そこで，次ページの図4.46のように同じモデルに従った計算式を繰り返しに必要な個数だけ複写して利用します。図4.46では1日1〜9個製造した場合のそれぞれの総利益を求めるように表現しています[57]。

　製造数として，[B3] 〜 [J3] に1〜9を一つずつ入れます。[A8] では0以上1未満の一様乱数を得る関数 rand（ ）を10倍し整数に変換して用いており，0〜9の整

56.　ソフトウェアによっては BASIC や C 言語のように記述できるマクロ言語が用意されているものもあるので，興味のある人はぜひそれでシミュレーションを試してみてください。

57.　ここでの利益や製造費のように，このタイプのシミュレーションでは一つの用語でありながら複数の数値が割り当てられるものはワークシート上に明示されませんので，先のシミュレーションと異なり，すべての用語は登場していません。

図 4.46
モデル式の入力例

数値が発生します。例えば，OpenOffice Calc や Microsoft Excel では "＝int（rand（）*10)" のように記述することで実現できます。

演習 45

みなさんが利用している表計算ソフトウェアで，整数に変換する関数と一様乱数を発生する関数の記述方法を調べてください。そして，0〜9の整数値を発生させてみてください。

　［B8］では［B3］の製造数と［A8］の来客数に対する利益を計算しています。このセルがこのシミュレーションのモデル式を詰め込んだ部分となっているのですが，その式は先の総利益を求める式に対応して次のように記述されています。

　　もし来客数［A8］が製造数［B3］以上であれば，総利益は
　　　　製造数［B3］× 100 円
　　となるが，そうでなければ，総利益は
　　　　来客数［A8］× 100 円 -（（製造数［B3］- 来客数［A8］）× 100 円）
　　となる

　この式の定義で重要なことは，式を多数複写して用いるので，絶対番地と相対番地をうまく指定して，複写しても正しいセルを参照できるように定義しておくことです。発生させる乱数（来客数）は，ここでは1〜9すべての製造数に対して共用し，9種類の利益を計算します。この式は，右方向に複写する場合には来客数［A8］を参照し続けますが，下方向に複写した場合は別の来客数が入っているセル［A9］以下を参照しなければなりません。その一方で，製造数は各列の3行目のセ

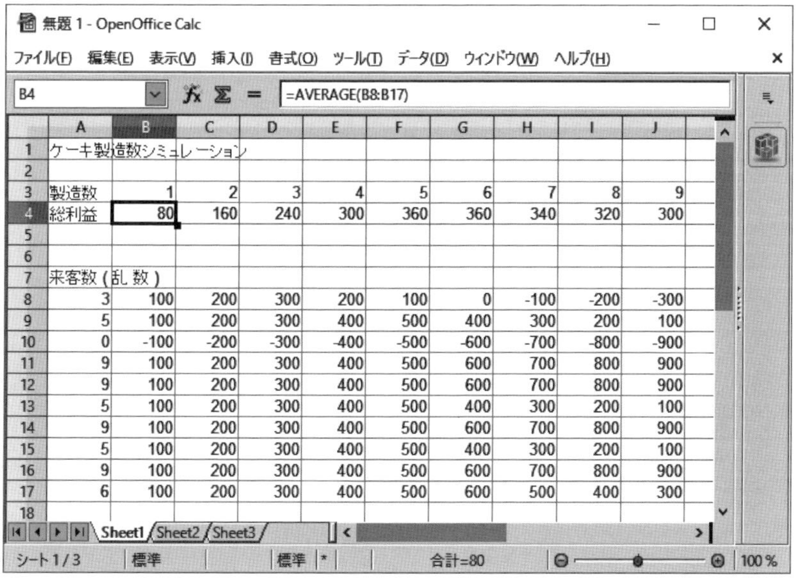

	A	B	C	D	E	F	G	H	I	J
1	ケーキ製造数シミュレーション									
2										
3	製造数	1	2	3	4	5	6	7	8	9
4	総利益	80	160	240	300	360	360	340	320	300
5										
6										
7	来客数（乱数）									
8	3	100	200	300	200	100	0	-100	-200	-300
9	5	100	200	300	400	500	400	300	200	100
10	0	-100	-200	-300	-400	-500	-600	-700	-800	-900
11	9	100	200	300	400	500	600	700	800	900
12	9	100	200	300	400	500	600	700	800	900
13	5	100	200	300	400	500	400	300	200	100
14	9	100	200	300	400	500	600	700	800	900
15	5	100	200	300	400	500	400	300	200	100
16	9	100	200	300	400	500	600	700	800	900
17	6	100	200	300	400	500	600	500	400	300
18										

図 4.47
10 個の乱数による繰り返し処理の表現

ルを参照しなければなりません。そのため，図 4.46 に示されたセル［B8］の式のように，来客数は列方向の“A”のみを固定し，製造数は行方向の“3”のみを固定しておくのが最も効果的な表現となります。

図 4.47 には，10 個の乱数を発生させてシミュレーションを 10 回繰り返す場合が表現されています。つまり，［B8］以下の B 列で計算されている数値は，1 日 1 個製造したときに得られる総利益を 10 回計算させたときの各回の結果を表しています。したがって，1 日 1 個製造したときの総利益の期待値は，B 列に表れた総利益の平均で求められます。同様に，C ～ J の各列の平均によってそれぞれの製造個数に応じた期待される総利益を得られるのです。

演習 46

みなさんが使用している表計算ソフトウェアで，ある範囲の平均値を計算する関数があるかどうか調べ，あればその関数を使って総利益の平均値を計算してください。

③　分析結果からモデルの妥当性を検証し，必要に応じてモデルを修正する

まず，シミュレーションモデルが間違いなく表現できているかどうかを，来客数と製造数に対する個別の利益を通して確認します。図 4.41，図 4.42（p.191）の例と同様に，0 や 9 といった極端な来客数に対する結果を確認した後，その他の数値

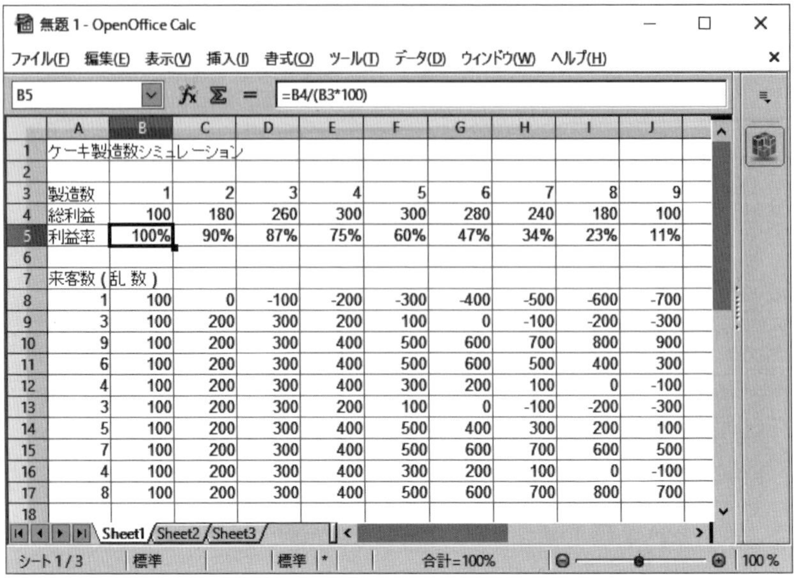

	A	B	C	D	E	F	G	H	I	J
1	ケーキ製造数シミュレーション									
2										
3	製造数	1	2	3	4	5	6	7	8	9
4	総利益	100	180	260	300	300	280	240	180	100
5	利益率	100%	90%	87%	75%	60%	47%	34%	23%	11%
6										
7	来客数 (乱 数)									
8	1	100	0	-100	-200	-300	-400	-500	-600	-700
9	3	100	200	300	200	100	0	-100	-200	-300
10	9	100	200	300	400	500	600	700	800	900
11	6	100	200	300	400	500	600	500	400	300
12	4	100	200	300	400	300	200	100	0	-100
13	3	100	200	300	200	100	0	-100	-200	-300
14	5	100	200	300	400	500	400	300	200	100
15	7	100	200	300	400	500	600	700	600	500
16	4	100	200	300	400	300	200	100	0	-100
17	8	100	200	300	400	500	600	700	800	700
18										

図 4.48
表示項目の追加修正

についていくつか調べてみるのがよいでしょう。そして，総利益が個別の利益の平均値になっているかどうかを確認します。このようにして，モデルの表現に関する検証ができます。

続いてモデルの妥当性について考えてみましょう。実際には 1 人の客が複数のケーキを購入したり，売れ残ったケーキを割り引きして販売したり，日々予測を立てて製造数を決めるのが現実的な取り組みと考えられますが，ここではあくまでも来客数は予測ができず，確率的に販売個数が決まるものと考えています。総利益の具体的な値はともかく，5 ～ 6 個の製造数で総利益が最大となる結果は与えられた条件下では違和感はないでしょう。ただし，ここで 5 個か 6 個かという最終的な意思決定にあたっては，単純な総利益だけではなく，総製造費と総利益との対比である利益率が重要です。そこで，図 4.48 に示すように意思決定の目安として利益率を計算するセルを付け加えることとします。利益率は総利益を総製造費で割ることで求められます。

④　完成したモデルを用いて想定される状況を分析し，それらの状況を評価する

シミュレーション部分をさらに複写し，1,000 個の乱数を発生させて，総利益と利益率を求めたのが図 4.49 です。さらに，再計算機能を用いてこのシミュレーションの乱数部分を何回か発生させて計算結果を集計すると精度をより向上できます。図 4.49 でも示されているように，総利益が最も高いのは製造数が 5 の場合ですが，

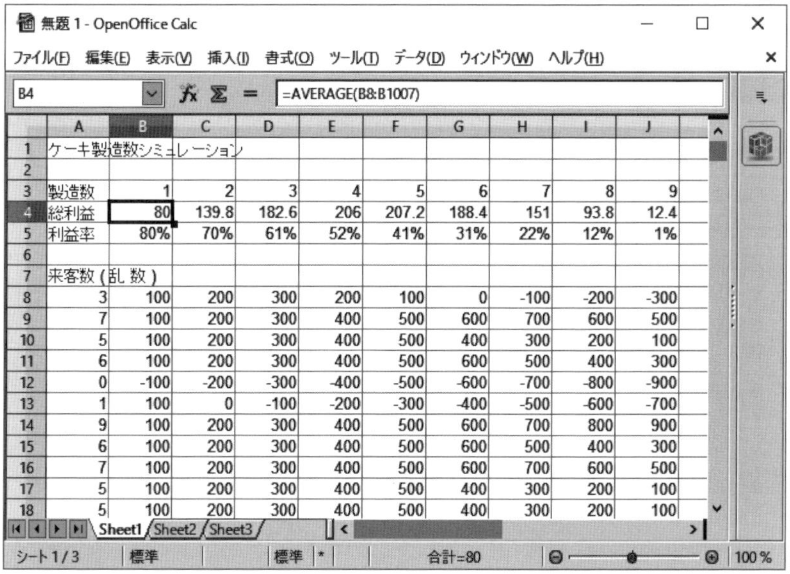

	A	B	C	D	E	F	G	H	I	J
1	ケーキ製造数シミュレーション									
2										
3	製造数	1	2	3	4	5	6	7	8	9
4	総利益	80	139.8	182.6	206	207.2	188.4	151	93.8	12.4
5	利益率	80%	70%	61%	52%	41%	31%	22%	12%	1%
6										
7	来客数(乱数)									
8	3	100	200	300	200	100	0	-100	-200	-300
9	7	100	200	300	400	500	600	700	600	500
10	5	100	200	300	400	500	400	300	200	100
11	6	100	200	300	400	500	600	500	400	300
12	0	-100	-200	-300	-400	-500	-600	-700	-800	-900
13	1	100	0	-100	-200	-300	-400	-500	-600	-700
14	9	100	200	300	400	500	600	700	800	900
15	6	100	200	300	400	500	600	500	400	300
16	7	100	200	300	400	500	600	700	600	500
17	5	100	200	300	400	500	400	300	200	100
18	5	100	200	300	400	500	400	300	200	100

図 4.49
完成したシミュレーションシート

約 1.5%の利益向上のために利益率が 10%も減少していることがわかります。つまり，それだけ損失として廃棄するケーキが増えているわけです。単純に総利益の最大化を目指すのであれば製造数は 5 個となりますが，利益率とのバランスを考えると 4 個も選択肢として有望であるといえましょう。最終的にどちらをとるかは，意思決定者の考えによりますが，乱数を用いたシミュレーションによってこのような不確実性を伴う状況を判断するための材料を得ることができるのです[58]。

ここで，乱数の発生頻度を一様分布ではなく，正規分布や二項分布，指数分布などに変えることができれば，さらに多様なシミュレーション結果を得ることができますが，表計算ソフトウェアの基本機能としてはそれらは一般には用意されていません[59]。また，再計算機能は利用者が指定しない限り実行されないので，プログラム言語で指定するように何回も繰り返し計算して，その統計データを得ることもできません[60]。このように，表計算ソフトウェアを利用したシミュレーションにはいくつかの限界がありますが，ここに示したように，容易にシミュレーションを試

58. 本シミュレーションモデルは単純な確率モデルですので，確率計算によってシミュレーションを実施するまでもなく結果を求めることができます。

59. このようなシミュレーション機能を強化するためのツールとして，Cristal Ball（構造計画研究所）というソフトウェアがあります。Cristal Ball は少々高価ですが，James R. Evans, David L. Olson 著，服部正太監訳『リスク分析・シミュレーション入門』（共立出版，1999）に評価版が収められています。

みられる点ではたいへん有用なツールだといえます。

演習 47

このシミュレーションモデルを使って，10回再計算させたとき，最も総利益が高くなるのは製造数がいくつのときかを調べてください。また，利益率と製造数のバランスがよいのはどれかを考えてみましょう。

---

60. マクロ言語を用いることで，これらも実施できる場合がありますが，やはり一般には通常のプログラミング言語と同等のプログラム記述能力が必要とされます。

課 題 4-1

新聞社のホームページ（例えば www.asahi.com や www.mainichi.co.jp）に載っている要約記事とその全文記事を比較し，要約された内容の妥当性を評価してください。評価に際しては，自分なりの評価基準を 3 点考え，それぞれの点に対して評価してください。

課 題 4-2

本書の内容を他の人に紹介するための抄録を 100 字，400 字，1,000 字でそれぞれ書いてみてください。

課 題 4-3

表 4.4（p.150）に示したデータを用いて以下の作業を行い，結果を印刷してください。ただし，かならず A4 用紙 1 枚に収まるようにページ設定を工夫してください。

1. セル［A1］に "課題 1" とタイトルをつけ，［C1］に所属，［C2］に氏名を入力してください。
2. 各区分ごとに，在籍者数を合計してください。
3. 学校数，男，女それぞれを合計してください。
4. 図 4.15（p.155）に示したグラフを表の下に作成し，この表とグラフが両方とも 1 枚に入るように印刷範囲を設定してください。

課 題 4-4

次の手順で表とグラフを作成し，指定された分析を行ってください。

1. 表 4.4 (p.150) を "表 1" として入力し，その右横に最低 1 列空列を入れて，右の表を "表 2" として入力してください。
2. 教員数の合計を区分ごとに計算してください。
3. 各区分ごとに教員 1 人当たりの生徒数（在籍者数）を計算してください。その際，教員数は本務者だけの場合と，本務者，兼務者を合わせた人数

教員数（平成 9 年 5 月 1 日現在）

区分	教員数		
	本務者		兼務者
	男	女	
幼稚園	6,215	97,624	9,069
小学校	159,784	261,117	5,539
中学校	161,485	108,744	23,712
高等学校	209,095	67,013	61,964
短期大学	11,722	8,163	38,006
大学	125,217	16,565	123,916

とを別々に計算してください。

4. 表1，表2と同じ区分に対する昨年5月1日現在の学校数，在籍者数，教員数のデータを，文部科学省ホームページ（http://www.mext.go.jp/）から取り出して，先に入力した表1，表2のそれぞれの下に，"表3 学校数と在籍者数（昨年5月1日現在）"，"表4 教員数（昨年5月1日現在）"として入力してください。

5. 在籍者数，教員数それぞれについて，平成9年5月1日現在と上記で調べた昨年5月1日現在とを比較できるよう，各学校段階ごとに，両者を並べて示したグラフを作成してください。男，女の区別もあるため，グラフ作成の際には，見やすさを工夫してください。以下の図は平成9年の男女比較のみを表したグラフですが，このグラフを参考にしてデータの比較しやすさを考えてください。

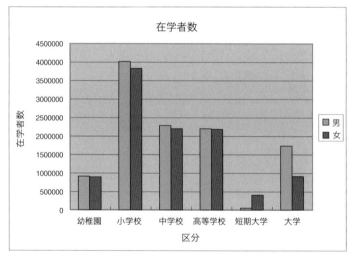

比較グラフの例

6. 平成9年と昨年の表およびグラフを比較して気がついたことを二つ以上指摘し考察してください。ただし，生データ（素データ）だけを比較するのではなく，2. や3. の計算結果の比較もしてみてください。さらに1クラス35人と考えたときの1学年当たりのクラス数，教師1人当たりの生徒数など，学級運営と関連した考察も行ってください。これらの考察は，表計算ソフトウェアのシート上の適当な欄に"考察"という見出しをつけて，わかりやすいレイアウトで入力してください。

7. レポートは，印刷プレビュー機能で確認しながら，A4サイズ1枚に入るように書式やレイアウトなどを工夫してください。

課 題 4-5

以下の 1 〜 6 の処理をしてレポートを作成してください。

1. 図 4.26（p.169）の表を演習 29（p.169）の作業に従って作成してください。

2. 新たに "評定" という列を用意し，"テスト" 欄を元にして，90 点以上は "優"，70 〜 89 点は "良"，50 〜 69 点は "可"，50 点未満は "不可" と表示してください[61]。

3. BMI（Body Mass Index）に基づく肥満度の計算方法をインターネットや事典などで調べ，身長と体重を使って BMI に基づいた肥満度を計算してください。結果には，新たに "BMI" という列を用意し，"やせ過ぎ"，"標準"，"太り気味" といったメッセージを表示させてください。メッセージについても，インターネットや書籍を参考にして考えてください[62]。

4. 身長を横（X 軸），体重を縦（Y 軸）にとって散布図を作成してください。

5. 性別，所属，2. の評定，3. の BMI のそれぞれについて，頻度表を作成してください。性別であれば，男○人，女△人というように集計します。これには，例えば条件に合う行を 1，合わない行を 0 とするような計算のための列を作成して SUM 関数で集計する方法と，条件に合うセルを数え上げる COUNTIF 関数[63] を使う方法などがあります。やり方については自分でやりやすい方法を考えてください。

6. 印刷プレビュー機能で確認しながら，A4 サイズ 1 枚に収まるように適宜レイアウトして，レポートを作成してください。ただし，単に表やグラフを詰め込むのではなく，見やすさ，わかりやすさを考えてレイアウトしてください。

課 題 4-6

表計算ソフトウェアを用いて，収入額や支出額を記入すると自動的に残高と収入合計，支出合計を計算してくれる次ページの図のような金銭出納帳を作成してください。

---

61. 「70 〜 89 点は "良"」といった条件式を書くときには，AND（）関数を使い，AND（G2 ＞ ＝ 70, G2 ＜ 90）と書けますが，他の方法もあります。AND（）を使わない方法も考えてみましょう。

62. 計算の途中結果（例えば "標準体重" など）を保持する必要がある場合は，適宜必要な列や行を作成して使用してください。

63. COUNTIF（範囲, 検索条件）のように記述することが多いようですが，書き方については利用している表計算ソフトウェアのヘルプ機能やマニュアルを参考にしてください。

	A	B	C	D	E
1	日付	摘要	収入	支出	残高
2	7月1日	繰り越し	¥10,000		¥10,000
3	7月1日	昼食		¥480	¥9,520
4	7月2日	交通費		¥920	¥8,600
5	7月3日	アルバイト代	¥18,000		¥26,600
6					¥26,600
7					¥26,600
8					¥26,600
9					¥26,600
10					¥26,600
11					¥26,600
12					¥26,600
13					¥26,600
14					¥26,600
15					¥26,600
16					¥26,600
17					¥26,600
18					¥26,600
19					¥26,600
20					¥26,600
21		合計	¥28,000	¥1,400	¥26,600

自動計算型の金銭出納帳の例

課　題　4-7

図「比較に必要な会社情報」のような会社情報を用いて収益性，安全性，生産性，成長率を以下の手順で求め，図「会社比較レーダーチャート」のようなレーダーチャートによる会社比較を行うシートを作成してください。

収益性（総資本経常利益率）＝経常利益 ÷ 総資産
安全性（自己資本比率）＝自己資本 ÷ 総資産
生産性（従業員1人当たり売上高）＝当期売上高 ÷ 従業員数
成長率（増収率）＝（当期売上高－前期売上高）÷ 前期売上高

なお，レーダーチャートは比較項目ごとにその平均値との割合を算出し，その値を用いて作成します。例えば，A～C社の3社を比較する場合にレーダーチャートで用いるA社の収益性は，以下のように計算されます。

グラフ表示用のA社の収益性
　＝（A社の収益性）÷（A～C社の収益性の平均値）

	A	B	C	D	E	F	G
1	会社比較						
2							
3		トヨタ自動車		日産自動車		ホンダ	
4	総資産	47,729,830	百万円	17,045,659	百万円	18,088,839	百万円
5	自己資本	16,788,131	百万円	4,834,416	百万円	6,696,693	百万円
6	前期売上高	25,691,911	百万円	10,482,520	百万円	11,842,451	百万円
7	当期売上高	27,234,521	百万円	11,375,207	百万円	12,646,747	百万円
8	経常利益	2,892,828	百万円	694,232	百万円	644,809	百万円
9	従業員数	349,766	名	149,388	名	204,730	名
10	収益性	6.06	%	4.07	%	3.56	%
11	安全性	35.17	%	28.36	%	37.02	%
12	生産性	77.86	百万円	76.15	百万円	61.77	百万円
13	成長率	6.00	%	8.52	%	6.79	%
14							
15		Yahoo! ファイナンス (http://finance.yahoo.co.jp/) 2016/03/22 accessed.					

比較に必要な会社情報の例

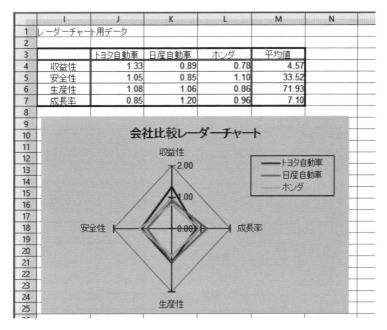

	I	J	K	L	M	N
1	レーダーチャート用データ					
2						
3		トヨタ自動車	日産自動車	ホンダ	平均値	
4	収益性	1.33	0.89	0.78	4.57	
5	安全性	1.05	0.85	1.10	33.52	
6	生産性	1.08	1.06	0.86	71.93	
7	成長率	0.85	1.20	0.96	7.10	

会社比較レーダーチャート例 [OpenOffice 4 Calc]

✍ この比較モデルは，すべてのデータが正の値であることを想定しています。そのため，<u>比較データ</u><u>の中にマイナス値が含まれているケースにはこのモデルは適しません</u>が，3 社のデータの最小値（マイナス値）をすべてのデータに加算して正の値に矯正することで便宜的に利用可能です。例えば，成長率の最小値が –0.5 のときは，A ～ C 社それぞれの成長率に 0.5 を加えてマイナス値をなくしたものを成長率データとして用いて，グラフ表示用の成長率を計算してください。

課 題 4-8

表計算ソフトウェアを用いて下図に示すような履歴書を作成してください。ただし，印刷時にA4用紙1枚に無駄な余裕なく収まるようにレイアウトを工夫してください。

履歴書の作成例

課 題 4-9

4.3.1項に示した貯蓄シミュレーションモデルをより詳細化するために以下の要素を加えることとします。

- 給料のほかに年に給料4ヶ月分の賞与（ボーナス）が得られる
- 給料・賞与などの収入には所得税（10%）が，生活費には消費税（8%）がそれぞれかかる
- 貯蓄には金利（年0.1%）がつく

このモデルに従って，以下の1～3を計算してください。

1. 給料のアップ率3%が確定的であるとき，貯蓄残高を5年後に500万円とするためには生活費の上昇率を年何%以下に押さえなければならないかを求めてください。

2. 逆に生活費の上昇率5%を抑制できないとき，貯蓄残高を5年後に500万円とするためには年何%以上の給料のアップ率が必要になるかを求めてください。

3. 給料のアップ率3%と生活費の上昇率5%が変わらずに，消費税が10%になった場合，5年後の貯蓄残高はいくらになるかを求めてください。

課　題　4-10

自分自身の今日のバイオリズムを計算してください。また，誕生日を入れると，下図のような今日から4週間のバイオリズムのグラフが作成されるシートを作成してください。

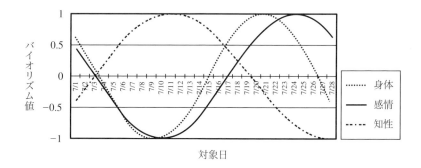

バイオリズムとは人間の肉体的，感情的，知性的な状態の変化を示したもので，この三つのリズムとされています。

- 第1のリズム　──　肉体のコンディションを司る，23日周期の"身体リズム"
- 第2のリズム　──　精神的な状態の起伏を表す，28日周期の"感情リズム"
- 第3のリズム　──　脳の細胞の活性を意味する，33日周期の"知性リズム"

バイオリズムを求めるには，まず誕生日から今日まで何日経過したかを計算しなければなりません。これは表計算ソフトウェアの場合には，今日の日付から誕生日を引き算するだけで簡単に求めることができます[64]。バイオリズムは正確には誕生日からのsin曲線によって表され，上の図に示すように

---

64. 引き算の結果が整数値にならず "1920/2/10" のように日付形式で表示されてしまう場合は，セルの表示形式を「標準」に設定し直してください。なお，表計算ソフトウェアでは，日付は固有の数値（多くの場合は1900年1月1日からの日数）として内部で表現されているため，このように単純に日付同士の引き算によって日数計算が可能ですが，これを一般のプログラムとして計算するには閏年を考慮しなければならずたいへん難しい計算となります。そのため，以前は簡単にバイオリズムを計算することができませんでした。興味のある人は，一般のプログラミング言語で計算する方法を考えてみてください。

身体のリズムは23日周期，感情のリズムは28日周期，知性のリズムは33日周期です。今日のバイオリズムを計算するには，各リズムで周期の何日目に該当するかを知ればよいわけです。

なお，計算されたバイオリズムから今日の状態を知るためのバイオリズム診断表を付録に収めましたので，参考にしてください。

B4	▼ ： ✕ ✓ f_x	=A4-A2		
	A	B	C	D	E
1	生年月日				
2	2000/1/1				
3	対象日	生存日数	身体のリズム	感情のリズム	知性のリズム
4	2021/1/1	7671	−0.136	−0.223	0.282
5	2021/1/2	7672	−0.398	0	0.095
6	2021/1/3	7673	−0.631	0.223	−0.095

バイオリズム計算シートの例

✎　sin は1周期を360°ではなく，2π とする "ラジアン" という単位を用いて計算します。そのため，1周期が23日であれば，23日で 2π になるようにデータを変換する必要があります。例えば，23日周期の x 日目をラジアンに変換するには x に 2π をかけた値を23で割ればよいのです。ここで，π は円周率で 3.141592… となりますが，多くのソフトウェアでは "pi()" のような円周率を示す関数が用意されているので，それを使うとよいでしょう。

課　題　4-11

右図のように，ある地点で右斜め前か，左斜め前にのみ進めるコマがあるとします。このコマがどちらに進むかは，各地点でランダムに決まるものとします。そして，最初の地点から見て，右方向および左方向に5以上離れてしまったとき，そのコマの動作は終了するものとします。このようなコマの動作は一般にランダムウォーク（random walk）と呼ばれているものです[65]。0をスタートしたコマが最終的にいつ右方向に5または左方向に5（−5）進むかを一様乱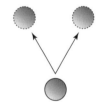

数を用いたシミュレーションによって求めてみてください。結果は，以下の図のように折れ線グラフを用いて表記してください。

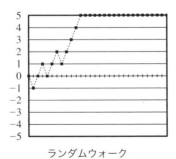

ランダムウォーク

✍ 乱数は右か左かの二者択一になるように工夫してください。例えば，0.5未満は右，0.5以上は左と
してもよいでしょうし，"int( )"のような整数化関数を用いて0と1のみが一様に発生するようにし
てもよいでしょう。また，次の進行方向を求める前に，現在の位置が5または−5に到達していな
いかどうかを調べ，その位置に到達していたら位置が変わらないようにする必要があります。

課 題 4-12

発生する確率が正規分布に従う正規乱数を用いて，4.3.2項で考えたケーキ製造シミュレーションを
実行し，製造数をいくつにするのが妥当かを考えてください。ただし，乱数の平均は5となるものと
します。正規乱数を作成する方法はいくつかありますが，最も簡単なのは，以下に示すように12個
の一様乱数を用いる方法です。

$$正規乱数 = (一様乱数1 + 一様乱数2 + \cdots + 一様乱数12) - 6.0$$

正規乱数は平均0，分散1の乱数ですので，これらに5を加えれば平均を5にできます。

課 題 4-13

グラフ作成機能には，平面的な2次元（2D）グラフの各系列を空間的に前後に配置することで，3
次元（3D）的にグラフを描く機能も用意されています。棒グラフ，折れ線グラフ，面グラフ，円グ
ラフでそれぞれ3D表示が可能[66]ですし，Microsoft Excelでは3D平面による等高線グラフも作成可
能です。例えば，次ページの図のように入力したデータを奥行きのある3D棒グラフとすることで立
体的な文字が描けます。しかも，視点によってグラフの見え方が大きく変化するので[67]，グラフのデー
タと見方とを相互に調整することで面白い3Dグラフを描くことができます。そこで，これらの3D
グラフ作成機能を使って3次元的なデザイン作品を制作してください。なお，デザインした作品全
体はディスプレイ画面一面で表示できるようにレイアウトしてください。

---

65. 酔っぱらいの千鳥足にも似ていることから，"千鳥足のシミュレーション"や"drunk walker"などとも呼ばれています。
66. OpenOffice Calcのグラフウィザードでは，図4.11のように3D表示可能なグラフの場合に表示される「3Dルック」という
項目にチェックを入れると3Dグラフを選択できます。
67. 3Dのグラフを描画した後，グラフ選択すると表示されるメニューで「3D表示」や「3D回転」などを指示し，X軸（上下），
Y軸（左右），Z軸（奥行）それぞれの回転角度を調整することで視点を変更します。その際，この調整パネルで「直角の軸」
や「軸の直交」のチェックを必ず外してください。この指定を外すとグラフの真上や真下などに視点を移動できるように
なります。なお，OpenOffice CalcではX軸が上下，Y軸が左右であるのに対して，Microsoft ExcelではX軸が左右，Y軸
が上下に対応しています。

	A	B	C	D	E	F	G	H	I	J	K	L	M	N	O	P	Q	R	S
1																			
2										1									
3										1									
4				1	1	1	1	1	1	1	1	1	1	1	1	1			
5										1									
6				1	1	1	1	1	1	1	1	1	1	1					
7				1						1				1					
8				1	1	1	1	1	1	1	1	1	1	1					
9				1						1				1					
10				1	1	1	1	1	1	1	1	1	1	1					
11									1	1	1								
12								1	1	1	1	1							
13							1	1	1		1	1							
14						1	1		1			1	1						
15					1	1		1				1	1						
16			1	1				1					1	1					
17			1					1						1					
18								1											
19																			
20																			

ワークシートへの入力データ（空白部分は自動的に 0 と見なされます）

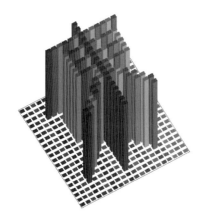

（a）3D 棒グラフを斜め上空から見た例

（b）3D 棒グラフを真上から見た例
（1 と空白を反転して入力）

✐ 表計算ソフトウェアはグラフ描画に際してデータラベルを自動的に見つけ出そうとしますが，この課題のような 3D グラフを描かせるには，却ってそれが問題となって例示したようなグラフ表示ができないことがよくありますので，グラフデータを指定するときに，以下の点に注意してください。

OpenOffice Calc の場合：グラフウィザードで第 2 ステップの「データ範囲を選択」タブにある「最初の行を項目名に引用」欄と「最初の列を項目名に引用」欄のチェックを外してください。

Microsoft Excel の場合：データが記入されたセル範囲より 1 つ以上多めにグラフデータの範囲を選択してください。上の例であれば，[C1] 〜 [Q19] より広い範囲であれば大丈夫です。

第5章
情報社会に参画する態度と
プレゼンテーション

―― ねらい ――――――――――――――――――――――――

❑ 個々のプレゼンテーション手法の利用場面を理解し，適切に使い分けることができる

❑ ワープロソフトウェアの基本的な機能を理解し，効果的な資料作りができる

❑ プレゼンテーションソフトウェアを利用した口頭発表の資料作りや口頭での発表方法を理解する

❑ HTML の基本的な構造とタグを理解し，簡単な Web ページを作成できる

❑ 知的財産権や発信者責任などの情報発信に伴う問題を理解し，節度ある情報社会への参画ができる

　プレゼンテーションをする場面というと，大学では授業やゼミでの発表や，卒業論文や修士論文の発表などを思い浮かべるでしょう。また，企業では顧客や上司に対する企画のプレゼンテーションなどの場面があります。プレゼンテーションという言葉からは，このように“人前で発表する”というような特別な場面のみをイメージしがちですが，本来の言葉の意味からすれば“自分の意見や考えを相手に伝える”行為すべてがプレゼンテーションといえます。

　　ここで，重要なことは，プレゼンテーションは，「相手に自分の意見や考えを伝えることができて，はじめてプレゼンテーションしたといえる」ということです。「相手にわかってもらえなくてもいいから自分流で好きなように話をしよう。それが私の個性なのだから…」などと考えることは，プレゼンテーションをするという態度ではありません。極端な例を出せば，お笑いタレントが漫才をするのも，「相手を楽しませよう」，「愉快な気持ちにさせよう」という意図をもってネタを披露するプレゼンテーションとしてとらえることができます。しかし，お笑いタレントでさえも，常にお客さんを笑わせ続けることはたやすくはないでしょう。実際には，個性を生かしつつも，相手であるお客さんの年齢層や性別などを意識して，間合いや声の抑揚といった話術の面でも，テーマや話題といった内容面でも緻密に計算しているからこそ，お笑いタレントとしての地位が確立できるのです。このように，プレゼンテーションは，「伝える相手に応じた手段や話題を取捨選択し，適切に情報を相手に伝えることができる方法と内容を作り出し，実行する」という問題解決活動の一つとしてとらえることができます。

　　ところで，研究成果を学会で発表したり，顧客に対して新しい企画を提案するというプレゼンテーション行為は，次のようにさまざまな方法で実行可能です。

(1) レポートや論文，報告書などを書いたり，本を出版することによって，研究成果や新しい企画提案を伝えることができます。つまり，紙媒体によって表現する方法です。身のまわりにある紙媒体によって表現された本や雑誌，論文などをもう少しくわしく見てみると，その中には次のような種類の情報が混在していることがわかります。

　　文字　日本人に対して伝えるのであれば，やはり日本語で表現するのが一番よくわかるでしょう。また，外来語や専門用語の場合，元の言葉で書いたほうが誤解が少ないことも多く，英語やその他の外国語で表現されていることも少なくありません。また，特に日本では，外来語は音をまねてカタカナ表記をすることが多く，漢字，ひらがな，カタカナ，アルファベットが複雑に組み合わさった文章となっています。

　　図　　「百聞は一見にしかず」という諺にあるように，形や構造など言葉で表現すると複雑な情報を伝えるためには図的な表現が向いています。これ以外にも，時間軸で変化する様子はグラフで表現したほうがわかりやすいことも多いでしょう。

　　表　　表といえば，大量の数値が整然と並んでいる様子を思い浮かべるかもしれません。しかし，別に数値だけを扱うのが表の役割ではなく，

一般に，対比して見せたい情報を伝えるためには表の形での表現が向いています。例えば電化製品のカタログのように，複数の機種の性能をいくつかの項目に分け，比較して説明しようとする場合には，比較される対象が対比的にわかりやすく表現できる表の形式がよく用いられています。

(2) 学術講演会や有名人による講演会では，登壇者が口頭で自分の考えや意見について話をします。言葉だけで表現しようとするので，聞き手を退屈させないためには，巧みな話術が要求されます。また，発せられた言葉は聞き手の耳に入るとすぐに消えてしまいますので，聞き手は記憶を働かせながら話を理解する必要があります。そのため，話す速度や話す順序なども話術として必要になるでしょう。さらに，聞き手の記憶を補助するために，講演内容の要約をレジュメ[1]の形で配布することもよくあります。

(3) 学会の口頭発表や，企業で顧客の前で説明をするような場合には，レジュメだけではなく，OHP[2]やスライド，プレゼンテーションソフトウェアを使って発表することもあります。OHPやスライドを併用することで，言葉だけでは伝えることが困難な図的な情報や，表の形式にまとめられた情報を効果的に伝えることができます。また，話の中のキーワードや文章をOHPやスライドで提示することで，聞き手の記憶を手助けするだけではなく，重要な内容を印象づけることができるでしょう。

このように，プレゼンテーションにはさまざまな手段がありますが，それぞれに特徴があるので，目的に合わせて問題解決的に適切な手段を選択することが重要です。

今日では，ワープロソフトウェアやプレゼンテーションソフトウェア，DTPソフトウェア[3]など，私たちの情報表現能力を高めてくれるアプリケーションソフトウェアが多数出回っています。コンピュータリテラシとして，これまで多くの人たちがこのような表現能力向上のためのソフトウェアの操作方法を教わってきました。そして，書店にも多くの入門書や利用の手引きが並んでいます。しかし，なかなか自

---

1. レジュメはフランス語の résumé が語源で，講演や論文の内容が簡潔にまとめて書かれたものを指します。
2. Over Head Projector の略。話者の手元にあるシートを光学的に話者の頭上越しにスクリーンに大写しにするところからこう呼ばれています。
3. 書籍，新聞などの出版物の編集や割付作業をパソコンで行えるソフトウェアやシステムの総称である DeskTop Publishing（卓上出版）の略称です。今日では，紙面からディスプレイによる電子出版物へと制作対象が変貌しつつあります。

分たちが使う道具として習得するまでに至っていないケースを散見するのが現状です。その理由には，単に例題として与えられた操作方法をそのままなぞる形でしか操作していないことがあります。それらは情報をきれいにわかりやすく表現するための最終段階を支援してくれるにすぎません。そのような作業はいわばプレゼンテーションの見栄えをよくするためのお化粧のようなもので，本当に必要なことは素材となるデータを有用な形に整理，加工することなのです。

　つまり，コンピュータに自分が望むデータを必要とされるやり方で処理させ，効果的な形式で表現させることができることこそが，現代における情報の活用能力なのです。そのためにはどのように表現すべきか，その表現方法がどのような特徴をもっているかなどの基礎知識と，必要なデータ処理や表現方法をコンピュータに指示できる技能の双方が必要とされ，現代社会においてはどちらを欠くこともできません。そこで本章では，プレゼンテーションにおける基本的な考え方を押さえるとともに，いくつかのプレゼンテーション手段の特徴を知ることを通して，目的に応じて適した手段が選択できるようになることを目指します。

5.1　ワープロソフトウェアを利用した資料作成

　ワープロ[4]というと，一昔前までは，文書を作成する機能だけをもった専用の機械（ワープロ専用機）を指していましたが，今日ではコンピュータ上で利用するワープロソフトウェア（アプリ）の総称となっています[5]。ワープロの機能である**文書処理**とは，文書案や代替表現などを提示して文章の入力や創作活動を支援することではなく[6]，「見た目に美しい」文書を作成するために各種のレイアウト機能を発揮することを主眼としています。つまり，単に文字を入力するだけなら一般的なメーラやメモ帳のようなエディタでも十分ですから，本書ではここまでワープロソフトウェアについて特に触れなかったわけなのです。

　本節でもワープロソフトウェアを見た目に美しく効果的なプレゼンテーション資料を作成するための道具と位置づけ，文字と図表のレイアウトを中心に，紙をイメー

---

4. 今では，"ワープロ"といえば，ほとんど誰もが，それが何を指しているのかわかるのですが，ワープロが実は"ワードプロセッサ（word processor）"の略語だということは，知らない人が多いようです。当然ですが，ワープロはカタカナ英語ではなく，完全に日本独自の言葉であり，外国人にワープロといっても通じないので気をつけましょう。

5. ワープロ専用機は，単機能で仕組みを理解しやすく，扱いも簡単でコンピュータウイルスに侵される心配もほとんどないので，PCの普及後も文書作成専門の場面では重宝されていましたが，2000年代初頭の生産中止以降，次第に修理や消耗品の入手も困難となり，現在ではほとんど見かけなくなってしまいました。

6. 多くのワープロソフトウェアにはこのような支援機能が備わっていますが，逆に強制的に標準書式の文章にされてしまうため，この機能を利用しない設定にしている利用者もよく見かけます。

ジしたプレゼンテーション資料を作成するための基本的な機能を解説します。

　ここで説明する操作方法や機能は基本的なものであり，他の多くのワープロソフトウェアでも同様に用意されているはずなので，ヘルプやマニュアル，参考書などを参照して，みなさんが利用するワープロソフトウェアと比較しながら操作方法を習得してください。さらに，それらの参考資料を使って，ここでは特に説明しないさまざまな機能を使いこなせるようになれば，より効率的に，そして自分の技能として，読む人を引きつける美しいレイアウトをもった文書を作成できるようになれるはずです。

5.1.1　文書のデザインと整形

　現在利用されている多くのワープロソフトウェアは，テキストデータをプレゼンテーション資料としてデザインおよび整形するだけではなく，図形の入力や整形，作表などの機能も備えています。いまやワープロは文章の整形ソフトウェアではなく，図や表，グラフ，画像などをも統合した紙面に印刷されるプレゼンテーション資料としての文書をデザインするためのソフトウェアといえるでしょう。

　プレゼンテーション資料を作成する基本的な手順は以下のようになります。

① 　データの入手と入力

② 　書式の検討と装飾

③ 　印刷設定の選択と調整

ここでは，この手順に沿い，文書の整形とデザインに焦点をあてて解説します。

① 　データの入手と入力

　次ページの図 5.1 のような文書を作成することを考えてみましょう。その際には，まず図 5.2 のように書式や飾りつけを気にせずに，必要なテキスト，表，グラフ，図，画像などのデータを入力してしまいます。

　参考資料や文献からの文章の雛型とその書誌情報を除いて，テキストデータは基本的に自分の言葉としてキーボードから入力しなければならないでしょう。このとき，仕上がり状態を考えながら入力している人をよく見かけますが，この段階で重要なことは，必要なテキストデータをまずすべて入力してしまうことなのです。なぜなら，テキストデータさえ入力されていれば，文書のデザインや整形は後からいくらでも変更することができるからです。ですから，まずは仕上がりのデザイン

電子メールの盗み見

学籍番号　１２３４５

氏　　名　野村　泰朗

現在，図1のように大企業ではほぼ100％が業務の情報化を完了させ，中小企業においても情報化が急速に進んでいる[1]。その理由は，インターネット等の情報手段の活用が，企業の業務効率化に欠かせない要素であることはもちろん，企業イメージを上げる広告宣伝においても有効であるからだ。具体的には，表1のように企業内での業務効率化が図られる。

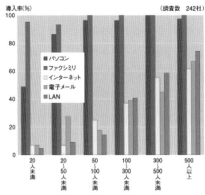

図1　従業員規模別情報機器等導入状況

もちろん業務中に電子メールも頻繁に用いられるが，インターネットに接続され社外とのやりとりが増加するにつれ，問題になるのが機密情報の保護である。最近，会社側のミスによるインターネット上での顧客の個人情報の流出問題が多発している。このようなことが起こればもちろん企業は信用を確実に落としてしまうが，そのようなリスクを軽減するためには、従業員の電子メール使用の管理は避けて通れない。実際、米国では企業の約60％が従業員の電子メールをチェックしている[2]。会社の電子メールシステムは業務効率化のために会社が費用負担をして導入し、管理運用しているものであり、そこでやりとりされている情報を会社が監視することには、ある程度うなずける。もちろん、社員のプライバシー保護との兼ね合いが問題になるであろうが，本来、社員は会社の資産を使って私用メールを送受信することに対して，プライバシーが制限されることを自覚することがまず大事であろう。

もし，業務中に送受信する電子メールを監視されたくなければ，技術的には次のような方法が考えられる。

1) 個人のPCと携帯電話等を使ったインターネット接続手段を持参し，私用メールはそちらを使う。
2) 送受信するメールを暗号化する。
3) 2) に加えて，社外のプロバイダのメールアドレスを利用する。

「プライバシーは，制限はされても侵害はされてはいけない」ということであるが，技術的な対処方法を追求するのではなく，あくまで本来の業務遂行を優先しようとする個人の業務態度が大事であろう。

表1　業務効率化の具体的な方法

情報資源の共有：	顧客情報や業務文書、見積書などの一元管理による業務効率アップ
プリンタ等の共有：	1台をネットワーク上のPCで共有することで資産効率アップ
対外接続の一本化：	コスト削減とリスク管理効率アップ

参考文献

[1] 静岡県(1998)：「静岡県高度情報化基本計画」（http://www.pref.shizuoka.jp/kikaku/ki-01/kihon/）

[2] AMA, Clearswift ,ePolicy(2003) ： 2003 E-Mail Rules,Policies and Practices Survey

図 5.1
作成する文書の最終イメージ［OpenOffice 4 Writer］

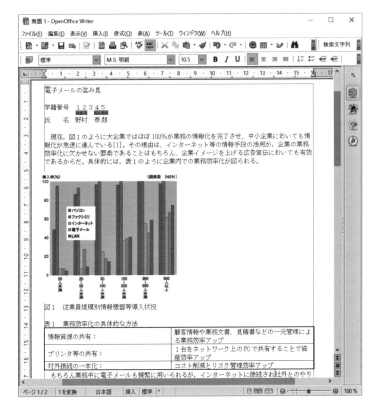

図 5.2
必要な文書データの入力［OpenOffice 4 Writer］

にこだわらずにテキストデータを入力することに専念してください[7]。

　表は情報を整理して明確に示すことができる重要な手段です。そのため，ほとんどのワープロソフトウェアでも作表できるようになっています。例えば，OpenOffice Writer や Microsoft Word では，「表の挿入」パネルを開いて表の列数と行数を指定すると，図 5.2 のように横幅が用紙サイズいっぱい[8]まで広がった表が挿入されます。なお，図や画像と同様に，表計算ソフトウェアで作成した表をコピー＆ペーストの要領で取り込むこともできます。ただし，表の取り込みの場合は表中のテキストの書式がワープロソフトウェア側の設定に自動的に変更されることがよくあります。そのため，表計算ソフトウェアでせっかくきれいに作表していても，

---

7. 段組みをしている場合は各段の幅いっぱいとなるので，かならずしも用紙サイズいっぱいというわけではありません。したがって，段組みを使用するときは，指定する前に表の幅を段組みの幅まで縮めておく必要があります。

8. ポスターのように，文章ではなく，文字も含めた紙面全体のデザインが重要視される場合は，この限りではありません。

それを取り込んだワープロソフトウェア側でももう一度整形し直さなければならないことがしばしば起こりますので注意してください。

　また，文字以外の図や画像などを挿入するには，それらを扱うことができる他のアプリケーションにいったん表示させて，コピー＆ペーストの要領で取り込むのが最も簡単です。図や画像に関するその他の取り込み方法については，5.1.2.1項を参照してください。

演習 1

みなさんが利用できるワープロソフトウェアとその起動方法を調べてください。

演習 2

みなさんが使用中のコンピュータに用意されている描画ソフトウェアとその操作方法を調べてください。また，そのソフトウェアで描画した図形をコピー＆ペーストでワープロソフトウェアに取り込んでください。

演習 3

みなさんが使用中のワープロソフトウェアで，表を挿入する方法を調べてください。また，表の書式の設定や，表を操作する方法についても調べ，実際に適当な表を作成してください。

演習 4

図5.1のような文書を作成するために，図5.2の文書データを入力してハードディスクまたはUSBメモリに保存してください。

② 書式の検討と装飾

　文書データを入力したら，文書スタイル[9]や段落，段組みなどの，文書の詳細な書式を決めます。ワープロソフトウェアでは，何も指定しない場合には通常よく利用される標準的なスタイルに従って文書がレイアウトされます。そのため，特に書式が指定されていない日常的な文書を作成するのであれば，書式を設定しなくても問題ないでしょう。逆に，日常的に使う文書書式が決まっているのであれば，その書式を標準書式として登録しておくことで，いちいち書式設定する手間を省くこともできます。

9.　"文書レイアウト"や"ページ設定"，"ページ書式"などと呼ばれることもあります。

文書の書式は，その設定範囲によって，(1) ページ設定，(2) 段落設定，(3) 文字設定に区分することができます。設定方法としては，(1)，(2)，(3) のように広域に影響が及ぶ設定から順次行うことで，その設定による他の部分への副作用を最小限に留めることができます。

(1) ページ設定では，文書スタイルや段落のレイアウトのような文書全体を対象とした書式を指定します。その中には，印刷用紙サイズと周囲の余白，1 ページの行数と 1 行の文字数，フッタとヘッダ，段組みなどが含まれます。

フッタ（footer）とヘッダ（header）とは，ページ番号や資料名，章のタイトル，作者名，作成年月日，版名など，文書の属性ともいえる内容を，文書の下（フッタ）または上（ヘッダ）に統一の書式で書いたものを指します。本書にも各ページの上部に書かれていますが，書籍や論文，レポートのように数ページにわたる文書では，読み手にとっても文書作成者にとっても，文書を認識する上で便利かつ重要です。

また，段組みとは，新聞の紙面のように 1 行をある文字幅で折り返して，何列かに区切って文章を並べる方法です。段組みにすることで，改行や段落の区切りでの空白部分が減る場合が多いため，紙面を有効に使うことができます。特に，1 文が短く箇条書きが多いときには有効です。

(2) 段落設定では，図や表を含んだひとまとまりの段落ごとの書式を指定します。その中には，行と文字の間隔，段落間の間隔，インデント，スタイル，禁則処理条件などが含まれます。段落設定は，まず対象となる段落を選択し，その段落および段落群に対して書式を指定します。

インデントとは，段落の始まりおよび段落の幅を決める両端の位置を指します。箇条書きや引用段落などを示すときなどによく利用されます。図 5.1 の文例では，図 5.3 に示した部分で設定されています。また，1 行目と 2 行目

を監視されたくなければ，技術的には次のような方法が考えられる。¶
　1）個人の PC と携帯電話等を使ったインターネット接続手段を持参し，私用メールはそちらを使う。¶
　2）送受信するメールを暗号化する。¶
　3）2）に加えて，社外のプロバイダのメールアドレスを利用する。¶
「プライバシーは，制限はされても侵害はされてはいけない」ということである

図 5.3
ぶら下げインデントされた箇条書きの例［OpenOffice 4 Writer］

以降の行頭位置が異なる「ぶら下げインデント」[10] が設定されています。

スタイルとは，章，節，句の見出し文のように，本文とは異なる同一の書式で統一したいときに用いる書式設定方法です。しかも，章，節，句の見出し文をそれぞれ「見出し 1」，「見出し 2」，「見出し 3」のようにスタイル設定することで，書式の統一だけでなく，目次の自動作成機能も利用できるようになります [11]。

禁則処理とは，"、" や "。"，")" を行頭におかない，という文章の表記上の取り決めに準拠した文書処理を指します。禁則処理では，これらの文字が行頭に現れると，自動的に文字間隔を変化させてこれらの文字が行頭にならないように調整してくれます。

(3) 文字設定では，個々の単語や文字を強調したり，注意を促すために文字のフォントやサイズ，色などを変更したり，文字に装飾を施したりします。このほかに，ソフトウェアによっては個々の文字間隔や行内での文字の高さ位置なども設定できます。文字設定も，段落と同じように，まず対象となる文字や単語，文章を選択した状態で，それらに対する設定を行います。

文字の装飾としては，多くのワープロソフトウェアで図 5.4 に示すような「下線」，「取り消し線」，「中抜き」，「影」などを設定することで複雑な飾りができます。また，多くの場合これらと異なる設定操作が必要ですが，図 5.1 の氏名のようにルビ（ふりがな）を振ることも文字の装飾です [12]。

演習 5

みなさんが使用中のワープロソフトウェアで，段組みを設定する方法を調べてください。また，どのようなオプションが用意されているかも調べ，実際にそれらがどのように働くかを試してください。

演習 6

みなさんが使用中のワープロソフトウェアで，ヘッダやフッタを定義する方法を調べてください。また，テキスト以外にヘッダやフッタで使用できる文書内データについても調べ，実際にそれらを指定してどのように表示されるかを試してください。

---

10. OpenOffice Writer では 1 行目だけ別にインデント指定ができることに特別な呼称はありませんが，Microsoft Word では逆に 1 行目と異なる 2 行目以降のインデントを「ぶら下げインデント」と呼んでいます。

11. OpenOffice Witer でのスタイル設定方法については，付録 A.8 参照。

12. Microsoft Word のように，タブレットコンピュータ用やクラウドを利用したソフトウェアでは，ルビ機能がないことがありますので注意してください。

図 5.4
文字の装飾例［OpenOffice 4 Writer］

演習 7

みなさんが使用中のワープロソフトウェアで文字を飾りつける方法を調べてください。また，どのような装飾を施すことができるかも調べ，実際にどのような文字が表示されるのか試してください。

演習 8

みなさんが利用しているワープロソフトウェアで，文書スタイルを設定する方法を調べ，演習 4（p.218）で保存した文書データのスタイルを資料の最終イメージである図 5.1（p.216）のように設定してください。

③　印刷設定の選択と調整

　今日利用されている多くのワープロソフトウェアでは，印刷されるイメージで画面上に表示されるので，画面上での文書書式の変更を印刷イメージとして確認しながら文書の整形作業ができます。このように印刷イメージを画面で直接操作できるインタフェースは WYSIWYG（What You See Is What You Get）と呼ばれます。かつては高価な専用機材でのみ可能でしたが，PC の性能が著しく向上した今日では，画面上で印刷イメージを確認しながら作業することが一般的となりました。しかし，処理速度を損なわないためにエディタのように飾りのないテキスト表示画面と印刷イメージ画面の双方を用意して，特に指定しない限りは起動画面が印刷イメージ画面ではないワープロソフトウェアもあるので，注意が必要です。例えば，Microsoft Word の「下書き」表示がそれに該当します。一方，印刷イメージで作成している場合でも，プリンタの印刷特性とディスプレイの表示特性との差異から，かならずしも画面で見たとおりの印刷イメージになるとは限らないので，注意が必要です。

　作成した文書は，「印刷」を指示することによりプリンタで印刷できます。しかし，

コンピュータのディスプレイ画面の大きさ制限から，通常はページ全体を見ながら文書を作成するケースはまだそれほど多くはないでしょう。そのため，印刷された文書が期待していたものと異なることがよくあります。特に，図や表を入れたり，書式を細かく設定したりしたときには注意が必要です。文書の印刷に際しては，まず「印刷プレビュー」を選択して印刷されるイメージを確認すべきなのです。無駄な印刷を減らすことで環境問題に配慮することにもなるので，印刷前にはかならずイメージの確認をするように心がけてください。

演習 9

みなさんが利用しているワープロソフトウェアで，印刷プレビューと印刷をする方法を調べてください。もしプリンタが利用可能な環境であれば，実際に図 5.1 (p.216) の文書を入力して印刷し，印刷プレビューでの印刷イメージと比較してください。

5.1.2　図表が混在した文書を整形するための機能

　文書に的確な図や表，写真，グラフなどが適切に盛り込まれることにより，テキストだけの文書に比べてはるかに説得力のある文書を作成することができます。前項で見てきたように，すでにワープロソフトウェアはテキストだけではなく，図や画像などを含んだ統合的な文書のデザインと整形のためのソフトウェアになっています。ここでは，図や画像，表などとテキストとを混在させた文書をデザインおよび整形するための機能を取り上げて説明します。

5.1.2.1　オブジェクトの挿入

　図や画像，写真，グラフなどのオブジェクトを文書に取り込む方法には，5.1.1 項で説明したコピー＆ペーストする方法のほかに，一度ファイルとして保存した後で文書内のオブジェクト [13] として読み込む方法があります。ただし，ワープロソフトウェアで読み込めるファイル形式には制限がありますので，データを保存するときにはそのファイル形式に注意を払わなければなりません。多くのワープロソフトウェアでは，TIFF 形式や JPEG 形式，PNG 形式などのファイル形式を読み込むことができますが，詳細についてはヘルプ機能やマニュアルを参考にしてください。

　例えば OpenOffice 4 Writer では，「挿入」メニューから「画像」項目の「ファイルから」を選択することで表示される図 5.5 のようなファイル選択パネルで内容を

13.　対象の意味。図や画像，表，グラフなど一括して扱う一塊りのデータの総称です。

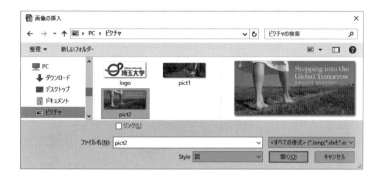

図 5.5
サンプル図形ファイルの挿入指示例［OpenOffice 4 Writer］

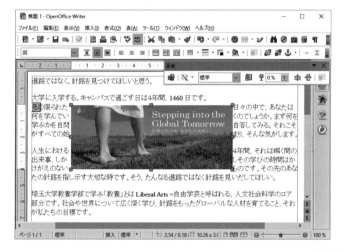

図 5.6
図の挿入例［OpenOffice 4 Writer］

確認しながら，目的のファイルを選択することで文書内に取り込めます[14]。挿入された図を，マウスでクリックすると，図5.6に示したように選択した図の四隅と各辺の中点に小さい四角（ハンドル）が現れます。このハンドルをマウスでドラッグすることで，図のサイズを自由に変化させることができます。また，図の中心をドラッグすると，図の位置を変えることができます[15]。

14. 以前は，ほとんどのワープロソフトウェアで標準的な"挿絵"があらかじめいくつか用意されていましたが，インターネットの普及により多くの利用者はお仕着せの画像よりも気の利いた（クールな）画像をインターネット上から入手して使用することが一般的になっています。そのため，OpenOffice でも第3版まであったサンプルの画像集が第4版には付属していません。また，Microsoft Word の画像集である"クリップアート"も 2010 版以降はソフトウェア本体に内蔵されておらず，インターネット上の専用サイトから常に更新された最新版をダウンロードして使用する形になっています。

15. OpenOffice では，Shift を押しながら図のハンドルをドラッグすれば図の縦横比を保ったままで拡大縮小できます。なお，Microsoft Office では図の四角のハンドルが図の縦横比を保持した拡大縮小用となっていますので Shift を押す手間はかかりませんが，角のハンドルを使った自由な大きさの変更はできません。

図 5.7
テキストと図との関係の設定例［OpenOffice 4 Writer］

　図や画像などのオブジェクトとテキストとは，その設定条件によっては図 5.6 のようにうまく棲み分けて配置されないことがあります。例えば Microsoft Word では，テキストはオブジェクトの上下に分かれてしまいます。図とテキストとの関係には，(1) 図の上下にテキストが分かれる，(2) 図を囲むようにテキストが配置される，(3) テキストと図が重なるという三つのパターンがあります。次ページの図 5.7 は OpenOffice 4 Writer の設定パネル例ですが，「上下」が（1）に，「前」，「後」，「両側」，「左右動的」が（2）に，「折り返しなし」が（3）にあたります。図の大きさや文書のデザインに応じてこれらの設定を調整することが必要です。

　ところで，あらかじめ用意された図や探し求めた図の中に自分が使いたい図や画像などがかならずしもあるとは限りません。その場合には，自分でそれらを作る必要があります。多くのワープロソフトウェアでは，その描画機能を使ってある程度の図を作成することができます。しかし，描画ソフトウェアやペイントソフトウェア，フォトレタッチソフトウェア [16] などの専用ソフトウェアに比べて，ワープロソフトウェアで用意している描画や画像修正などの機能は，使いやすさや機能の面でかならずしも満足が得られるものではありません。しかし先にも述べたように，多くのワープロソフトウェアでは，このような他のアプリケーションソフトウェアで作成したデータを文書内に取り込めるようになっています。ですから，より高度な図を作成する際には，作図や画像エディタのような専用のアプリケーションソフトウェアを進んで利用すべきなのです。

16.　写真を修整および加工することを目的としたソフトウェアです。

みなさんが使用中のワープロソフトウェアで，図などのオブジェクトと，テキストとの関係を設定する方法と，どのような関係があるのかを調べてください。そして，実際にそれらの関係の違いでどのような文書となるかを試してください。

5.1.2.2 表の修飾

ワープロソフトウェアで作成された表のマス目も，表計算ソフトウェアと同様に**セル**と呼ばれています。表の内容は，各セルにカーソルを移動して直接入力することができます。また，表内の一つのセルを選択し[17]，表の書式設定パネルを使って，セルがある行の幅や列の高さ，表の位置など，表の書式を変更できます。図 5.8 は表の書式設定パネルの例を示しています。表の操作では，多くの場合，複数のセルを選択することでそれらを同時に変更できるだけではなく，セルのある行や列全体を選択して，一度にすべて同じ状態に設定することもできます。また，表の書式設定では，行および列の削除や挿入，セルの結合，線の種類，セルの網掛けといった表に対する操作も可能です。

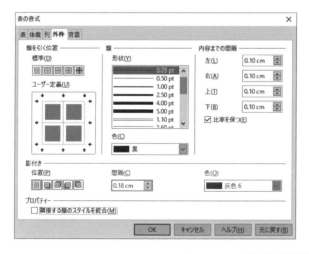

図 5.8
表の書式設定パネル例［OpenOffice 4 Writer］

みなさんが使用できる表計算ソフトウェアで作成したグラフや，図形描画ソフトウェアで作図した図形を，ワープロソフトウェアの文書データ内にコピー＆ペーストし

---

17. ワープロソフトウェアによっては，表の書式を設定するためには，表全体を選択しなければならない場合もあります。

てみてください。また，そのときワープロソフトウェアに貼り付けられたデータと元のアプリケーション上のデータとの違いを実際の操作を通して調べてください。

5.1.3　文書のデザインおよび整形における注意点

文書の書式を変更する際には以下の点に注意する必要があります。

- 一般に文字サイズやフォントを変更するとページ書式に影響が出ますので，相互に調整する必要があります。
- 利用できるフォントは，機種や OS，インストールしたソフトウェアの種類によって異なります。しかも，いま使っているコンピュータにあるフォントが，かならずしも他のコンピュータにあるとは限りません。そのため，他の人とやりとりする文書ファイルで標準以外のフォントを使用する場合には注意が必要です [18]。
- 文字の大きさ（文字サイズ）や文字のフォントは，重要なレイアウト情報です。一般的に，日本語の文書では "明朝体" が用いられていますが，タイトルや見出し，強調文字には，他と区別する意味もあって "ゴシック体" が多く用いられています。また，タイトルや見出しは，本文よりも大きな文字を使って目立たせることもあります。

また，レポートや論文では，本文から図を指し示すために，図表に "図1 概念図"，"表1 利用状況" というようなタイトル（キャプション）をつけます。その際，図のキャプションは図の下側に，表のキャプションは表の上側につけるのが慣習となっています。本書の書式も同様なルールに従っているので，文書を書く際に参考にしてください。

ところで，ワープロソフトウェアで作成した文書を，USB メモリや電子メールの添付ファイルといった電子的な方法で他の人に渡したいときには，文書データの保存方法に注意する必要があります。特に，やりとりする相手が自分とは違うワープロソフトウェアをもっている場合には，**テキスト形式**の文書ファイルにしてやりとりするのが最も安全です。たいていのワープロソフトウェアはテキスト形式でファイルを保存する機能をもっているので，図 5.9 のように保存時の設定パネルで「ファイルの種類」としてテキスト形式を指定することができます。ただし，テキスト形式にしてしまうと，レイアウト情報はすべてなくなるので注意が必要です。また，

18.　Windows 系の OS を利用しているコンピュータとやりとりする場合には，OS の標準フォントである "MS 明朝" や "MS ゴシック" を使うようにすると，トラブルを少なくできるでしょう。

図 5.9
テキスト形式の指定

図や表のデータもテキスト形式の文書ファイルでは扱うことができません。

演習 12

みなさんが利用しているワープロソフトウェアで図 5.1 (p.216) の文書データをワープロソフトウェア専用のファイル形式とテキスト形式の二つの種類で保存してください。これらの二つのファイルをそれぞれワープロソフトウェアで開き，どのように表示されるかを比較してください。また，二つのファイルの大きさを比較してその違いについて考察してください。

5.2　プレゼンテーションソフトウェアを利用した口頭発表

　これまで見てきたプレゼンテーションの手段は，主に紙媒体による情報伝達を意識した資料を作成する場合に役立つものでした。そこでは，説得力のある内容とするために多くの情報を効率よく，効果的に資料に載せるために，データを分析してグラフや表にしたり，図的な表現を工夫したりすることで，正確さに重点をおいた記述を心がけました。

　これに対して，口頭発表では限られた時間と資料で自分の伝えたいことを的確に相手に伝える必要があることが多く，そのような場合には詳細な内容を説明するよりも，むしろ要点を絞って簡潔に情報を提示することが大切です。詳細に説明する場合でも，表計算ソフトウェアやワープロソフトウェアで作成した資料をそのまま小さい文字で表示して，たんたんと一方的にしゃべるように説明したの

では，伝えるべき内容や考えはほとんど相手の記憶に残りません。つまり，口頭発表で使われる資料は，印刷物としての資料とはその役割が大きく異なるのです。

ところで，プレゼンテーションは，自分の意見や考えを効果的に人に伝達するためにはどうすればよいかを考える問題解決活動ですが，決して突飛で奇抜なことで目立とうとしてはいけません。みなさん自身が信憑性のあるデータを得て，それを表計算ソフトウェアなどの適切な手段を選択して処理し，聞き手に応じた表現方法と表現手段を選択して仕上げることができなければいけません。ですから，口頭での発表で利用する資料は，広告やポスターとは対象者や目的が異なり，人の目を引くセンセーショナルな表現や過激な内容が重要ではないことは明らかです。このように，目的や状況に応じて問題解決的に適切な表現方法を選ぶことが大切となるのです。

本節は，プレゼンテーションソフトウェアの基本的な役割と機能について理解することと，効果的なスライドを作成するために気をつけるべきポイントを整理することをねらいとしています。本節では，ワープロソフトウェアを使って紙面上に長い文章で詳細に記述するのとは反対に，プレゼンテーションソフトウェアを利用して，簡潔に要点を絞った口頭発表用のスライド資料を作成する方法を解説していきます。また，スライド資料を利用した口頭発表のやり方についても解説します。

5.2.1　スライド資料の作成

プレゼンテーションソフトウェア[19]は，プロジェクタや大型ディスプレイなどを用いて聴衆に提示するスライド資料を作成することができます。そして，最も重要な機能は，実際の口頭発表の場で，話の流れに合わせてスライド資料を提示しながら行うプレゼンテーションを支援できることです。そこで，本項では，紙媒体で作成された図 5.1（p.216）のレポートを口頭でプレゼンテーションするという場面を例に

① スライド資料の作成

② プレゼンテーションソフトウェアを使用した口頭発表の仕方

③ 口頭発表後の対応と作業

---

19. Microsoft Office がプレインストールされている PC では，ワープロソフトウェアの Word と表計算ソフトウェアの Excel だけが導入され，プレゼンテーションソフトウェアである Power Point は導入されていないことも多々あります。手持ちの PC に Power Point が導入されていない場合には，単体で，あるいは Office というセットで購入するしか方法はありませんが，そのような場合にこそ無償で使用できる OpenOffice が役立ちます。また，教育機関では Microsoft Office のライセンス契約をしていて，在学期間中は無償でそれらを使える場合がありますので，関連部署に問い合わせてみるとよいでしょう。

について解説します。

①　スライド資料の作成方法

　ここでは，口頭で行うプレゼンテーションの題材として，図 5.1 のレポートを取り上げます。このレポートを元に，具体的には，（1）発表タイトルの提示，（2）問題の背景，（3）問題点の指摘，（4）解決策の提案，（5）まとめ，の流れで聴衆に向けて口頭でプレゼンテーションするためのスライド資料を作成していきます。

　まずは，ワープロソフトウェアで作業をしたときと同様に，仕上がりのデザインにこだわらずに，スライド資料で使うデータを入力することに専念すべきです。ここで**スライド**（slide）とは，口頭発表の内容と同期して 1 枚ずつ順番にスクリーンなどの大画面に映写される各々の資料を指します。スライドはプレゼンテーションソフトウェアにおける情報の基本単位となっています。また，一つの発表に使われる，スライドが何枚か集まってできた 1 組のスライド群を，ここではスライド資料と呼びます。

（1）発表タイトルの提示

　さて，発表の一番はじめに提示するスライドは，発表のタイトルを知らせる表紙の役割を果たします。表紙では，最低限，聴衆にこれから始まる発表のタイトルと，発表会名，発表セッション名，発表日時など発表状況が識別できる情報，そして氏名や所属などの発表者に関する情報を示します。これから始まる口頭発表が見たいものであるか聴衆が判断しやすくする工夫が大事です。

　また，発表のタイトルは，発表内容がある程度想像できるような，内容を端的に伝えるものであることが望ましいでしょう。例えば，「電子メールの盗み見」というタイトルは，一見すると簡潔でわかりやすいように思われますが，これでは「電子メールの盗み見に反対」するレポートなのか，それとも「電子メールが盗み見られることに対して社会人としてとるべき態度」についてのレポートなのかわからない曖昧な表現です。そこで，例えば，図 5.10 のような表紙を作ります。

演習 13

みなさんが利用可能なプレゼンテーションソフトウェアが PC にあるかどうかを調べ，もしあればそれが何というソフトウェア名で，どのようにして起動し，操作できるのかを調べてください。なお，操作としては，スライドの作成，追加・挿入，順序変更，削除などの編集方法とファイルへの保存方法について調べてください。

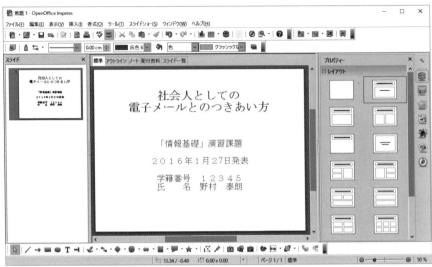

図 5.10
表紙の作成例〔OpenOffice 4 Impress〕

演習 14

みなさんが利用できるプレゼンテーションソフトウェアで，スライドのページスタイルを変更する方法を調べてください。また，ソフトウェアがあらかじめ用意しているページスタイルを調べ，実際にそれらを自己紹介のスライドに適用してみてください。

(2) 問題の背景

　ここで題材にあげているレポートは「会社で電子メールを使用する社会人としての態度」について説明する前提として，まず企業での電子メールの普及について調査したデータを元に説明しています。このような問題の背景に関する説明は，この後の発表の見通しをよくするためにも，最初に説明することが望ましいのです。例えば，図5.11（a），（b）のように，背景は2枚のスライドにまとめることができるでしょう。

　スライド資料では，要点をとらえて，できるだけ簡潔に文章を書くべきです。そのような書き方として，図5.11（a）の背景スライドに示したような**箇条書き**がよく用いられます。箇条書きのポイントは，要点を明確にするために修飾語や形容詞を少なくして，できる限り短い行に収まるように工夫して書くことです。"短い行に収まるように工夫して記述"というように体言止めを用いて述語のない文を用いる場合も多々あります。

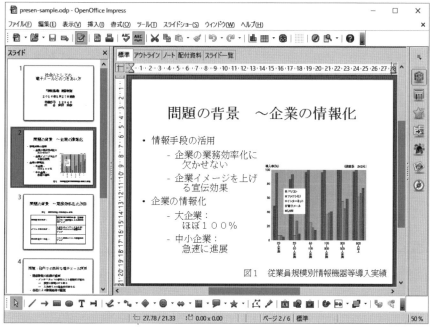

図 5.11（a）
背景説明スライドの例 1

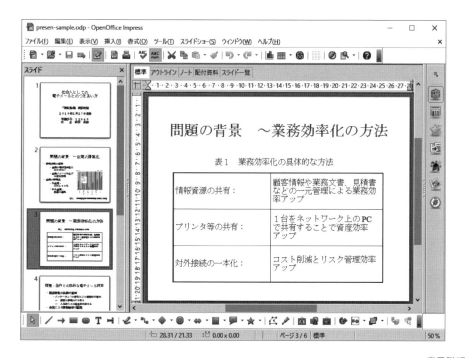

図 5.11（b）
背景説明スライドの例 2

演習 15

みなさんの形式的情報（フォーマルな情報）を箇条書きで列挙してください。そして，列挙された個々の形式的情報はどのような場合に公表してもよいかを検討してください。形式的な情報としては，例えば，身長，体重，スリーサイズなどの身体データや，賞罰，出身校，学校の成績などの経歴データなどが考えられますが，これらはどのような場面でなら公開可能でしょうか。あるいは逆にそれらのデータを示すと差し支えがあるのはどのような場面でしょうか。

　ところで，箇条書き形式では，分類カテゴリーの位置づけによって段落を下げたり，文字の大きさを変えたりすると，さらに見やすくなります。例えば“好き”，“嫌い”というカテゴリーの中に，“食べ物”，“本”，“運動”，“音楽”のようなジャンルが分類されているとすると，図 5.12 のように“好き”，“嫌い”というカテゴリーと個々のジャンルとの位置を変えることで，それぞれの位置づけや対応関係を明確に表現することができます。このような階層的な表現方法は，情報を分類，整理するための非常に強力な道具立てとなります。

　さらに，これらの背景のスライドは，図や表を組み合わせた構成となっています。一般的に，視覚に訴えるスライドの作成においては，1 枚の中に多量の文字を入れることは好ましくありません。文字が多くなると，相対的に文字の大きさが小さく

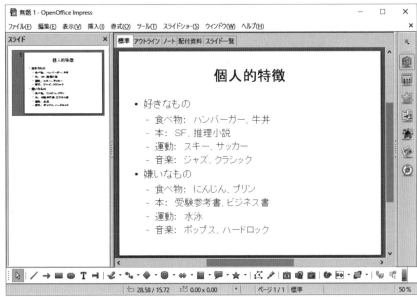

図 5.12
階層的な情報整理の例

なったり，階層が深くなったりして，聴衆にとっては見づらく，そしてわかりづらくなってしまいます。ですので，特にスライドを作成するにあたっては，図を効果的に活用することが大事です。図は，文字に比べて具体的かつ総体的に対象を表現できるため，複雑な構造をもつ情報であればあるほど，聴衆の理解を助けます。

　また，統計資料のような多量の数値データなどは，表やグラフの形で整理することで，やはりわかりやすくできます。ただしグラフには，4.2.2.3 項で説明したように，棒グラフ，円グラフ，折れ線グラフ，散布図などの表現意図の異なるカテゴリーがありますので，その意図をよく理解して，適切に選択することが大切です。

(3) 問題点の指摘

　いよいよ，発表の核心部分である，問題意識を説明するスライドを作成します。やはり，図 5.13 のようにスライドの内容は箇条書きにして，端的に示します[20]。

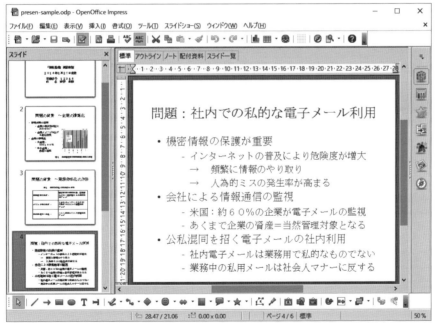

図 5.13
問題点指摘スライドの例

---

20. 問題指摘や提案などのように意見を主張する際には，長年のノウハウから，主張点を 3 つに集約して提示すると相手に伝わりやすく，記憶に残りやすいといわれています。しかもこのような作業を通して，多数の項目を自分なりに整理したり，不足していることへの再考を促したりもできますので発表者にとっても有益です。是非みなさんも気にかけてみてください。

(4) 解決策の提案

そして，取りあげた問題に対して，解決策としての自分の意見，すなわち仮説を示します（図5.14）。

(5) まとめ

最後に，発表全体を総括するスライドを作成します。ここには，発表で行った内容を簡単に振り返った上で，結論を示します。具体的には，図5.15のようになります。

口頭発表では特に，発表内容を締めくくる最後のまとめが発表内容を最終的に総括するだけではなく，発表全体を印象づける上でも重要なので欠かすことができません。

演習 16

みなさんの形式的ではない情報（非形式的情報，インフォーマル情報）を箇条書きで列挙してください。そして，列挙された個々の非形式的情報がどのような場合に公表しても差し支えないかを検討してください。また，形式的情報と非形式的情報とを比較して，それぞれにどのような特徴があるかも考えてみてください。

演習 17

みなさん自身で自分を紹介するのに最も適当と思われる内容を1枚のスライドで表現してください。また，そのスライドの内容をよく表したタイトルをつけてみてください。

演習 18

みなさんが利用できるプレゼンテーションソフトウェアで，スライド順序の変更や，スライドの削除，別スライドの挿入，表示/非表示の変更などのやり方を調べてください。

② プレゼンテーションソフトウェアを使用した口頭発表の仕方

プレゼンテーションソフトウェアには，スライド資料を作成する機能とともに，作成したスライドをモニタ画面全面に1枚ずつ順次表示していく機能が用意されています。このスライド提示機能は多くのプレゼンテーションソフトウェアで**スラ**

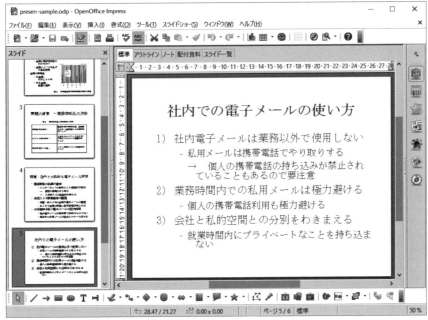

図 5.14
解決策提案スライドの例

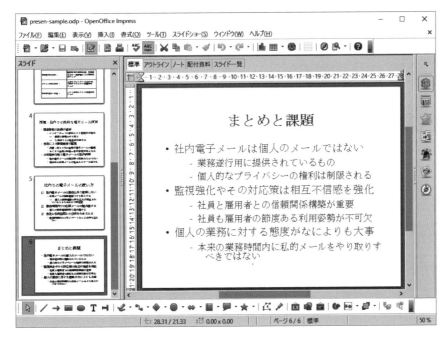

図 5.15
まとめスライドの例

イドショー（slide show）[21] と呼ばれています。この機能を用いて，モニタ画面をプロジェクタや大画面モニタに映し出す [22] と，大勢の聴衆に対してプレゼンテーションスライドを提示することができます。

　通常の設定では，スライドの切り替えは手動になっているので，切り替えを指示されるまでそのスライドを表示し続けます。次のスライドに切り替えるには，マウスの左ボタンを一度クリックします。また，タイミングが合わずにスライドが先に進みすぎてしまったときや，説明の都合で前に表示したスライドに戻らなければならないときは，やはりマウス操作によって任意のスライドに戻ることができます。

演習 19

みなさんが利用できるプレゼンテーションソフトウェアで，スライドショーを実行させる方法を調べてください。また，スライドショーで表示するスライドを次または一つ前に切り替える操作方法を調べてください。

　発表で使用するスライドは一過性の情報なので，聴衆はその内容を記憶に留めておくために重要な部分をメモしたり，書き写したりすることでしょう。学会の発表や卒論の発表などでは，発表の抄録や論文が印刷資料として手元に配布されることが多く，詳細な数値データに基づいた表やグラフなどの多くもその中に記載されていることでしょう。しかし，発表直前に新しく入手したデータに基づいた資料を盛り込んだり，企業のプロジェクトや商品説明などの場面では，手元に印刷資料がまったくないこともあります。そのような場合には，プレゼンテーションソフトウェアの配布資料印刷機能を利用して，スライドを印刷して配布することができます。

演習 20

みなさんが利用できるプレゼンテーションソフトウェアで，聴衆に事前に手渡すハンドアウトのような配布資料を作成し印刷する方法を調べてください。

21.　OpenOffice Impress や Microsoft PowerPoint などの多くのプレゼンテーションソフトウェアでは，スライド提示機能を“スライドショー”と呼んでいます。

22.　プロジェクタや大画面モニタに表示するためには，それらが接続された PC でプレゼンテーションソフトウェアを実行するか，自分の PC をそれらの提示装置に接続するかしなければなりませんが，自分の PC を接続する場合には接続ケーブルやコネクタの形状に特に注意が必要です。2021 年現在でも VGA という規格の標準コネクタがあればほぼ問題なく接続可能ですが，タブレット型やノート型，MacOS 系の PC では特殊なコネクタ形状が利用されていたり，大画面モニタでは HDMI という新たな標準規格のインタフェースしかない場合も増えてますので，プレゼンテーションの前に接続できるかどうかを調査し，テストしておくことを強くお勧めします。

③　口頭発表後の対応と作業

　発表が終了してしまうとすべてが終わったような気になりがちですが，実は発表後の対応と作業は発表することと同じくらい大切です。まず，発表の場では質疑応答が重要です。質問項目には予測可能なことから，まったく予期できないことまでさまざまありますが，この受け答えによってはプレゼンテーションの評価や発表内容の信憑性もが決定づけられるので，真摯な態度で対応しなければなりません。また，質疑応答は，理解したつもりになっていた点，重要だと感じていなかった点など自分がこれまで気づかなかった点に気づかせてくれたりするので，自分自身を試したり，磨いたりするたいへんよい場であるといえます。

　このように，質疑応答はある意味で重要な情報収集や情報交換の場でもあるわけですから，その場で得られた情報は忘れないうちに記録して，整理しておくべきです。そして，ほとぼりが冷めないうちに，問題点の検討や不足している情報の収集をすれば，発表内容を見直したり，より優れた発表資料を作成するための礎となることでしょう。そこまでの作業ができない場合でも，少なくとも発表原稿や発表スライドはしかるべき場所に保管しておかなければなりません。それにより，後日の質疑や問い合わせにも迅速かつ容易に対処できるでしょうし，それらを再度利用するときにも役立ちます。なお，このような後日の連絡に備えて，発表時の資料には連絡先を明示しておくことを忘れてはなりません。

　口頭でのプレゼンテーションは一回限りのことで，発表が終わってしまえば後は野となれ山となれ…，という考え方や感覚が横行しているかもしれません。しかし，一度なされたプレゼンテーションは聴衆の記憶に残り，場合によっては強い印象を与え，その後の社会に少なからず影響を及ぼすものと考えなければなりません[23]。そのような意味からも，たとえ一回限りの口頭発表であっても，発表内容に責任をもって答えられるように発表資料をしっかり保管しておくべきなのです。

5.2.2　プレゼンテーションソフトウェアの特徴と利用上の注意点

5.2.2.1　プレゼンテーションソフトウェアの特徴

　本章の最初に述べたように，プレゼンテーションとは一般に"他人に自分の伝えたい情報を意図的に伝える行為"を意味します。しかし昨今では，プレゼンテーションは"大勢の人の前で自分の意見や考えを伝える行為"を指しており，以下のよう

---

23. 酷いプレゼンは，その内容よりも発表者自身に対する酷評として強く印象づけられることとなりますので，くれぐれも心して取り組んでください。

なさまざまな方法で行われています。

- ポスター

  1 枚の大きな紙上にストーリーに沿って並べられた図表や説明によってひとまとまりの情報を提示する方法です。学会の発表などでは現在でも一般的に用いられています。一覧性に優れていることや，発表するための空間的スペースが少なくて済むこと，口頭発表のような時間的な制約を受けないことなどが特徴で，一度に多くのプレゼンテーションを行うのに適しています。

- スライド映写機・OHP

  ひとまとまりの情報をストーリーに沿って小さな単位に区切り，その一つひとつを紙芝居のように順番に提示する方法です。スライド映写機では，銀塩写真のネガフィルムを作成するのと同じ手法で白黒が反転したポジフィルム [24] を作成し，それに光を当てて拡大し大きなスクリーンに映し出して多くの人に情報を提示します。銀塩写真と同じ手法を使えることから，カメラで撮影した実写静止画を簡単に提示することができるのが特徴です。一方，OHP は，スライドフィルムの代わりに透明なプラスチックフィルムシート（OHP シート）を用いて，直接手書きしたり，紙の資料をコピー機で転写したり，PC で作成した資料をプリンタで印刷したりでき，スライドフィルムを作成して映写するより手軽にかつ柔軟に利用できるため，PC 画面を直接投影できるプロジェクタや大型ディスプレイが普及する以前のプレゼンテーションの場で多用されていました。

- 映画・ビデオ

  動画による情報提示ができます。ビデオであらかじめストーリー全体を作っておいて，それを流しながら解説を加えるといったプレゼンテーションをします。この方法では，正確な時間でプレゼンテーションを終えることができます。

プレゼンテーションソフトウェアはこれらのプレゼンテーションの方法を支援するためのコンピュータソフトウェアを意味しているだけではなく，上記の三つの方法をミックスした，まさにマルチメディアとしての特徴を生かしたプレゼンテーションを行うことができるのです。本書では詳述しませんが，プレゼンテーションソフトウェアではスライド内のオブジェクトの表示／非表示や表示位置などをコン

---

24. ネガフィルム（陰画）を反転させて通常光で直接見ることができるフィルムをポジフィルム（陽画）と呼びます。

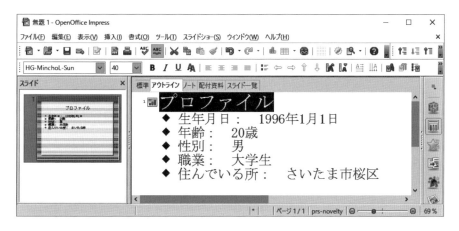

図 5.16
アウトラインモード表示例［OpenOffice 4 Impress］

トロールでき，それらを自動的に実行させたり，さらには表示スライドを自動的に切り替えさせたりすることで動的なスライドも作成することができます（課題 5-10 参照）。詳細については，各プレゼンテーションソフトウェアのマニュアルやヘルプを参照してください。

　さらに，発表のストーリーを考える際には，提示するスライドそのものではなく，内容を構造的に表示するほうが直観的で内容を検討しやすい場合もあります。そのような機能を**アウトライン機能**と呼び，多くのプレゼンテーションソフトウェアで図 5.16 のような階層的な箇条書き形式でスライドの内容を表示できます。

演習 21

みなさんが利用できるプレゼンテーションソフトウェアで，スライドセットのアウトラインを表示したり，アウトラインを加工修正したりする方法を調べてください。

　プレゼンテーションソフトウェアでは，発表者支援機能として個々のスライドに説明書きや講演原稿を記しておくことができます。各スライドに説明をつけておくことで，講演時に注意することをチェックできるだけではなく，後日再講演するような機会が訪れたときの準備資料としても役立ちます。また，説明書きの記述を工夫することで，詳細な説明書きを付加した講演資料として印刷配布することにも利用できます。

演習 22

みなさんが利用できるプレゼンテーションソフトウェアで，スライドに説明書きを
つける方法を調べてください。

5.2.2.2　スライドのバックアップとプレゼンテーションの事前点検

　プレゼンテーションソフトウェアで作成したスライドセットを利用して発表する
ときには，紙面による発表資料とは異なり，発表の場で期待どおりにスライドが提
示できるかどうかを常に考慮しておかなければなりません。最も確実なのは，スラ
イドを作成したコンピュータを使って，そのコンピュータとの接続試験が完了して
いるプロジェクタを接続して発表するケースです。このケースでは機材に支障が生
じない限りは，問題なくプレゼンテーションが実施できるでしょう。

　次に確実なのは，スライドを作成したコンピュータを持参して会場のプロジェク
タに接続して発表するケースです。ただし，持参するコンピュータにプロジェクタ
と接続するためのコネクタ[25]がついていることが前提ですが[26]，いずれにしても会
場に持参する以前に，会場の担当者に接続可能なコネクタや用意されている接続
ケーブルなどを問い合わせておく必要があります。

　そしてよく問題が発生するのが，プレゼンテーションソフトウェアのスライド
データのみを USB メモリで持ち込んだり，インターネットサイトからダウンロー
ドしようとしたりするケースです。会場に発表用機材が用意されている場合，それ
を使って手持ちのデータを表示することができれば，わざわざ重くてかさばる機材
を運搬する必要がなくなるのでたいへん便利です。しかし，このケースには二つの
大きな注意点があります。一つは会場に用意されているコンピュータで持ち込んだ
データ記憶媒体やインターネットが利用できるか否かという点です。一般に市販さ
れている USB メモリであればたいていは利用可能[27]ですが，用意されたコンピュー
タのオペレーティングシステムが異なっていたり，逆に USB メモリが記憶容量の
大きい最新型であったりした場合，うまくアクセスできないことがあり，危険が伴
います。また，会場のコンピュータはプレゼンテーションソフトウェアの使用が目

---

25. 通常は 15 ピンのメス型 VGA コネクタ (15 個の穴が 3 段にわたって開いている) です。今日，多くのノート型 PC やタブレッ
ト型 PC，特に MacBook などのディスプレイ用コネクタは特殊な形状をしているため，VGA 接続する際にも専用の変換コ
ネクタを必要としています。なお，これからの標準は HDMI になると考えられますが，2021 年現在，プロジェクタの側で
の対応状況はまだ一般的とはいえず，しかも VGA と同様に PC 側のコネクタも多様化しています。
26. それでも事前の接続試験をしておくことは欠かせません。
27. USB メモリ自体が何らかの障害でアクセス不能となったり，認識できなかったりすることもありますので，絶対とは言い
切れない状況です。

的ですので，インターネットに接続されていないこともしばしばあり，接続されていたとしてもセキュリティ上アクセスが制限されていてデータをダウンロードできなかったり，目的とするサイトに到達できなかったりすることもありますので，安全でクールな方法とはとてもいえません。

　もう一つの注意点は，会場のコンピュータで使えるプレゼンテーションソフトウェアで，作成したスライドデータを利用できるか否かという点です。スライドを作ったプレゼンテーションソフトウェアとまったく同じ版[28]でない場合，同じソフトウェアでありながらまったく読み込めないということもあります。このような問題を回避するために，最近では事前に発表スライドの提出を求められることもよくあります。ただし，対応可能なソフトウェアを使ったケース[29]でも，文字の感じやレイアウト，行数，特殊記号表示などの差異から，スライドの印象がまったく異なってしまうことさえあるのです。そのため，特殊な機能をふんだんに使ったスライドや，ビデオのような AV データを使ったスライド，印象が大切な商品説明のためのスライドなどでは，資料提示用のコンピュータは常に持参するべきでしょう。

　以上のように，ソフトウェアを使ったプレゼンテーションでは，常にプレゼンテーション環境についての注意を怠ってはならないのです。また，確実と考えられる場合でも本番での不慮の事態に備えて，スライドデータのバックアップやハンドアウトのような紙の資料も用意しておくべきでしょう。

5.2.2.3　スライド作成における考慮点

　プレゼンテーションソフトウェアを使ってスライド資料を提示する場合と，紙によって資料を提示する場合とでは，資料の目的が違うため，作成時に考慮すべき点が違ってきます。口頭発表で使うスライド資料は，(1) 聴衆を引きつけて発表内容に注意を払ってもらうとともに，(2) 要点を順序立てて簡潔に伝えて理解を促し，(3) 重要なことを特に強調して記憶に留めてもらうように作成します。それは，限られた時間内で多くの人を対象としたわかりやすさを追求すると同時に，自分の主張を説得力をもって伝えなければならないからです。これに対して，紙の資料は後

---

28. ソフトウェアの "バージョン（version）" とも呼ばれていて，同じソフトウェアで作られたデータでも版が異なると利用できないことがあります。

29. 例えば OpenOffice Impress では Microsoft PowerPoint のデータを利用可能ですし，最新版の PowerPoint で以前の PowerPoint で作成されたスライドを利用することもできます。しかし，特殊記号やレイアウトの微細な部分で再現性に差が出ることがあるので，注意が必要です。細かい部分の差によって改行位置や文字の行数にも変化が出ますし，スライド全体の印象が変わってしまうことさえあります。特に，同じ PowerPoint でも Windows 版と Macintosh 版では違いが顕著ですので注意してください。

で読み返すことができ，資料として残り，文面からさらに深い意図をくみ取ることができるのです。

しかし，プレゼンテーション資料では，往々にして (1) と (3) のような表面的な飾りつけに心血が注がれてしまい，肝心な (2) についてはあまり考慮されていないケースも見受けられます。そこで，口頭での発表や説明のための資料に求められる質の高い内容について簡単に整理すると以下のようになります[30]。

- 話に矛盾がなく，信憑性の高い内容である
- 話の論点および起承転結が明確である
- 話の飛躍がないように順序立てられている

このうちの二つ目についてはよい文章の雛型として必要性が説かれていますが，他人に自分の考えや意見を示すときにも同様の形式が有効です。日本語の文章スタイルでは，多くの場合には以下のような構成になります。

1. 背景 —— 自分がそのような考えや意見をもつようになった経緯や原因を示す
2. 状況 —— これまでの同様な考えや意見，取り組み，主張などについての状況を分析してまとめた形で示す
3. 主張・本論 —— 分析を踏まえて自分の主張や考えを示す
4. 結論 —— なぜ自分の主張する考えが他の考えよりもよいのか，なぜその意見がもっともらしいのかなどを論じながら本論を結論づける

これを，プレゼンテーションするには，発表時間との関連でそれぞれを 1 〜 2 枚のスライドで順番に示すのが妥当と考えらえます。

なお，プレゼンテーションスライドの良否にも文章と同様にさまざまな視点があります。例えば，形式面では，見やすさ，視覚的なインパクトといった印象評価から，文字の大きさ，色の使い方（配色），レイアウト（配置），背景の選択など図的要素に関係することまであります。また，内容面では，各スライドの内容は適切な分量であるか，説明の順番は適当であるかといった情報の整理の観点や，わかりやすい表現を使っているか，漢字の混ざり方は適当か，図表の扱い方は適当か，といった情報の表現の観点などがあります。これらについては表 5.1[31] にまとめて示しましたので，参照してください。

---

30. これらに抵触するようなプレゼンテーションは危険性が高い内容であると考えることができるでしょう。例えば，うまい話を聞かされたときは，ここにあげられた点をよく吟味してみるべきですし，みなさん自身でも情報に対する独自の評価視点をしっかりもつことが肝要です。

31. この表はプレゼンテーション前のスライドに対する自己評価シートとしても利用できます。

5.3　不特定多数に向けた情報発信

　私たちは WWW を使ってインターネットに接続された世界中の Web サーバ上にある Web ページを閲覧することができるようになりました。それは同時に，Web ページを Web サーバ上に公開することで，世界中の多くの WWW 利用者に対して情報を発信できることを意味しています。昨今では Web 検索エンジンの普及と検索能力の拡大により，他の Web ページからのリンクがあまり多くないページでも，検索対象として見つかる可能性が増しています。

　これまで，不特定多数に向けて情報を発信するには，ラジオやテレビ，新聞，雑誌などのいわゆるマスメディアを利用する以外になく，しかもそれらを個別の要望に応じて簡単かつ自由に利用することはほぼ不可能なことでした[32]。しかし，WWW は，Web ページさえ公開できれば世界中の WWW 利用者に対して簡単に情

表 5.1　プレゼンテーションスライド改善視点表

	改善視点	評価	コメント
課題の指示	タイトルスライド（表紙）には必要な内容が示されているか		
	最後のスライドはまとめとして必要な内容が示されているか		
	各スライド（本体）には必要な内容が盛り込まれているか。各スライドには内容を簡潔に示すタイトルがつけられているか		
内容面	各スライドに記入されている内容（文字，図表の量）は多すぎないか		
	各スライド内で，提示する順序や説明する順序に沿ったレイアウトになっているか		
	一連のスライドは，提示する順序や説明する順序に沿って適切に情報を整理し，まとめられているか		
	まとめスライドは全体の内容を適切にまとめているか		
形式面	文字の種類や装飾（下線，網掛けなど），色使いは効果的か		
	図表の扱い方は効果的か（図表を使った方がよいところ，図表にしないほうがよいところなど）		
	ページスタイルを使って効果的な提示方法を工夫しているか		
	各スライドに記入されている文字や図表は小さすぎないか（大きな会場の後ろからでも視認できるか）		

　評価者は，"◎＝たいへんよい"，"○＝だいたいよい"，"△＝少し改善が必要"，"×＝かなり改善が必要"の 4 段階でプレゼンテーションスライドを評価して "評価" 欄に記入してください。また，気づいた点や具体的な改善方法など，改善の際に役に立つコメントも加えてください（×△については必須）。

32.　スポンサーになって利用料を払い番組全体を買い取ればできない相談ではありませんが，一般の人々が日常的に買えるような金額ではないでしょう。

報発信ができます。しかも，ネットワークプロバイダの普及によって，個別のサーバを用意したり，サーバを管理する手間を必要とせずに，利用料を支払うだけでWeb サーバが利用できるようになってきました。つまり，WWW はこれまで困難とされてきた不特定多数に向けた情報発信を手軽に，かつ自由にできる環境を提供してくれたのです。

Web ページの作成と公開は，以下に説明する必要な操作さえ理解してしまえば技術的にはそれほど難しいことではありません。そのため，Web ページを作成したり，更新することを何回か繰り返すことで，さらに豊かな表現力を身につけることができるでしょう。

前節まで，紙媒体によるプレゼンテーション，スライド資料を使ったプレゼンテーションについて解説してきましたが，これらはいずれもプレゼンテーションする相手が比較的特定されていました。例えば，スライド資料を使った口頭発表は，学会や講演会といったある程度聴衆の顔が見える場所で行われます。そのため，これまでは情報発信とそれに対する倫理的な問題，責任の問題についてくわしく述べてきませんでした。しかし，WWW を使って Web ページとして自分の意見をプレゼンテーションしようとする場合，相手は世界中の WWW を使っている不特定多数の人になります。つまり，WWW による情報発信では，私たちがそれらを使いこなすよりも先に，発信した情報が及ぼす社会的影響の問題が表面化してしまうことを意味しています。このような現象は WWW に限らず，今後新しく開発されるであろうさまざまな情報技術が社会に浸透してくる際に，同様の状況を引き起こすと考えられます。

情報や情報技術とよりよく付き合っていく上で，私たちは，技術に振り回されない信念として情報倫理や情報モラルの問題に対する考え方を身につけて，よりよい未来の情報社会のデザインに参画していくことが必要です。

本節では，WWW の技術的な側面を，実際に Web ページを作成してインターネット上で公開する作業を通して知るとともに，著作権をはじめとする情報倫理，情報モラルの問題について解説します。

5.3.1　HTML

WWW のコンテンツである Web ページはハイパーテキスト（hyper text）とも呼ばれます。その理由は，単に文字ばかりではなく，画像や音声を取り込んだり，必要に応じて関係する別のページへ飛んでいったりすることができるからで，テキストの概念を越えたテキストという意味でそのように呼ばれます。

　ところで，Web ページは Web ブラウザで見ればハイパーテキスト形式で表示されますが，実はその中身はエディタで作成するテキストデータと同じように，一般的な ASCII テキストとして表現されています。そのため，ワープロや表計算などのアプリケーションソフトウェアのデータファイルと異なり，エディタを用いて簡単に作成することができますし，Web ページの内容を見ることができます。

　このように通常の ASCII テキストとして記述されている Web ページを，図形や画像，音声，他のページへのリンクなどを伴ったハイパーテキストとして機能させるためには，各種機能の指示や制御が HTML（Hyper Text Markup Language）形式で記述されていなければなりません。HTML は記述言語というよりは，テキストファイル中に埋め込むための機能の指示や制御を行う命令で，**タグ**と呼ばれています。タグには英文字の略号が用いられており，テキストと区別するために "<>" で囲んで表現されます。HTML が含まれているファイルは，他のファイル形式と区別するためにファイル名の後に "html" という拡張子がつけられます[33]。

　ここでは，自己紹介の Web ページを作成してネットワーク上に掲載することを例として説明します。基本的な流れは以下のようになります。

① 　HTML ファイルおよび一連の必要なファイルを作成する

② 　HTML ファイルを Web ブラウザで開いて表示を確認し，必要に応じてファイルを修正する

③ 　HTML ファイルおよび一連の必要なファイルを Web サーバに転送する

演習 23

適当な Web ページを開き，Web ブラウザの「ページのソース」や「ソース」コマンドを指示して，そのページが HTML でどのように記述されているのか見てください。

---

33. Web ブラウザはファイルの拡張子を参照して，ファイルの中身がハイパーテキスト形式かどうかを判断するので，拡張子を忘れずにつけなければなりません。なお，Windows では 3 文字の拡張子を使うのが通例となっているため，"html" ではなく "htm" を用いることがありますし，場合によっては自動的に "htm" がつけられてしまうことさえあります。最近の Web ブラウザではどちらでも読めるようになっていますが，どのようなシステムからでもアクセスできるようにするためには，できるだけ拡張子を "html" にすべきでしょう。

①　HTMLファイルおよび一連の必要なファイルを作成する

通常，HTMLファイルは以下のような形式をしています[34]。

〈HTML〉
〈HEAD〉
　　このテキストに関する情報（HEAD部）
〈/HEAD〉
〈BODY〉
　　Webブラウザで実際にハイパーテキスト形式で表示される情報（BODY部）
〈/BODY〉
〈/HTML〉

　これらはHTMLのテキスト構造を示すためのタグです。〈HTML〉はHTMLの始まりを，〈/HTML〉はHTMLの終わりを意味しています。後述するように一つだけで機能するタグもありますが，タグの多くがこのように始まりと終わりの組み合わせになっており，タグの名称の前に“/”がつくと同名のタグの終わりを意味します。HTMLファイルはかならず〈HTML〉で始まり，〈/HTML〉で終わります。また，HTMLはHEAD部とBODY部の二つの部分からなり，この順番に定義されます。

1. HEAD部は〈HEAD〉～〈/HEAD〉で表され，ページのタイトルや特徴，制作者情報などのテキストに関する情報をここに記述します。ブラウザウィンドウ上にタイトルを表示するための〈TITLE〉～〈/TITLE〉タグ以外は，基本的にブラウザ上に表示される情報ではありません。

2. BODY部は〈BODY〉～〈/BODY〉で表され，ここに記された情報が実際にブラウザ上にハイパーテキストとして表示されます。

　HTMLは画面や文字，ウィンドウがどのように設定された利用環境で見られるかわからないので，明示的に指定しない限りは，文章の改行や行数は見る人の環境に合わせて自動的に調整されるようになっています。最近では，〈style〉タグを使用してWebブラウザが自動的に行数や文字数などを調整できないようにデザイ

---

34. HTMLファイルはASCIIの文字ファイルなので，エディタだけで簡単に作成することができます。そして，Webブラウザは，指定されたHTMLファイルからそれらのASCII文字を読み出してWebページとして表示するように処理します。そのため，WebブラウザではASCIIの文字ファイルであれば，まったくHTMLのタグが指定されていなくてもそこに書かれている文字をそのまま表示することができます。Webブラウザはエディタのように内容を修正することはできず，あくまでも表示する機能しかないので，ASCIIの文字ファイルを読むために使うことはあまりないでしょうが，Webブラウザは多くの言語コードに対応しているので，英文字やShift-JISなどの特定の漢字コード以外で書かれた文字ファイルを読むことができます。さらに，利用しているPCに文字フォントが実装されていれば，中国語や韓国語などの言語で書かれた文字ファイルを読むこともできます。

ンされているページをよく見かけます。しかし，情報の発信や提供を重視するのであれば，できるだけ多くの環境から見ることができるよう，提供者側で見る人の環境を制限するのではなく，見る人の環境に応じて表示の自動調整機能が働くようにしておくことが望まれます。

図 5.17 に示すのは，基本的なハイパーテキストの機能を含んだ自己紹介ページの例です。HTML で利用するタグは HTML のバージョンアップに伴って分厚い辞典として発行されるほどに多数存在しています。しかし，この例に示したようないくつかの基本的タグを用いるだけでも，結構多様な Web ページを作成することができます。この例では，ハイパーテキストの特徴である他のページへのリンク先ポインタと，文字以外のメディアとして画像ファイルを含んでいます。

まず，図 5.17 の例に示された HTML ファイルを作成して，利用しているコンピュータのディスクに "index.html" という名前で保存します。タグは英大文字あるいは英小文字のどちらで指定してもかまいません [35]。そして，図 5.18 のように PNG 形式や JPEG 形式の図形ファイルを作成できる描画ソフトウェアを用いて，適当な図

```
〈HTML〉
〈HEAD〉
〈TITLE〉○○○○のホームページ〈/TITLE〉
〈/HEAD〉
〈BODY BGCOLOR=PINK〉
〈H2〉○○○○のホームページへようこそ！〈/H2〉
〈BR〉
〈HR〉
私が描いた画像を見て下さい。
〈BR〉
〈IMG SRC="fig1.jpeg"〉          ← fig1 の部分には具体的なファイル名が
〈HR〉                              入る（PNG 形式の場合は fig1.png）
〈A HREF="http://arts.kyy.saitama-u.ac.jp/"〉  ←リンク先の部分はどこでもよ
私がよくアクセスするページです。                いが，実際に参照できるペー
〈/A〉                                          ジを指示する
〈BR〉
〈/BODY〉
〈/HTML〉
```

図 5.17
自己紹介 Web ページの HTML 表現例

---

35. 大文字と小文字を混合して，〈TITLE〉 ～ 〈/Title〉 のように用いても問題ありませんが，間違いの原因ともなりかねませんし，見栄えの上からも揃えて書くべきでしょう。

を描画します。描画した図形をそのソフトウェアが保存できるファイル形式に合わせて "fig1.jpeg" または "fig1.png" というファイル名で，先に保存した "index.html" と同じ場所に保存します [36]。

②　HTML ファイルを Web ブラウザで開いて表示を確認し，必要に応じてファイルを修正する

　図形ファイルが用意できたら，Web ブラウザを使い，「ファイルを開く」や「ページを開く」などのコマンドで先に保存した "index.html" というファイルを開くと，図 5.19 のようなページが表示されます。このように作成したファイルは，Web ブラウザを使って確認することができます [37]。

　図 5.17 で用いられているタグには，以下のような意味があります。

❖　〈TITLE〉タイトル〈/TITLE〉

ブラウザウィンドウに表示されるタイトルを定義します。

❖　〈BODY BGCOLOR=PINK〉

ページの背景色をピンク色にします。BODY タグには，このようにページ全体の定義を入れることができます。"PINK" の部分に BLUE，GREEN，RED，YELLOW，WHITE，BLACK，BROWN，PURPLE，TURQUOISE などを入れることで一般的な色を指定できます。また，RED，GREEN，BLUE をそれぞれ 00 ～ FF（16 進数で 255）の 256 段階で表して組み合わせた 6 桁の数字（000000 ～ FFFFFF）を用いることにより，約 1600 万色の色表現が可能です。

また，TEXT の指定を記述するとページ全体の文字の色を変えることができます。

<BODY BGCOLOR=BLACK TEXT=WHITE>

しかし，ページ全部ではなく一部の文字色だけを変更したいときは，対象となる文字を下記のように FONT タグで囲って指示します。

<FONT COLOR=RED> 文字列 </FONT>

なお，BODY タグに下記のような BACKGROUND の指定を記述すると，ページの背景に画像ファイル（xxxx.jpeg）を入れることができます。

<BODY BACKGROUND="xxxx.jpeg">

---

36. これらのファイルは同じディスクというだけではなく，同じディレクトリ（フォルダ）に入っていなければなりません。

37. この作業はネットワークに接続していないオフライン状態でも可能です。ただし，ネットワーク上の他のページを参照している部分の動作確認はできません。

図 5.18
任意図形描画例

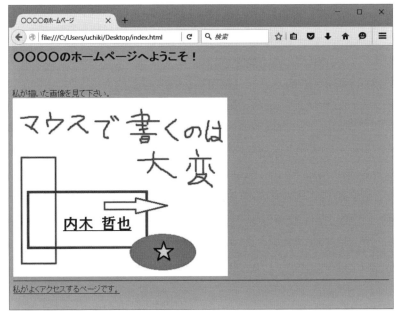

図 5.19
任意図形を入れた Web ページ例［Firefox］

❖ 〈H2〉見出し文字〈/H2〉

見出し（ヘッダ）とその文字の大きさを指定します。H1（最大）から H6（最小）まで指定できますが，6 以上を指定すると標準サイズで表示されます。

❖ 〈HR〉

ページに横の区切り線を入れ，段落や話題の区切りを表現します。

❖ 〈BR〉

改行を指示します。

❖ 〈A HREF = "http://arts.kyy.saitama-u.ac.jp/"〉リンク名〈/A〉

　リンク先を指定します。通常は "リンク名" に下線がつき青色になります。リンク名をクリックすると HREF で指定されたサーバにあるトップページのファイルにアクセスします。トップページはスタートページとも呼ばれ，一般的に index.html というファイル名がよく利用されています。ホームページという用語は元来このトップページを意味していましたが，現在では Web ページ一般や Web サーバ全体を指す言葉として利用されていますので，このような別の名称が使われています。なお，参照ページが index.html 以外のファイル名だったり，別のディレクトリにあったりする場合には，"http://arts.kyy.saitama-u.ac.jp/outline/curriculum.html" のように，アクセスするディレクトリ名やファイル名まで正確に指定しなければなりません。一方，現在作成中のこのページと同じサーバ内にある別の Web ファイルを参照するときは，HREF = "xxxxxx.html" のように，"http://" を書かずに直接そのファイル名を指定するだけでアクセスできます。

❖ 〈IMG SRC = "xxxx.jpeg"〉

表示する画像ファイル（xxxx.jpeg）を指定します。HTML で使用できる画像ファイルは，一般的には JPEG か GIF か PNG の 3 形式です。ファイルの形式はどれを用いてもよいのですが，写真のようにデータ量が多く多種類の色を必要とする場合には JPEG 形式か PNG 形式を用いるのが一般的です。実際に，GIF 形式はアイコンやワンポイントのグラフィックスのような色数の少ない画像で多用されています[38]。また，GIF 形式では一つのファイルに複数の画像を入れてそれらを順次表示することで簡単なアニメーションを表示することもできます。このようなファイルは特にアニメーション GIF と呼ばれており，インターネット上でフリーの素材やそれを作るためのソフトウェアが数多く提供されています。

38.　256 色以下の画像の圧縮形式です。

　ここで注意が必要なことは，画像ファイル名の拡張子についてです。画像や図形を保存するためにはいくつかのファイル形式を用いることができますが，通常Webブラウザで表示できる画像はJPEGとGIF，PNGの3形式のみです。そして，拡張子はそのファイルのアクセス方法を示しているので，GIF形式で保存したファイルなら拡張子は"gif"でなければならず，別の拡張子で保存したり別の拡張子に変更したりすると，そのファイルを表示しようとしたときにエラーとなってしまいます。そのため，他の画像形式で作成されたファイルを用いたいときには，そのファイルを利用できるアプリケーションに一度読み込ませてから，JPEG形式やGIF形式，PNG形式で保存し直さなければなりません。

　またWindowsシステムでは，ファイルには3文字の拡張子を使うのが通例となっているため，特別に指定しない限りは"html"を"htm"，"jpeg"を"jpg"と3文字で表現しています。拡張子が3文字で指定されている場合には，"index.htm"とか"xxxx.jpg"と書かなければなりません。拡張子が"html"や"jpeg"となっているファイルを修正する場合には，修正ファイルを保存する際にわざわざ拡張子を3文字に変更するケースは少ないようですが，他のシステムやWebページから得られたデータを用いる場合には特に注意が必要です。今日のWebブラウザはどちらの拡張子表現にも対応していますので，どちらを使用しても問題はないようですが，近年では4文字の"html"と3文字の"jpg"を用いるのが一般的となっています。

演習 24

いま使っているシステムで，GIF形式やJPEG形式の図形や画像を作成したり，修正できるソフトウェアとその利用方法について調べ，自分のオリジナルの図形を作成してください。そして，上の例を参考にして自分のWebページを作り，index.htmlというファイル名で保存してください。

演習 25

同じ文字列に対してH1からH6まで見出しを指定し，その大きさの違いを調べてください。また，H0やH7のように1〜6以外の数字を指定するとどのように表示されるかも調べてみてください。

演習 26

BODYタグにBGCOLORとBACKGROUNDを併記して同時に定義するとどのように表示されるか調べてみてください。

③　HTML ファイルおよび一連の必要なファイルを Web サーバに転送する

　作成した Web ページを WWW に公開するためには，インターネットに接続された Web サーバに，関連するファイルをすべて FTP で転送しなければなりません。その際に注意すべきことは，Web サーバのどのディレクトリ（フォルダ）にファイルを転送すればよいかという点です。プロバイダによっては，利用者が転送できる場所がそもそも公開するディレクトリであることもありますが，"public_html" や "html"，"www" などの名称のディレクトリが用意されていることも多々あるので注意が必要です。これらのディレクトリが用意されている場合には，公開するファイルはすべてそのディレクトリ内に転送しなければなりません。

　なお，FTP で転送したファイルを修正したり，作り変えたりして，もう一度送り直したとき，Web ブラウザで表示される内容が変更されずに，送り直す以前の内容のままになっていることがよくあります。それは Web ブラウザが以前アクセスした Web ページをしばらく記憶していることが原因です。このようなときには，Web ブラウザに用意されている「再読み込み」や「最新の情報に更新」などのコマンドを実行してページ情報を更新してください[39]。

演習 27

みなさんが利用できる Web サーバで Web ページを公開するために用意されているディレクトリの有無とその名称，利用方法などについて調べてください。

演習 28

みなさんが利用できる Web サーバに，演習 24 で作成した自己紹介のページに関するファイルを FTP で転送してください。また，実際にネットワーク上に公開できたかどうかを Web ブラウザで確認し，もしうまく表示できていない場合には，問題点を探し出してください。

5.3.2　WWW 発信の注意点 1（知的財産権の問題）

　前項で示した程度の HTML のタグを用いて，簡単に Web ページは作れます。しかも，Web ページに掲載された画像や文字のデータは，多くの場合，簡単にダウンロードすることが可能です。例えば，Web ページに表示されている画像は

---

39. Web ブラウザは，アクセス速度を速めるために更新間隔が設定されており，その間隔以内で同じページにアクセスしたときは，ソフトウェアが PC 内部に一時的に保存したページデータを再利用します。そのため，短い間隔での更新はブラウザに即座に反映されないことがあるのです。

Windows ではマウスで画像を右クリックすることで，また MacOS では画像上でマウスボタンを押しながら，適当なフォルダまで移動すれば画像を利用しているコンピュータにダウンロードできます。このように文字や画像をはじめとしてインターネット上にある多くのデータファイルを簡単に入手できるのです。では，これらのデータは自由に使ってよいのでしょうか。あるいは，みなさんが Web ページに掲載する画像や文字のデータは他の人に自由に使ってもらうために公開しているのでしょうか。このようにネットワークの利便性とは反対に著作権や肖像権などの知的財産権に関する問題が多く発生してしまいます。基本的には，自分で考え，創作したオリジナルな情報でない場合には，特別に著作者から許可が得られない限りは Web ページに掲載して公開することはできません。そして，そのような許可は通常は得られないものと考えるべきでしょう。

　その一方で，情報を掲載する際には，勝手に使われては困るデータをそのまま掲載することは避けるべきです。例えば，画像は解像度を下げたり，網掛けをしたり，コントラスト（明暗）を調整したりすることで，そのまま印刷や再利用をしにくい形に加工しておくのも一つの方法です。解像度は 72 dpi 以下に落としてしまうと Web ページでは普通に見ることができてもプリンタでの印刷には耐えません。この場合，実は Web ページ上でも人の顔などの被写体の細かい部分は潰れてしまって確認できないのですが，コンピュータのモニタ画面では違和感なく見ることができます。網掛けも解像度を下げるのと同じような効果があります。

　図 5.20 に示した Web ページでは，解像度を下げ，横線を入れています。文章については，残念ながらこのような手だてを講じることはできないので，内容の詳細さや表現などで対処することになります。特に論文のようにオリジナリティが重要な場合には，しかるべき論文誌や専門誌に掲載したり，書物として出版することで社会での確たる認知を得て [40] から公開可能な部分を掲載すべきです [41]。

みなさんが利用している Web ブラウザで，表示されている画像ファイルを使用しているコンピュータにダウンロードする方法を調べてください。また，Web ページに掲載されている画像が実際にどの程度ダウンロードできるかを調べてみてください。

---

40. 出版にはもちろん WWW での出版も含まれます。要するに個人の Web ページとしてではなく，社会的に認知された学会や出版社などのページとして公開することが重要です。

41. 出版物になった場合には，著作権が本人ではなく出版社や学会に譲渡される場合があるので，たとえ自分の著作物でもそれらの組織の許可なしでは掲載できないことがあります。また許可がおりても全文は掲載できないこともあるので，注意が必要です。

図 5.20
加工した画像を用いた例

5.3.3 WWW 発信の注意点 2（発信者責任について）

　前項で述べたように，他の人が作成したり所有している情報は，一般に第三者が勝手に複製したり，公開したりする権利はありません[42]。そのため，広く多くの人がアクセス可能な Web ページに掲載する情報は，自分自身が創作したオリジナルな情報以外については慎重な取り扱いが必要です。ところで，自分が書いたり作ったオリジナルな情報であれば，どのような内容の情報でも掲載してもよいのでしょうか。内容に関する著作権という意味では，自分が創作したものに対しては自由に利用できる権利があります。しかし，情報を広く公開する人には発信者としての責任やモラルが問われることとなります。

　これまで，私たちは一般には情報を発信できる範囲が限られており，またそれが社会へ及ぼす影響力も大きくありませんでした。そのため，個人の自由な主義主張に対する発言責任や問題範囲も，自分の認識範囲をはるかに超える大げさなもの

---

42. 著作権法第二章第三節第三款「著作権に含まれる権利の種類」の条項を参照。

となることはありませんでした。しかし，Webページを使った情報発信はこれまでの私たちの認識を大きく覆すもので，日本全国，そして世界に向けて情報を発信することとなってしまいます。つまりそれは，受け取る人が多様な地域の多様な文化や民族の人たちであるということを意味しており，情報表現のやり方や表現に含まれる意味などの差異から，同じ表現でも受け取られ方が大きく異なってしまう可能性があることを意味しています。しかもそれが受け手の不快感を超えて，受け手自身や受け手が関与する組織，団体，民族，宗教，国などに対する誹謗あるいは中傷と受け取られてしまった場合には，単に謝罪やWebページの削除では済まされない深刻な問題を引き起こす可能性さえ否定できません [43]。

　これとは別に，例えばポルノ写真やポルノ小説などのわいせつな情報や，賭博，脅迫，人権侵害，いやがらせなどの公序良俗や社会通念に反するような情報を発信したり，それらを取引あるいは斡旋するような情報をネットワーク上で提供することは，ここで取り上げるまでもなく，発信者責任が問われ，法の下で裁かれることとなります。

　これらに共通して重要なことは，"できる"ことと"してもよい"あるいは"すべきである"こととは異なるということです。WWWが普及する以前は，広く情報発信するためには放送や出版を利用しなければならず，そこが発信主体となるために，発信内容を専門のスタッフが吟味し，修正し，問題となる内容や表現を含まないように組織的に対処していました。そのため，もしも上述したような問題が発生したとしても，それを発信した組織も発信者として責任を負う形になっていました。例えば，映倫による映画作品のチェックや放送局での放送禁止用語の取り決めなどはそのような問題回避の一つの方策であったわけなのです。このように，発信内容に対して常にこれらの組織がご意見番としてチェックを入れるため，自由な表現が損なわれる反面，これらの組織と発信責任を分かち合い，一人で請け負わずに済んでいました。

　WWWの登場によって，個々人が自由に表現した内容を広く発信できる場をもたらすことになりました。これはインターネット環境が利用者にもたらした最大の便益であるといえます。放送局や出版社に頼らずとも，Webページを作成してインターネットサーバ上に公開できれば，インターネットを利用している世界中の多くの人々に向けて情報を発信することが可能となったのです。これはこれまでの情報技術の進展において画期的な出来事で，情報技術の利用者は放送や出版と同様の情報発信力を得ることとなりました。しかし，その一方で，情報発信に伴う責任

---

43. 実際に，このような問題に対する発言から殺傷事件や国際問題にまで発展したケースさえ報告されています。

や問題回避のための方策，倫理観，モラルなどについても発信者がすべて背負わなければならなくなったのです。突然，見ず知らずの人から訴えられたり，違法として摘発されたりする Web ページの運営者には，戸惑いとともに“なぜ誰も事前に注意してくれなかったのか！”と憤る人も少なくありません。また，少々問題がある内容だと自覚しながらも，本当に問題があるならば誰かが注意をしてくれるはずだとたかをくくっている運営者もしばしば見かけます。このような態度や意識は明らかに情報発信者の責任の重大さをわきまえていないことの表れであり，告発や法的処分以上に深刻な問題を引き起こす危険性を孕んでいるのです。

演習 30

個人の情報を公開できる範囲とそのレベルをよく考慮して，自己紹介の Web ページをデザインしてください。

演習 31

所属している組織やグループを紹介する Web ページで，最低限必要とされる情報と公開すべきでない情報について考察し，そのレポートを読みやすい Web ページの形で作成してください。

課 題 5-1

以下のテーマから一つを選択してレポートにまとめてください。レポートは最終的にワープロソフトウェアで作成して，印刷または FTP により提出してください。なお，印刷用紙のサイズは A4 として全体をレイアウトしてください。また，レポートの最初にタイトルと氏名，所属を段組みせずに明記し，レポート本文は 2 段組みで，全体が 3 ページ以内に収まるようにレイアウトを工夫してください。

各テーマに必要なデータは，各種統計情報を探して表計算ソフトウェア上で整理し，表やグラフを作成するとともに，一定の分析と考察（例えば，平均をとる，ヒストグラムを出すなど）を加えてください。また，レポートの内容には，各テーマで与えられたキーワードをかならず含むような文書を作成するように配慮するとともに，文中のキーワードがわかりやすいように初出箇所にはアンダーラインを入れてください。

テーマ1：コンピュータウイルスについての実態調査

コンピュータウイルスについてニュースになることも少なくありませんが，実際にどのようなウイルスがあり，どのような被害があり，どのような対抗手段があるのかをさまざまな方法を用いて調べた上で，以下の要領でレポートをまとめてください。

- ウイルスの種類，特徴，対策について整理してください。また，ワクチンソフトウェア会社，JPCERT（コンピュータ緊急対応センター）などの統計情報を引用してください。
- 過去数年間に日本で起きた被害について整理してください。
- コンピュータウイルスを作成する人に対する見解，およびあなたの自衛手段を 1,000 字程度で述べてください。

キーワード

ネチケット，自己責任，クラッカー，ネットワーク技術，インターネット

テーマ2：個人情報保護についての実態調査

個人情報保護法案の施行後も，個人情報の漏洩や不正利用に関する問題や事件が日本社会を賑わしています。今日の社会で，実際にどのような個人情報に関する問題や事件，被害が発生し，それに対して個人情報保護法がどこまで有効であり，具体的にどのような効力があるのかなどを調査して，以下の要領でレポートにまとめてください。

- 政府（首相官邸）の個人情報保護法案や情報処理振興協会（IPA）の統計情報などを参考にしてください。
- 過去の事件，問題発生の状況や，諸外国の対策，法案を整理，比較してください。

- 上記の調査検討に基づき，日本における個人情報保護の実態についての自分の見解とともに，自分自身の自衛手段を 1,000 字程度で述べてください。

キーワード

不正流出，個人情報，透明性，プライバシーマーク制度，行政機関個人情報保護法

テーマ 3：コンピュータの教育への浸透についての実態調査

情報教育の初等中等教育への本格導入のために，学校現場ではどのような準備や対策などが行われてきたか，そしてその成果はどのように反映されつつあるかを調べた上で，以下の要領でレポートをまとめてください。

- 文部科学省の統計資料や白書を引用して，現在の学校現場へのコンピュータの導入実績について整理してください。

- 過去数年間に日本で行われた，学校情報化に関するプロジェクトや取り組みについて調査し，現在取り組まれている内容と比較しつつ整理してください（100 校プロジェクト，E スクエアプロジェクト，学校情報化認定などを参照）。

- 初等中等教育における情報教育の導入と，学生児童に育成すべきコンピュータの活用能力に対するあなたの見解を 1,000 字程度で述べてください。

キーワード

情報教育，情報機器の操作，情報モラル，情報活用能力，ICT の活用

テーマ 4：非正規雇用についての実態調査

近年，非正規雇用者比率の増大とともに，その人たちの待遇に関する問題が議論されていますが，そもそも雇用における正規と非正規との相違は何で，非正規雇用者の待遇についてどのように議論されているのかを，統計資料や予測資料などに基づいて，以下の要領でレポートにまとめてください。

- 内閣府や厚生労働省，経済産業省の統計情報や予測資料を引用してください。例としては，経済社会総合研究所の国民経済計算年報や，経済白書，国民生活白書などが参考になります。

- 過去数年間の状況を整理しつつ，将来の動向を検討してください。

- 非正規雇用についての自分の見解，および自分の将来像や対応策とともに，各種の予測数値の根拠とその信憑性について 1,000 字程度で述べてください。

キーワード

就労者人口，所得格差，国民経済，社会保障，非正規労働力，雇用対策（政策）

テーマ5：日本の景気動向についての実態調査

　　日本経済の状況として景気の動向についてよく議論されていますが，実際に最近の日本の景気動向がどのようになっていて，どのような内容について議論されているのかを統計資料に基づいて，以下の要領でレポートにまとめてください。

- 内閣府経済社会総合研究所の国民経済計算年報，および経済白書，国民生活白書（ともに内閣府）などの統計情報を引用してください。

- 過去数年間の状況を整理，比較してください。

- 日本の景気動向についてのあなたの見解，およびあなたの生活上の対応策を1,000字程度で述べてください。

キーワード

　　GDP（国内総生産），景気指数，可処分所得，国内総支出

課 題　5-2

課題5-1のレポートの書き方について，数人のグループで次ページの「レポート文書評価改善視点表」に従ってそれぞれ相互に評価してください。そして，得られた評価に基づいて各自レポートを書き直してください。

課 題　5-3

課題4-8（p.206）に示したものと同様の履歴書を，利用可能なワープロソフトウェアを用いて作成してください。そして，表計算ソフトウェアで作表した場合との違いを，具体的な操作方法から見栄えや汎用性などに至るまでのすべての事柄を対象として，メリット，デメリットに分けてまとめてください。

課 題　5-4

ワープロソフトウェアを利用して「文書にクリップアートのようなワンポイントの図形を選択し挿入した上で，図の大きさや，文書中での配置（レイアウト）を変更する方法」を説明するマニュアルを作成し，印刷または電子ファイルで提出してください。マニュアルの読者は，大学学部1年生を想定してください。作成するマニュアルには，かならず作業途中の画面例（スクリーンショット）を交えて，ビジュアルに説明してください。なお，画面例には作業段階ごとに「①，②，③，…」のような通し番号をつけて操作方法を図中に示すと，より効果的です。なお，印刷用紙のサイズはA4として全体をレイアウトしてください。また，作成したマニュアルの最初にタイトルと氏名，所属を明記してください。

レポート文書評価改善視点表 [44]

評価者は，"◎＝たいへんよい"，"○＝だいたいよい"，"△＝少し改善が必要"，"×＝かなり改善が必要"の4段階でレポートを評価して"評価"欄に記入してください。また，気づいた点や具体的な改善方法など，改善の際に役に立つコメントも加えてください（×△については必須）。

	改善視点	評価	コメント
語のレベル	1. 誤字，脱字がないか		
	2. 常用漢字の使い方に誤りがないか（同音異字，同訓異字，送り仮名）		
	3. 漢字と仮名が適切に混ぜられているか。ひらがな列の長さが長すぎないか		
	4. 漢字にすべきところが仮名になってないか。仮名にすべきところが漢字になっていないか		
	5. 助詞の使い方が適切か		
	6. 用語に誤りがないか。あいまいな用語を使っていないか		
	7. 指示語（これ，それ，この，あの，このような…）の使い方が適切か		
	8. 「　」（　）の使い方が適切か		
	9. 区切り記号（読点）の打ち方が適切か。句読点を適切に入れているか		
	10. 文末が体言止めになっていないか		
	11. 書き言葉（文語的表現）にすべきところを話し言葉（口語的表現）にしていないか		
	12. 常体（だ，である）と敬体（です，ます）の一貫性が保たれているか（レポートは常体で書くべきである）		
	13. 読み手に誤解を与えるようなあいまいな意味の単語を使っていないか		
	14. 読み手が書き手の意図を推測せずに理解できるような具体的な意味をもつ単語を使っているか		
文のレベル	15. 文の長さ（句点から句点までの文字数）が長すぎないか（40〜50文字が目安）		
	16. 1文の中に複数のアイデアが盛り込まれていないか（1文に書く事柄は一つにする）		
	17. 主部と述部の整合性がとれているか		
	18. 修飾する側とされる側の距離が離れすぎていないか		
	19. 「思われる」，「考えられる」，「行う」を多用していないか		
	20. 「〜的」，「〜風」，「〜性」，「〜化」を多用していないか		
	21. 指示語で指されている語が離れすぎていないか		
その他	22. 図は，本文の説明を助けるような役割を果たしているか		
	23. 表の形で表現された結果，その情報が読み手にわかりやすく整理されているか		
	24. 図表にはキャプションがつけられているか。また，そのタイトルは図表をわかりやすく表しているか		
	25. 段組や余白など，レイアウトは見やすく，バランスがとれているか		

44. 「レポート文書評価視点表（書き方）」（久東光代，野村泰朗作成 2001 年度版，Ver.1.2.0）を元に，野村が加筆修正しました。この表はレポートの提出前の自己評価シートとしても利用できます。

✍ PC には，表示画面を画像データとして取り込むスクリーンショット機能が用意されています。その方法はシステムによって異なりますが，以下に代表的な例をあげますので，試してみましょう。

【Windows の場合】以下の操作によって，コピー＆ペーストのときと同じように表示画面をクリップボード内に取り込むことができます。取り込まれた画像は，ワープロソフトウェアなどの中で貼り付けるまで見えませんが，挿入位置を決めて直接貼り付けることができます。

A. 画面全体を撮る ── キーボードの Print Screen（PrtSc）キーを押すと，画面全体の画像が取り込まれます。

B. 特定のウィンドウだけを撮る ── そのウィンドウを一番手前に表示させておいて，キーボードの Alt キーを押しながら Print Screen キーを押せば，そのウィンドウ全体の画像が取り込まれます。

【Mac OS X の場合】以下の操作によって表示画面を取り込むと，その画像ファイルがデスクトップ上に現れます。そのファイルをワープロソフトウェアなどのウィンドウにドラッグ＆ドロップして貼り付けて利用します。

A. 画面全体を撮りたい場合 ── キーボードのコマンドキー（アップルキー），Shift キー，3 の三つのキーを押すと，表示画面全体がファイルに取り込まれます。

B. 画面の特定部分を撮りたい場合 ── キーボードのコマンドキー（アップルキー），Shift キー，4 の三つのキーを押してから，取り込みたい領域をドラッグして選択すると，領域がファイルに取り込まれます。

C. ウィンドウ，メニューバー，Dock などの領域を撮りたい場合 ── キーボードのコマンドキー（アップルキー），Shift キー，4 の三つのキーを押した後でスペースキーを押します。マウスポインタを取り込みたい領域の上に置いて強調表示させた状態でクリックすると，その画面部分がファイルに取り込まれます。

✍ マニュアル（日本語では手引き，操作手順書などともいわれます）は，「（何かをする）手順や方法」について書かれた資料一般を指しています。マニュアルは，その読み手が求めていることをよく理解して作成することが肝心です。この理解が不足していると，「わかりにくい」「役に立たない」マニュアルとなってしまいます。そうならないように作成時に気をつけるべき点を以下にあげておきます。

（1）読み手のレベルを把握すること

マニュアルの読み手が，これから説明しようとすることについてまったく素人なのか，それともある程度知っているのかによって，書くべき内容が違ってきます。

（2）段階を踏んで手順が示されていること

マニュアルから知りたいことは，あくまで「どうやったらできるのか」という読者のおかれた状況に即した具体的な方法や手順です。ですから，例えば「『授業用掲示板』への課題の投稿方法」について説明するのに，ただ「ログインして課題 6 の掲示板を開いて投稿

します」とだけ説明しても，本当に欲しい情報である「まず何をすればいいの？ 次に何をすればいいの？」には具体的に何も答えていません。

（3）手順に飛躍がないこと

手順を説明するためには，作業の順序に合わせて1段階ごとに何をするのかを説明していくわけですが，ある段階が完了できないうちに次の段階に移ってしまうと，作業が継続不能になってしまうことがよくあります。読者を迷子にしないためには，ある段階が終了できたことをどのように把握し，何を手がかりにして次のステップに進めばよいかを示すことが重要です。

（4）多様なメディアを適切に使用すること

マニュアルはわかりやすさが大事ですが，そのためには言葉だけに頼るのではなく，図や表，さらには画像や音声，動画などの多様なメディアを効果的に組み合わせて作成することが大事です。しかし，図や画像は適切に用いなければかえってわかりにくくなったり，知りたいことになかなか到達できなくなることにもなりますので注意が必要です。

課　題　5-5

以下に示されている手順に従って，標準的なレポートとして体裁の整った文書を作成してください。

1. Wikipedia（日本語）から項目を一つ選び出し，その説明文のみを書式なしの文字データとしてワープロソフトに取り込んでください。項目の始めにある目次や表形式の概要，項目の終わりにある関連項目や外部リンクなどは取り込みません。ただし，選択項目としては，説明文に「目次」が提示されており，その目次項目が10項目以上挙げられているものを選択してください。

2. 取り込んだ説明文を元のページと比較しながら，外部リンクや［編集］のようなタグ文字といった紙面での文書として適当でない箇所を削除および修正してください。

3. 文末に記されている脚注を，脚注入力機能を用いてページごとに表記される脚注に作り替え，文末の脚注は削除してください。なお，複数参照されている脚注もそれぞれすべてを参照箇所ごとに脚注表記するようにしてください。

4. 文書の書式はA4縦で，「余白」を上下左右とも25mmとし，「ページ番号」をページ下中央に配置してください。本文は10〜12ポイントの明朝体を使用してください。

5. 最初のページに「〇〇〇について」と対象とした項目を入れたタイトルと氏名を記した表紙を入れてください。タイトルは16〜20ポイント程度，氏名は12〜16ポイント程度の大きさで記してください。なお，表紙にはページ番号が入らないよう設定し，表紙の次のページが1ページとなるようにしてください。

課 題 5-6

以下に示されている手順に従って，課題 5-5 で作成した文章の目次を作成するとともに，本文ページを 2 段組として各ページにヘッダをつけた論文形式の文章に仕上げてください。

1. 課題 5-5 で作成した文章全体を選択して書式スタイルを「標準」に設定した後で，章，節，句の見出し部分にそれぞれ書式スタイルを設定します。レベル 1 に相当する「章」項目を「見出し 1」，レベル 2 の「節」項目を「見出し 2」，レベル 3 の「句」項目を「見出し 3」という要領で [45] 最も下位のレベルまで書式スタイルを設定してください。

2. 表紙の後に空白のページを挿入し，目次の自動作成機能を用いて Wikipedia に倣った目次を入れてください。なお，目次の項目には出現するページ番号をつけてください [46]。

3. 表紙と目次以外の**本文を 2 段組**に設定してください。

4. 表紙以外の奇数ページと偶数ページに以下のようにヘッダを設定して下さい。

    奇数ページのヘッダ：　左揃えで氏名を表示し，右揃えで日付を表示します

    偶数ページのヘッダ：　左揃えで文書タイトルを表示します

課 題 5-7

課題 5-1 および 5-2 で作成したレポートを，プレゼンテーションスライドにしてください。その際，次の条件を満たすように作成してください。

1. タイトル，発表日，所属，氏名を含んだ表紙を作成してください。

2. 表紙を含めて 6 枚に収まるように，レポートの内容を意味のある単位で分割し，それぞれに小見出し（タイトル）をつけたスライドの形にしてください。スライドには文章をそのまま複写して掲載するのではなく，箇条書きに簡潔にまとめ直してください。

3. 最後のスライドのタイトルは"結論"として，自分の考えや意見を同じく箇条書きに簡潔にまとめて示してください。

4. 2 〜 5 枚目のスライドは，最後のスライドに述べる結論に至るまでの，自分の考えの道筋（論理展開）がわかるように順序立てて説明してください。

5. 内容に合った適切なスライドスタイルを選んで適用してください。

---

45. さらに下のレベルがあれば，レベル 4，5 …と設定を続けてください。

46. 作成された目次は自動的には更新されませんので，目次の作成後に本文や見出し部分を修正したときは，目次の「更新」を指示してください。

6. 課題 5-1 および 5-2 のレポートに入れている図や表，グラフをプレゼンテーションスライドにも入れてください[47]。

7. 発展として，わかりやすい文字の大きさや色などの文字装飾にも可能な範囲で取り組んでみてください。

課　題　5-8

課題 5-7 で作成したプレゼンテーションスライドをグループでの相互評価に基づいて改善してください。

1. グループメンバー内で相互にプレゼンテーションを行い，自分以外のメンバーのプレゼンテーションを表 5.1 (p.243) の「プレゼンテーションスライド改善視点表」と次ページの「口頭発表チェックシート」を使って評価してください。

2. 1 で得られた評価に基づいて，課題のプレゼンテーションスライドを改善してください。

3. 改善したプレゼンテーションスライドには，改善視点表で改善したほうがよいと指摘された事柄と，それに対する改善方針を示したスライドを適当な形式で 1 枚にまとめて作成し，表紙の次に入れてください。

4. 1 で得られた口頭発表時の評価に注意を払いながら，改善したスライドを用いて相互にプレゼンテーションを行い，再度評価し合ってください。

課　題　5-9

口頭発表をする際に，公開してもよい情報と公開すべきでない情報とについて，自己紹介を例に考察してレポートにまとめてください。レポートをまとめるのに際しては，(1) 公式的情報と (2) 非公式的情報のそれぞれで公開 / 非公開となる情報の具体例とその特性，(3) 口述と，(4) スライド資料，(5) 印刷配布資料とにおいてそれぞれ公開 / 非公開となる情報の具体例とその特性などをあげながら考察してください。

課　題　5-10

プレゼンテーションソフトウェアのスライドショーには，指定した時間スケジュールに従って自動的に表示スライドを切り替えたり，それに合わせて音声ファイルを再生したりする機能が用意されています。この機能を利用すれば多くのスライドを短時間に逐次的に表示可能で，アニメーション（パラ

---

47. コピー＆ペーストで貼り付けることができます。またワープロソフトウェアの場合と同じように「挿入」メニューから入れることもできます。

口頭発表チェックシート

___年___月___日

発表者氏名 _____
評価者氏名 _____

次の各項目について，5段階で評価し数直線上に○をつけてください。

		1	2	3	4	5	
1.	声が聞き取りにくい	├─┼─┼─┼─┤					聞き取りやすい
2.	話し方が速い						ちょうどよい
3.	言葉づかいが難しい						やさしい
4.	黒板の字が見にくい						見やすい
5.	板書の内容が不適切						適切
6.	生徒を見ていない						見ていた
7.	意図が不明確						明確
8.	板書・発問・氏名等の タイミングが悪い						よい

授業の全体的な印象について，5段階で評価してください。

		1	2	3	4	5	
9.	あらい	├─┼─┼─┼─┤					ていねい
10.	わかりにくい						わかりやすい
11.	やる気が起きない						やる気が起きる
12.	せわしい						落ち着いた
13.	無計画						計画的な

コメント欄（どのような点に注意して改善したらよいかを具体的にコメントしてください）

①
②
③
④

口頭発表チェックシート

パラアニメ）のように動作を表現することができます。さらに，スライド上の個々の図形や文字に表示効果としてのアニメーション動作も設定できますので，双方を用いて細やかな動作表現も可能です。そこで，このスライドの自動切り替え表示機能を使ってアニメーションのように動作を表現した作品を制作してください。なお，最初のスライドでは作品のタイトルを表示し，最後のスライドでは制作者や協力者を映画のエンドロールのように表示するよう設定してください。

    ✎　プレゼンテーションソフトウェアでは，「アニメーション」とはスライド上の文字や図形などのオブジェクトの表示効果を指し，この課題で述べている表示スライドの自動切り替えのことではありませんので注意してください。スライドショーでスライドを自動切り替えさせる設定は，以下のように「スライド」や「画面」の切り替え設定で行います。

    OpenOffice Impress の場合：「スライドショー」の「スライド切り替え」メニューにある「スライドを進める」項目で，「次の動作のあとで自動的に」を選択し，切り替える時間を 0 〜 1 秒単位で指定します。指定後に「すべてのスライドに適用」をクリックすればすべてのスライドが同じ設定となります。

    Microsoft PowerPoint の場合：「画面の切り替え」メニュー選択で表示される「自動的に切り替え」項目にチェックを入れ，切り替える時間を 0 〜 1 秒単位で指定します。指定後に「すべてに適用」をクリックすればすべてのスライドが同じ設定となります。なお，「画面の切り替え」は「スライドショー」とは別のメニュー項目になっていますので，注意してください。また，スライドの切り替え時間に小数点以下の数値を直接入力すれば 1/100 秒単位での設定が可能です。

課題　5-11

プレゼンテーションソフトウェアのスライドショーには，スライドを順次表示する機能とは別に，ハイパーリンク機能を用いて，リンクされたスライドへ移動して表示する機能が用意されています。別のスライドへのリンクはスライド上に任意の文字や図形に設定することが可能で，「ハイパーリンク」または「オブジェクトの動作設定」として設定することができます[48]。下図のようにスライドのハイパーリンクを設定すれば，視聴者と対話しながら必要な情報を提供できるアクティブなスライドを制作したり，アドベンチャーゲーム[49]のように対話しながら進行する物語を表現したりすることができます。そこで，ハイパーリンク機能を使って関連する情報を効果的に伝達可能な作品を制作してください。なお，作品の最初のスライドは表紙とし，具体的な内容は下図のように 2 枚目以降のスライドを用いてください。

---

48. スライド上の文字や図形などのオブジェクトを右クリックするとメニューが表示されますが，Microsoft PowerPoint では「ハイパーリンク」，OpenOffice Impress では「オブジェクトの動作設定」を選択して設定します。
49. 残念ながら，プレゼンテーションソフトウェアにはゲームの進行状況を示したり保存したりする機能がありませんので，ゲーム性の表現に不可欠な状況に応じた多様な場面展開が表現できません。

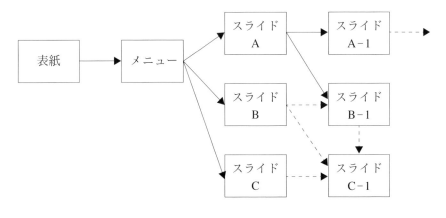

課 題 5-12

自分の Web ページに掲載した画像ファイルがまったく知らない他人の Web ページに利用されていることを発見したとき，みなさんはどのように行動をすべきかを議論し，あるいは考察した結果をレポートにして提出してください．特に，自分のオリジナリティを主張する手だてがあるかどうかも検討してください．なお，議論や考察に際しては，インターネット上でこのような事件やその経緯，顛末などの事例を探し出して，それらを参考にしてください．

課 題 5-13

これまでの課題で作成したレポートから一つを選んで HTML 形式で表現し，Web ページの形で Web サーバ上にファイルを転送して提出してください．ただし，提出する Web ページでは自分の意見および考察の正当性と妥当性を表現できるように工夫してください．提出する Web ページには一つ以上の図を含めることと，参考文献を本書で示した形式で明確に記すこと，参考にした Web ページへ

のリンクを張っておくことが必須ですが，表形式で表現した部分は掲載しなくてもかまいません。また，背景色，文字色，文字フォント，背景画像などに凝る必要性はありませんが，それらを設定する際には内容の読みやすさを十分に考慮してください。

✎　HTML による表形式の指定は，本書では説明していませんが TABLE，TR，TH，TD タグを使って指定できます。例えば以下の表

姓	名
内木	哲也
野村	泰朗

を HTML で記述すると次のようになります。興味のある人は，この例を参考にして表の HTML 表現にも挑戦してみましょう。

```
<TABLE BORDER="1">
<TR>
<TH> 姓 </TH><TH> 名 </TH>
</TR>
<TR>
<TD> 内木 </TD><TD> 哲也 </TD>
</TR>
<TR>
<TD> 野村 </TD><TD> 泰朗 </TD>
</TR>
</TABLE>
```

Web ページの作成にあたっては，他のページからの参照部分や画像については著作権を侵害しないように配慮してください。基本的に各自のオリジナルデータであれば問題はありませんが，素材集や本などからのデータにはその使用権について十分に注意が必要です。

HTML ファイルの名前は，半角英数字で index.html とし，指定されたディレクトリに転送してください。なお，HTML ファイルで使用した画像や図形のファイルも忘れずに転送してください。

OpenOffice 操作 Tips

A.1　OpenOffice 4 Calc における印刷手順（本文 p.158）

OpenOffice 4 Calc でのワークシートの印刷手順を順に説明します。

1. まず，印刷したい範囲をマウスで選択します。これには表およびグラフを含めることができます。ただし，複数のシート上にある表やグラフを同時に印刷することはできないので，一緒に印刷するものは同じシート上に表現しておく必要があります。

2. 次に，図 A.1 に示したように「書式」メニューから「印刷範囲」,「定義」を選びます。

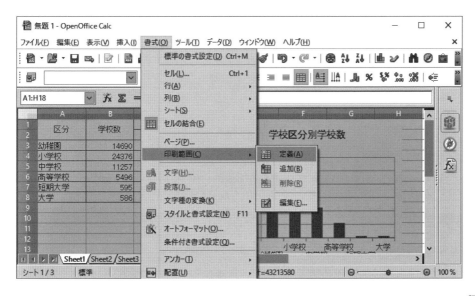

図 A.1
印刷範囲の指定

3. 印刷範囲を指定すると，図 A.2 のように，印刷範囲の周囲に黒線が現れます。これが印刷される範囲となります。

4. いざ印刷してみると，想定と違っていたり，表やグラフが 2 枚にわたって印刷されたりすることがよくあります。多くの場合には事前に正しく設定することで対処できるので，資源保護の観点からも印刷する前にはかならず印刷状態を画面で確認するよう心がけましょう。このような機能は"プレビュー"と呼ばれていて，多くのソフトウェアが備えています。

図 A.2 をよく見てみると G 列と H 列のように，近いところに 2 本の線が表示されていることがわかります。このような場合には印刷範囲（H 列まで）が印刷する紙の大きさ（G 列まで）を超えていることを示しているので注意が必要です。

印刷プレビューは，「ファイル」メニューの「印刷プレビュー」を選択することで実行できます。図 A.2 をプレビューしてみると，図 A.3 のようにグラフの右端が切れてしまっていることがわかります。しかも，紙を縦長に使用しているので，表やグラフは紙の上端部にしか印刷されません。ここで，プレビュー画面を右クリックすると図 A.3 のようなポップアップメニューが表示されるので，「ページレイアウト」を選択し，図 A.4 のようなページスタイル設定パネルを使って，紙の配置を横にしたり，紙の余白部分を調整したり[1]，表やグラフの大きさや配置を変

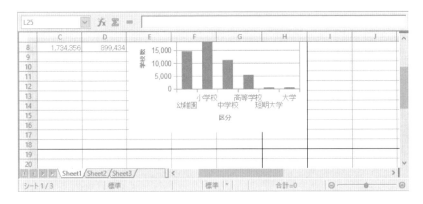

図 A.2
指定された印刷範囲

---

1. 紙の余白部分は，使用するプリンタによって最低限必要な余白が決まっているので，注意が必要です。通常は必要以上に余白を小さくできないようになっていますが，最低限の余白で印刷すると端の部分の印刷が途切れてしまったり，紙詰まりを起こしたりすることがあるので注意してください。

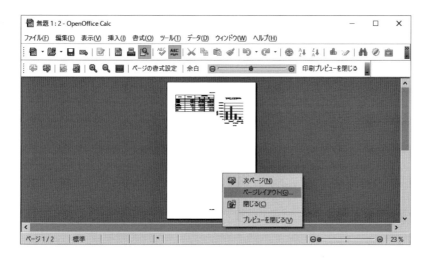

図 A.3
印刷プレビュー画面

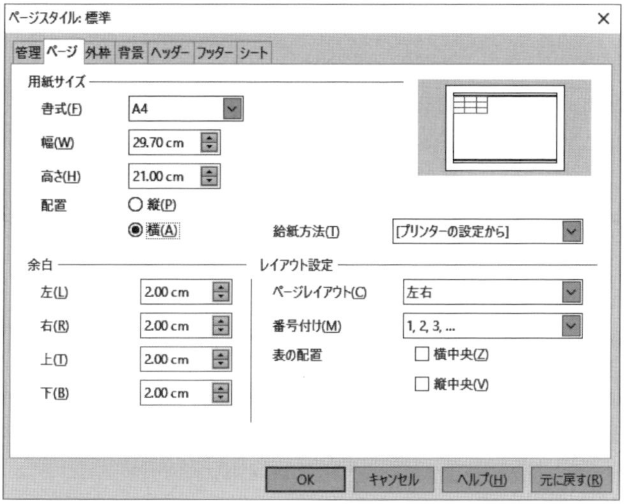

図 A.4
ページスタイル設定パネル

更したりして，印刷範囲を調整します。さらに，ページスタイルの「表」
パネルにある「拡大縮小印刷」のところで倍率を指定すれば，大きな
表を 1 枚の紙に収まるように縮小することもできます。無駄な印刷をし
ないように，使い方を理解してください。

A.2 OpenOffice 4 Calc における連続値の入力（本文 p.163）

OpenOffice 4 Calc で連続値を入力する方法を順に説明します。

1. 数値を入れたいセル範囲の中で最も左上となるセルに最初の値（初期値）を入れます。

2. そのセルを起点として連続的な数値を入れたいセル群を選択した状態で，「編集」メニューの「連続データの作成」を選択します。

3. 通常は，図 A.5 に示したように最初のセルに 1 ずつ加算するように指定されています。それでよければ「OK」ボタンを押すと，選択したセル範囲に値が順番に挿入されます。なお，作るデータに応じて増分を変えたり，マイナス値にしたり，また，かけ算を選ぶこともできます。

図 A.5
連続データ入力の設定パネル例

A.3 OpenOffice 4 Writer における表の作成（本文 p.217）

「挿入」メニューから「表」を選択して，「表の挿入」パネルを表示します。「表の挿入」パネルで図 A.6 のように表の列数と行数を指定して「OK」ボタンを押すと，図 A.7 のように横幅が用紙サイズいっぱい[2] まで広がった表が挿入されます。

A.4 OpenOffice 4 Writer における文書の装飾（本文 p.218）

OpenOffice 4 Writer では，「書式」メニューから「ページ」を選択すると，図 A.8 のような文書スタイルの設定パネルが表示されるので，それを用いて文書の書式を設定できます。ここで設定すべきことは，印刷する用紙の大きさ（用紙サイズ）と用紙の縦横方向，周辺の余白，1 ページの行数，1 行の文字数などです。最近のワー

---

2. 段組みをしている場合は各段の幅いっぱいとなるので，かならずしも用紙サイズいっぱいというわけではありません。

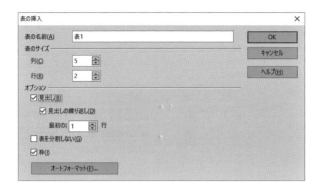

図 A.6
表の挿入設定パネル

図 A.7
表が挿入された状態

図 A.8
用紙サイズや余白の設定パネル

図 A.9
文字数や行数の設定パネル

プロソフトウェアでは詳細なスタイルを設定できるように，設定パネルも項目別に
いくつかに細分化されているものを多く見かけます。OpenOffice Writer でもいくつ
かの項目に分けられていますが，図 A.8 のように「ページ」項目のパネルで用紙サ
イズと周辺の余白を，また，図 A.9 のように「行数と文字数」項目のパネルで 1 ペー
ジの行数と 1 行の文字数を設定できます。

図 5.1（p.216）の例では，文書スタイルは標準で指定されているものを用いてい
るので，特に文書スタイルを設定しなくても同様の文書を作成することができます。
多くのワープロソフトウェアではこのような標準の文書スタイルがあらかじめ指定
されているため，問題がなければそのまま利用できます。また，常に自分がよく利
用するスタイルがあれば，それを標準として指定しておくと便利です[3]。

文書スタイルが決まったら，次に行間隔やインデント（箇条書きの文字下げ）な
どの段落書式を選択します。段落書式は，「書式」メニューから「段落」を選択する
ことで表示される図 A.10 の設定パネルで設定します。インデント項目にある「最
初の行」の「自動」をチェックしておくと，行間「1 行」のときに段落 1 行目が全
角 1 文字分下がります[4]。逆に，段落 1 行目を突出させるには，「テキストの前」で
指定した余白分を「最初の行」にマイナス値として指定します[5]。図 5.1 の例では，
行間を 0.1 cm と広くとっているので，図 A.10 のようにして行間余白を「0.1 cm」
に設定します。

段組みは，「書式」メニューから「段組み」を選択すると表示される，図 A.11 の
ような段組み設定パネルで，段数や段幅，段間隔などを指定することで設定します。
通常，段数を指定すると，印刷用紙サイズに合わせて適当な段幅と段間隔が選択

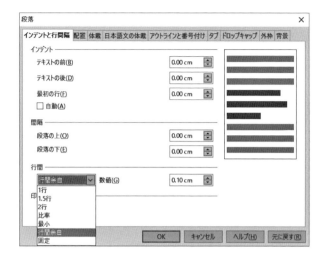

図 A.10
段落書式の設定パネル

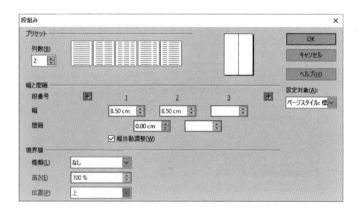

図 A.11
段組み設定パネル

されます。特に凝った指定が必要ない限りは段数のみを指定して「OK」ボタンを押すだけで段組み指定は終わりです。しかし，レポートや論文を作成する際には，タイトルや氏名，所属などを 1 段組みとしておき，本文の行から 2 段組みとするほうが見栄えがよいでしょう。このように，一つの文章の中で段数が違う段組みを組み合わせて用いるには，まず 2 段組みにしたい文を選択して，「段組み」メニュー

3.　ソフトウェアによって，既定値や，デフォルトと呼ばれていることもあります。もしもこのようにして標準設定が変えられているときは，図 5.1 とは異なる文書スタイルとなる場合もあります。

4.　行間「2 行」のときは全角 2 文字分下がります。

5.　Microsoft Word のような「ぶら下げインデント」という設定項目はありませんが，このような設定を必要とする箇条書き用に「書式」メニューの「箇条書きと番号付け」項目が用意されており，その「位置」タブで「揃える位置」（段落 1 行目）と「インデント」（段落 2 行目以降）の開始位置をそれぞれ設定できるようになっています。

で「設定対象」として「選択範囲」を選択した上で，2段組みを選んで「OK」ボタンを押します。

このような設定を行った文書データは図 5.1 のように表示されます。

A.5　OpenOffice 4 Writer におけるヘッダとフッタ（本文 p.219）

OpenOffice 4 Writer でヘッダをつけるには，「書式」メニューの「ページ」項目を選択して表示される設定パネルで，図 A.12 のように「ヘッダ」パネルを選択し，「ヘッダを付ける」をチェックします。この操作によって，図 A.13 のようにヘッダを定義する領域が各ページの文章入力領域の上に表示されるので，その中にヘッダとして表示すべきことを書き込みます。フッタも同様の操作によって設定できま

図 A.12
ヘッダ設定パネル

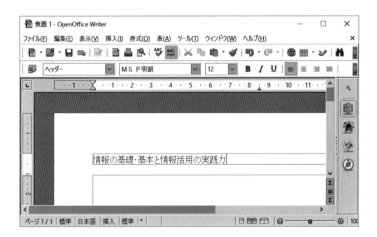

図 A.13
ヘッダの入力

図 A.14
フィールドデータの入力

す。ヘッダやフッタには，文字だけではなく，ページ番号や総ページ数，作成日時，作成者などの文書ファイルデータを表示することができます。これらは，図 A.14 のように「挿入」メニューの「フィールド」項目の中から選択できます。なお，表紙のようにヘッダやフッタを入れたくないときは，そのページで「書式」メニューの「スタイルと書式設定」タブで「ページスタイル」を「標準」から「最初のページ」に変更します[6]。

A.6　OpenOffice 4 Writer におけるより複雑な文字の装飾（本文 p.220）

OpenOffice 4 Writer で文字を装飾するには，まず対象とする文字列を選んだ上で，「書式」メニューから「文字」を選択して，図 A.15 に示すフォント効果パネルを表

図 A.15
文字修飾の設定パネル

6.　ウィンドウ左下に「標準」と表示されているページスタイルを右クリックして変更することでもできます。

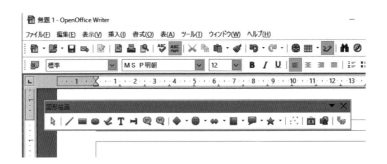

図 A.16
文書への直接描画

図 A.17
図形描画状態でのメニューバー

示します。このパネルで「下線」，「取り消し線」，「中抜き」，「影」などの文字装飾を設定することができます。なお，文字の色はフォントパネルで設定できます。

また，OpenOffice 4 Writer では図形描画機能が用意されており[7]，矢印や線，丸，四角形といった簡単な図形を使って文字や文書を修飾することができます。図 A.16 のように，文書ウィンドウの左側に縦に並んでいるアイコンの中にある「図形描画」ボタンを押すと，ボタンを押している間だけ図に示したような図形描画のツールバーが表示されます。この状態でマウスを移動させて，「線」や「四角形」などのツールボタンを選ぶと，描画できる状態になり，文書ウィンドウのメニューバーが図 A.17 のように変化します。このメニューバーを使って描画する線の太さや色，塗りつぶしなどを細かく指定することができます。

A.7 OpenOffice 4 Writer における文字の位置合わせとルビ（本文 p.220）

文字の位置については，「書式」メニューの「段落」の中の「位置」項目の設定パネルで設定します。図 5.1（p.216）のように仕上げるには，レポートのタイトルは「中央揃え」，所属や名前は「右揃え」とすることで位置決めできます。さらに，図 5.1 のように所属と氏名の文字幅を一致させるためには，図 A.18 のように文字

---

7. 図形描画機能は，最近ではほとんどのワープロソフトウェアに用意されていますが，みなさんが利用中のワープロソフトウェアでの機能の有無や名称についてはヘルプやマニュアルを確認してください。

図 A.18
文字間隔の設定

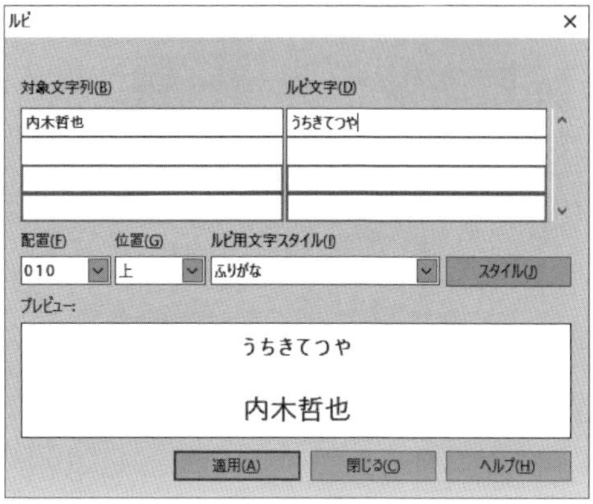

図 A.19
ルビの設定

間隔を変更することによって調整することができます。また，「書式」メニューの「ル
ビ」を選択することでルビ（ふりがな）を振ることができます。OpenOffice 4 では
図 A.19 に示したルビの設定パネルで「配置」を "010" とすることでルビとルビを
振る文字との幅を一致させることができます [8]。

A.8 OpenOffice 4 Writer における見出しスタイル書式の設定と目次作成（本文 p.220）

　章，節，句の見出し部分にそれぞれの見出しのレベルに合わせたスタイル書式
を設定することで，文章全体を構造化できます。見出しのスタイルは「見出し 1」

8.　多くのワープロソフトウェアでは全角の文字数で文字を割り付ける幅を合わせる形式をとっています。

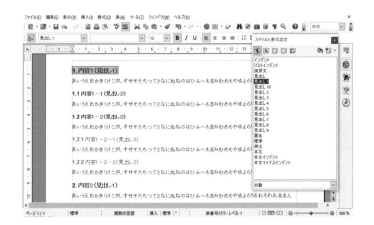

図 A.20
スタイル書式の設定例

図 A.21
スタイル書式の設定変更パネル

から「見出し 10」まで 10 レベル用意されていますので，図 A.20 に示したように見出し部分を選択して該当するレベルのスタイル書式を「書式」メニューの「スタイルと書式設定」パネルで指定します。文書ウィンドウ左上のスタイル表示窓でも指定可能です。また，各スタイルに初期設定されている書式を変更するには，図 A.20 の「スタイルと書式設定」パネルでスタイル項目を右クリックして「変更」を選択することで表示される，図 A.21 のような段落スタイル設定パネルで行います。すべての見出し部分の書式設定を完了した後で，目次を挿入したい場所にカーソルを移動して，「挿入」メニューの「目次と索引」にある「目次と索引」項目を選択し，表示される図 A.22 の「目次と索引の挿入」パネルで「OK」を選択すれば，図 A.23 のような目次が自動作成されて文章に挿入されます。なお，本文の見出し部分を修正した場合には，挿入した目次部分で右クリックして「インデックス／テーブルの更新」を選択し，再度表示される図 A.22 の「目次と索引の挿入」パネルで「OK」してください。目次は自動的には更新されませんので注意してください。

図 A.22
目次作成タブ

図 A.23
作成された目次の例

A.9　OpenOffice 4 Impress におけるスライドの作成（本文 p.228）

　OpenOffice 4 Impress を起動すると，図 A.24 のような設定パネルが表示され，スライドをデザインするためのナビゲーション機能が開始されます[9]。ナビゲーション機能では，プレゼンテーションの雛型であるテンプレートや，資料背景のデザイ

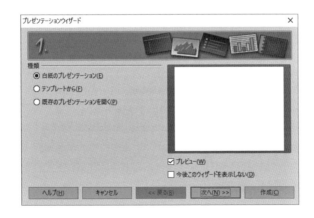

図 A.24
プレゼンテーションウィザード

9. OpenOffice 4 では "プレゼンテーションウィザード" と呼ばれています。

ン，画面の切り替え方などを指定できますが，これらは後から設定や変更することができます[10]。

この設定パネルでは，「白紙のプレゼンテーション」を選び，「プレゼンテーション」や「プレゼンテーションの背景」も特に指定せず，「種類」は標準，「効果」はなし，として「完了」ボタン（「次へ」ボタンではありません）を押します。すると 1 枚目のスライドとスライドレイアウトの選択パネルが表示されるので，まずは図 A.25 のように，1 枚目の表紙に適したスライドのレイアウトを選択します。

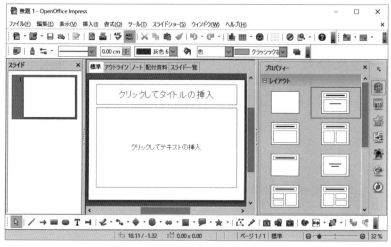

図 A.25
スライドレイアウトの設定

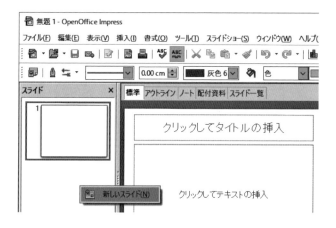

図 A.26
「新しいスライド」メニュー

---

10. 自分の PC を使っていて，プレゼンテーションウィザードがうっとうしく感じられたときは，図 A.24 の右下にある「今後このウィザードを表示しない」にチェックをつけて，次回からウィザードを起動しないように設定することもできます。

　新しいスライドを追加するには，図 A.26 のようにスライドウィンドウ内でマウスを右クリックすると表示される「新しいスライド」メニューを選択するか，「挿入」メニューから「スライド」を選択します。すると，新しいスライドが表示されます。今度は先ほど選択したスライドの左下にある「タイトル，テキスト」スライドを選択してみましょう。すると，図 A.27 のようなオーソドックスなテキストスライド画面が表示されます。

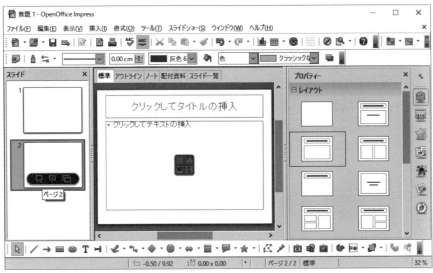

図 A.27
新たに追加されたスライド

A.10　OpenOffice 4 Impress におけるページスタイル設定機能（本文 p.229）

　OpenOffice 4 でスライドの背景を指定したり，背景に合う文字フォントや段落形式などを設定するのがページスタイル設定機能です。ページスタイルは自分でオリジナルな設定を指定することも可能ですが[11]，多くのプレゼンテーションソフトウェアにはあらかじめ効果的なスタイルが多数用意されており，それらの中から選択して利用するのが簡単で便利です。

　まず，「書式」メニューから「ページスタイル」を選択します。次ページの図 A.28 に示したページスタイル設定パネルが表示されるので，「読み込み」ボタンを押して，

---

[11]. あらかじめ用意されているスタイルを参考にしたり，修正してオリジナルなスタイルを作成するのが便利です。詳細についてはプレゼンテーションソフトウェアのマニュアルやヘルプを参照してください。

図 A.28
ページスタイルの切り替え指定

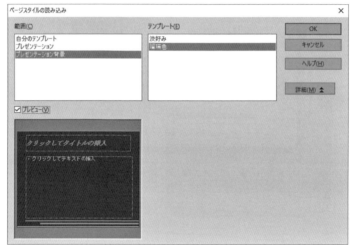

図 A.29
ページスタイルの読み込み指定パネル

図 A.29 に示したページスタイルの読み込み指定パネルを表示させます。このパネルで「範囲」を「プレゼンテーション背景」に指定して，表示されたテンプレートから適当なデザインを選択すればページスタイルの読み込みが完了します。なお，デザインを選択する際に，図 A.29 のパネルの中ほどにあるプレビューをチェックしておけば，選択しているデザインを確認することができます。読み込みが完了すると，図 A.28 のページスタイル設定パネルに戻ります。パネル上の読み込んだページスタイルを選択した状態で「マスターページを取り替える」をチェックして「OK」ボタンを押せば，図 A.30 に示したように作成中のスライドの全ページに選択したページスタイルが適用されます。

A.11　OpenOffice 4 Impress におけるスライドの編集（本文 p.234）

　講演や聴衆によって提示するスライドの順序を変えたり，別のスライドを挿入したりするには，図 A.30 の左側に表示されているスライド一覧ウィンドウで指示します。このウィンドウで，順序を変えるスライドをマウスでドラッグして移動先のスライド位置を指定します。OpenOffice 4 Impress では，ここでスライドを選択した後に「新しいスライド」の挿入を指示すれば，選択したスライドの次に新たなスライドを挿入することができます [12]。

　なお，このようにスライドの順序や構成を変更する場合には，元のスライドセットを残しておいて，そのコピーを利用して作業するべきでしょう [13]。プレゼンテーションは一回限りの場当たり的なこととすべきではなく，必要に応じて同じプレゼンテーションが再現できるように準備しておくべきだからです。ところで，元のス

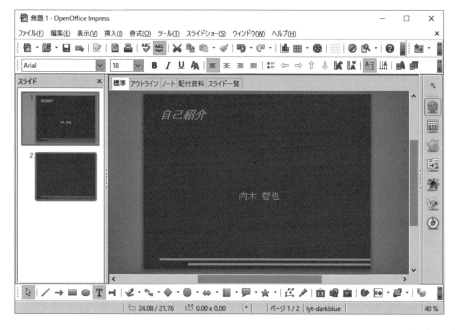

図 A.30
ページスタイル適用後のスライド

12.　移動先をカーソルで指示するタイプのソフトウェアもあります。

13.　簡単なコピー方法は，ファイルを開いた直後，すなわち作業を開始する前に「名前を付けて保存」してしまうことです。これは，他のアプリケーションでも有効ですし，バックアップの観点からも重要な操作方法なので，いつも心がけておくとよいでしょう。

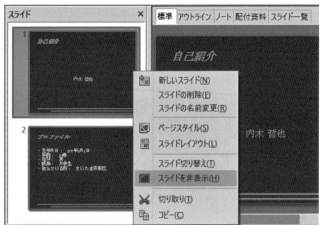

図 A.31
スライドの表示 / 非表示の切り替え

ライドセットの順序や内容は変更せず，講演時間や聴衆によって表示するスライド
を切り替えたり，表示しないようにするだけであれば，新たにファイルを作成する
までもなく，簡単な設定で対応できます。「スライドモード」画面で対象スライド
を選択し，マウスボタンで右クリックすると表示される，図 A.31 のような操作メ
ニューから「スライドを非表示」を選択するだけで，表示のものは非表示に，非表
示のものは表示に設定が変わります。この設定は「スライドショー」メニューにも
あります。

A.12　OpenOffice 4 Impress におけるスライドの印刷（本文 p.236）

OpenOffice 4 Impress で配付資料を印刷するには，まずそのレイアウトを指定し
ます。「表示」メニューの「配付資料」を選択するか，スライド表示パネル上部の「配
付資料」タブを選択すると，次ページの図 A.32 のように，印刷される配付資料の
プレビュー画面になります。通常は，スライド 1 枚が 1 ページに印刷される設定と
なっていますが，この図では 6 枚のスライドが 1 ページに印刷される設定を選択し
ています。

なお，配付資料を印刷するには，「ファイル」メニューの「印刷」を選択したと
きに表示される図 A.33 の「印刷」設定パネルで，「内容」から「配付資料」を選
択する必要があります。

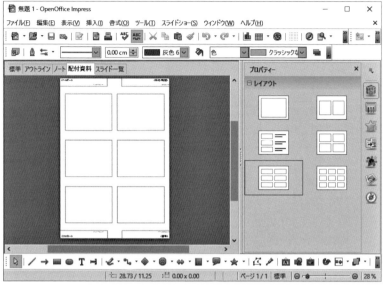

図 A.32
ページレイアウトの変更パネル

図 A.33
配付資料の印刷指定

国際標準化機構（ISO）による国の識別コード（ISO 3166-1：2021 年 8 月 28 日現在）

（Wikipedia ISO 3166-1 ページ https://ja.wikipedia.org/wiki/ISO_3166-1/ より）

ISO 3166-1 に於ける英語名	2文字コード	ISO 3166-1 に於ける英語名	2文字コード
Afghanistan	AF	Botswana	BW
Åland Islands	AX	Bouvet Island	BV
Albania	AL	Brazil	BR
Algeria	DZ	British Indian Ocean Territory	IO
American Samoa	AS	Brunei Darussalam	BN
Andorra	AD	Bulgaria	BG
Angola	AO	Burkina Faso	BF
Anguilla	AI	Burundi	BI
Antarctica	AQ	Cabe Verde	CV
Antigua and Barbuda	AG	Cambodia	KH
Argentina	AR	Cameroon	CM
Armenia	AM	Canada	CA
Aruba	AW	Cayman Islands	KY
Australia	AU	Central African Republic	CF
Austria	AT	Chad	TD
Azerbaijan	AZ	Chile	CL
Bahamas	BS	China	CN
Bahrain	BH	Christmas Island	CX
Bangladesh	BD	Cocos (Keeling) Islands	CC
Barbados	BB	Colombia	CO
Belarus	BY	Comoros	KM
Belgium	BE	Congo	CG
Belize	BZ	Congo, the Democratic Republic of the	CD
Benin	BJ	Cook Islands	CK
Bermuda	BM	Costa Rica	CR
Bhutan	BT	Côte d'Ivoire	CI
Bolivia, Plurinational State of	BO	Croatia	HR
Bonaire, Saint Eustatius and Saba	BQ	Cuba	CU
Bosnia and Herzegovina	BA	Curaçao	CW

ISO 3166-1 に於ける英語名	2文字コード
Cyprus	CY
Czech Republic	CZ
Denmark	DK
Djibouti	DJ
Dominica	DM
Dominican Republic	DO
Ecuador	EC
Egypt	EG
El Salvador	SV
Equatorial Guinea	GQ
Eritrea	ER
Estonia	EE
Eswatini	SZ
Ethiopia	ET
Falkland Islands (Malvinas)	FK
Faroe Islands	FO
Fiji	FJ
Finland	FI
France	FR
French Guiana	GF
French Polynesia	PF
French Southern Territories	TF
Gabon	GA
Gambia	GM
Georgia	GE
Germany	DE
Ghana	GH
Gibraltar	GI
Greece	GR
Greenland	GL
Grenada	GD
Guadeloupe	GP
Guam	GU
Guatemala	GT
Guernsey	GG
Guinea	GN
Guinea-Bissau	GW
Guyana	GY
Haiti	HT
Heard Island and McDonald Islands	HM
Holy See (Vatican City State)	VA
Honduras	HN
Hong Kong	HK
Hungary	HU
Iceland	IS
India	IN
Indonesia	ID
Iran, Islamic Republic of	IR

ISO 3166-1 に於ける英語名	2文字コード
Iraq	IQ
Ireland	IE
Isle of Man	IM
Israel	IL
Italy	IT
Jamaica	JM
Japan	JP
Jersey	JE
Jordan	JO
Kazakhstan	KZ
Kenya	KE
Kiribati	KI
Korea, Democratic People's Republic of	KP
Korea, Republic of	KR
Kuwait	KW
Kyrgyzstan	KG
Lao People's Democratic Republic	LA
Latvia	LV
Lebanon	LB
Lesotho	LS
Liberia	LR
Libya	LY
Liechtenstein	LI
Lithuania	LT
Luxembourg	LU
Macao	MO
Madagascar	MG
Malawi	MW
Malaysia	MY
Maldives	MV
Mali	ML
Malta	MT
Marshall Islands	MH
Martinique	MQ
Mauritania	MR
Mauritius	MU
Mayotte	YT
Mexico	MX
Micronesia, Federated States of	FM
Moldova, Republic of	MD
Monaco	MC
Mongolia	MN
Montenegro	ME
Montserrat	MS
Morocco	MA
Mozambique	MZ
Myanmar	MM
Namibia	NA

ISO 3166-1 に於ける英語名	2文字コード	ISO 3166-1 に於ける英語名	2文字コード
Nauru	NR	Slovakia	SK
Nepal	NP	Slovenia	SI
Netherlands	NL	Solomon Islands	SB
New Caledonia	NC	Somalia	SO
New Zealand	NZ	South Africa	ZA
Nicaragua	NI	South Georgia and the South Sandwich Islands	GS
Niger	NE	South Sudan	SS
Nigeria	NG	Spain	ES
Niue	NU	Sri Lanka	LK
Norfolk Island	NF	Sudan	SD
North Macedonia	MK	Suriname	SR
Northern Mariana Islands	MP	Svalbard and Jan Mayen	SJ
Norway	NO	Sweden	SE
Oman	OM	Switzerland	CH
Pakistan	PK	Syrian Arab Republic	SY
Palau	PW	Taiwan, Province of China	TW
Palestinian Territory, Occupied	PS	Tajikistan	TJ
Panama	PA	Tanzania, United Republic of	TZ
Papua New Guinea	PG	Thailand	TH
Paraguay	PY	Timor-Leste	TL
Peru	PE	Togo	TG
Philippines	PH	Tokelau	TK
Pitcairn	PN	Tonga	TO
Poland	PL	Trinidad and Tobago	TT
Portugal	PT	Tunisia	TN
Puerto Rico	PR	Turkey	TR
Qatar	QA	Turkmenistan	TM
Réunion	RE	Turks and Caicos Islands	TC
Romania	RO	Tuvalu	TV
Russian Federation	RU	Uganda	UG
Rwanda	RW	Ukraine	UA
Saint Barthélemy	BL	United Arab Emirates	AE
Saint Helena, Ascension and Tristan da Cunha	SH	United Kingdom of Great Britain and Northern Ireland	GB *
Saint Kitts and Nevis	KN	United States Minor Outlying Islands	UM
Saint Lucia	LC	United States	US
Saint Martin (French part)	MF	Uruguay	UY
Saint Pierre and Miquelon	PM	Uzbekistan	UZ
Saint Vincent and the Grenadines	VC	Vanuatu	VU
Samoa	WS	Venezuela, Bolivarian Republic of	VE
San Marino	SM	Viet Nam	VN
Sao Tome and Principe	ST	Virgin Islands, British	VG
Saudi Arabia	SA	Virgin Islands, U.S.	VI
Senegal	SN	Wallis and Futuna	WF
Serbia	RS	Western Sahara	EH
Seychelles	SC	Yemen	YE
Sierra Leone	SL	Zambia	ZM
Singapore	SG	Zimbabwe	ZW
Sint Maarten (Dutch part)	SX		

* Internet では「UK」を利用

バイオリズム診断表

http://www.interq.or.jp/garnet/h56114/h&h_biorhythm.htm より

身体の リズム	感情の リズム	知性の リズム	リズムの パターン	状　態
＋	－	－	スポーツ週間	体力・スタミナ・食欲好調・疲労の回復力も盛ん。恵まれた身体のエネルギーを活用する時。
－	＋	－	ゲーム週間	感情が円満で，気力充実しカンもさえている時期。注意力もよく働き，アイディアの発想にも適した期間。
－	－	＋	読書週間	頭の回転が好調。記憶力も働き，重要な仕事の判断にも適した状態。頭脳を十分に働かせる時です。
＋	＋	－	対外活動期	体力・気力が充実し積極的な対外活動に最も適した時期。開拓し，働きかけ，生活をエンジョイするのに絶好の時。
＋	－	＋	内外活動期	体力に知性の働きが伴う内外の活動に最適の期間。肉体労働・知的作業のどちらにも適し，ミスの少ない状態。
－	＋	＋	知的活動期	カン・注意力・記憶力・判断力と知的作業に必要なエネルギーがすべて働いている理想の状態。
－	－	－	完全安定日	三つのリズムが消極的に活動を続けている状態。要注意日直後でないかぎり安定した静止状態。不調期ではありません。
＋	＋	＋	完全絶好調期	三つのリズムがすべて活発に活動している時で，あなたの全エネルギーをフルに活動させるのに最上の状態です。
0	±	±	カゼ予防日	体調に変化をきたしやすい。カゼ，食あたり，持病の再発に注意し，身体をいたわってください。
±	0	±	ミス予防日	感情が乱れやすい時。気分・注意力が不安定になりやすい。事故や失言，つまらぬミスに気をつけたい日です。
±	±	0	ポカ予防日	判断・記憶にミスをきたしやすく，思考力不安定になりやすい状態。ポカに気をつけたい1日です。
0	0	±	身体管理日	体調・感情が共に乱れやすい状態。ドライバーや危険な作業に従事している人は十分に注意してください。
0	±	0	心身管理の日	体調乱れやすく判断も狂いがちな状態。経営者や孤独に作業する職種の人々は特に注意してください。
±	0	0	精神管理の日	感情が乱れやすく，思考力も不安定な1日です。その言動が他の人にも影響を及ぼす立場の人は特に注意。
0	0	0	完全管理日	三つのリズムが同時に要注意日を迎える1日です。3年に1度あるかなしのリズム上の節目ともいえ，自己管理がぜひ必要な1日です。

＋ （プラス）　　　　好調・充実・緊張
－ （マイナス）　　　低調・安定・弛緩（リラックス）
0 （ゼロ）　　　　　不調・不安定・要注意日（ストレスの多い日）
± （ゼロでないプラスかマイナスかのどちらかの値）

参考文献

第 1 章

- 佐藤章，神沼靖子『情報リテラシ（第 3 版)』，共立出版，2000.

- 神沼靖子，内木哲也『基礎情報システム論』，共立出版，1999.

- アイテック情報技術研究所編『コンピュータシステムの基礎』，ITEC，2002.

- 文部科学省『高等学校学習指導要領解説情報編』，1999.

第 2 章

- 海野敏，田村恭久『情報リテラシー』，オーム社，2002.

- 木下是雄『理科系の作文技術』，中公新書 624，中央公論社，1981.

- 辰巳丈夫『インターネット時代の書法と作法』，サイエンス社，1999.

- 河野哲也『レポート・論文の書き方（改訂版)』，慶應義塾大学出版会，1998.

第 3 章

- 神沼靖子，内木哲也『基礎情報システム論』，共立出版，1999.

- 海野敏，田村恭久『情報リテラシー』，オーム社，2002.

- Lee Sproull, Sara Kiesler（斉藤信男訳）「変わる労働環境」，『日経サイエンス』，Vol.21, No.11, pp.104-112, 1991.

- Lee Sproull, Sara Kiesler, *Connections: New Ways of Working in The Networked Organization*, The MIT Press, 1991.

- Michel Foucault（田村俶訳）『監獄の誕生　－監視と処罰－』，新潮社，1977.

- George Orwell（高橋和久訳）『一九八四年』，ハヤカワ epi 文庫，早川書房，2009.

第 4 章

- 神沼靖子，内木哲也『基礎情報システム論』，共立出版，1999.
- 河野哲也『レポート・論文の書き方（改訂版）』，慶應義塾大学出版会，1998.
- 櫻井雅夫『レポート・論文の書き方　上級』，慶應義塾大学出版会，1998.
- 慶應義塾大学日吉メディアセンター編『情報リテラシー入門』，慶應義塾大学出版会，2002.
- 加瀬滋男『改訂版　産業と情報』，日本放送出版協会，1988.
- 田村俊作編『情報検索と情報利用』，勁草書房，2001.
- 大澤豊，田中克明『経済・経営分析のための Lotus 1-2-3 入門』，有斐閣，1990.
- 高橋秀美『自分のバイオリズム［完全版］』，青春出版社，1998.
- 高橋三雄『情報基礎管理学』，日本放送出版協会，1996.

第 5 章

- 海野敏，田村恭久『情報リテラシー』，オーム社，2002.
- 神沼靖子，内木哲也『基礎情報システム論』，共立出版，1999.
- 加藤浩『プレゼンテーションの実際』，培風館，2001.
- 河野哲也『レポート・論文の書き方（改訂版）』，慶應義塾大学出版会，1998.
- 櫻井雅夫『レポート・論文の書き方上級』，慶應義塾大学出版会，1998.
- 慶應義塾大学日吉メディアセンター編『情報リテラシー入門』，慶應義塾大学出版会，2002.
- 海保博之編『説明と説得のためのプレゼンテーション』，共立出版，1995.
- 井上智義編『視聴覚メディアと教育方法』，北大路書房，1999.

記号

* *20*
@ *20, 74*
~ *20*
2 次元コード *44*
3D 回転 *209*
3D 表示 *209*
3D 棒グラフ *210*
5W1H *133*

A

AAC（Advanced Audio Coding） *102*
account *6*
Acrobat *133*
aif / aiff *102*
AIFF（Audio Interchange File Format） *102*
Android *7*
application software *11*
ASCII コード *76*
ATOK *16*
AVI（Audio Visual Interleaved） *102*

B

back up *151*
Bcc:（Blind carbon copy） *91*

BD-RE *54*
Bitmap *101*
blind touch *22*
bmp *101*
BODY 部 *246*

C

carbon copy *90*
Cc:（carbon copy） *90*
CD-R（Compact Disc Recordable） *53*
CD-ROM *48*
chain mail *118*
chat *72*
Chrome OS *60*
Chromebook *60*
CiNii Articles *142*
CiNii Books *142*
class *102*
click *15*
Cloud Computing *60*
CMC（Computer Mediated Communication） *68*
CMS *70*
CompuServe GIF（Graphics Interchange Format） *101*
COUNTIF 関数 *203*
CPU（Central Processing Unit） *13*
CRT（Cathode Ray Tube） *14*

CSS（Cascading Style Sheets） *101*
CSV（Comma Separated Value format） *102*
CUI（Character User Interface） *22*

D

data storage *105*
dll *102*
doc / docx *102*
download *78*
drag *16*
drag and drop *16*
Dropbox *105*
DVD+RW *54*
DVD-R（Digital Versatile Disc Recordable） *53*
dxf *102*

E

EJ（Electronic Journal） *142*
eps *102*
EPSF（Encapsulated PostScript Format） *102*
Excel *102, 147*
exe *102*
exit *8, 9*
Explorer *58*

F

Facebook 67, 80
FEP（Front End Processor） 16
file format 99
filer 58
Firefox 7
flaming 115
footer 219
forward 96
FTP（File Transfer Protocol） 78
FTP ソフトウェア 112

G

gesture 16
gif 101
GIF 101, 250
Gmail 83, 88
Google 29, 39
Google Drive 105
GUI（Graphical User Interface）
    7, 14, 15

H

hardware 10
HDMI 240
header 219
HEAD 部 246
hlp 102
htm 101
HTML（Hyper Text Markup
    Language） 101, 244
http:// 42
https:// 42
hyper text 244

I

I/O（Input/Output） 14
iCloud Drive 105
icon 7
IF 関数 166
IF 関数での条件式 167

IMAP（Internet Message Access
    Protocol） 94
IME 16
install 11
Instant Messenger 68
INT 169
interface 13
Internet 37
Internet Explorer 7
inter-networking 37
intranet 56
iOS 7
IP アドレス 37
ISBN 140
ISO 3166-1 289

J

JICST 140
JPEG（Joint Photographics Experts
    Group） 101, 250
jpg / jpeg 101
jtd 102

L

LAN（Local Area Network） 37
LCD（Liquid Crystal Display） 14
LINE 67, 80
link 41
login 5
logoff 8
logon 5
logout 8
lzh 102

M

Macintosh PICT 101
MacOS 7
mail bomb 118
mailer 88
main frame 5
MD（Mini-Disc） 53
mdb /accdb 102

microSD カード 50
Microsoft Excel 147
Microsoft Office 100, 146, 147
Microsoft Outlook 89
Microsoft PowerPoint 236
Microsoft Word 77, 217
mid 102
MIDI（Musical Instruments Digital
    Interface） 102
miniSD カード 50
ML（Mailing List） 86
ML サーバ 86
MO（Magneto-Optical Disc） 53
mov / qt 102
mp3 102
MPEG（Moving Picture Experts
    Group） 102
mpg / mp4 102
MUA（Mail User Agent） 88

N

NACSIS WebCat 142
NDC 140

O

OCR（Optical Character Reader）
    14
Office 100, 147
OHP 213, 238
OJ（Online Journal） 142
OneDrive 89, 105
OPAC（Online Public Access
    Catalog） 138
OpenOffice 4 146
OpenOffice Calc 147
OpenOffice Impress 230, 236
OpenOffice Writer 217
OpenOffice.org 146
OS（Operating System） 2, 11
Outlook.com 89

P

PC（Personal Computer） *3, 5*
PDF *133*
PDF（Portable Document Format）
　101, 133
pic / pict *101*
PNG（Portable Network Graphics）
　101, 250
pointing device *14, 15*
POP *94*
PowerPoint *102, 228*
ppt / pptx *102*

Q

QuickTime Movie *102*
quit *8*

R

ram / rm *102*
RAM（Random Access Memory）
　49
random walk *208*
RAND 関数 *168*
Re:（RE:） *95*
Reply-To-Address *95*
ROM（Read Only Memory） *49*
ROUND *169*
rtf *101*

S

Safari *7*
SD カード *50*
shutdown *9*
SimpleText *32*
SIST 02 *145*
SIST 14 *145*
site *38*
Skype *72, 79*
slide *229*
slide show *236*
slk *102*

SMS（Short Message Service） *68*
SMTP（Simple Mail Transfer
　Protocol） *89*
SNS（Social Networking
　Service） *67, 80*
software *10*
sort *175*
sorting *175*
SPAM *89*
spam mail *118*
spread sheet *147*
SSD（Solid State Drive） *48*
Subject *84*
SUM 関数 *164*
swf *102*
SYLK（SYmbolic LinK format）
　102

T

tapping *15*
TCP/IP *37*
TextEdit *32*
thesaurus *140*
Thin Client *48, 60*
tif *102*
TIFF（Tagged Image File Format）
　102
To: *90*
touch typing *22*
trackback *80*
Twitter *67*
txt *101*

U

upload *78*
URL（Uniformed Resource Locator）
　36, 42
USB 変換アダプタ *49, 50*
USB メモリ *31, 48, 49*
user interface *14*

V

version *32, 241*

W

wav *102*
Webcat Plus *142*
Webex *79*
WebMail *88*
Web アドレス *36, 42*
Web 検索エンジン *29*
Web サイト *38*
Web ブラウザ *7*
Web ページ *38, 62, 244*
What if 分析 *184*
Windows *2, 7*
WMA（Windows Media Audio）
　102
WMV（Windows Media Video）
　102
Word *102, 217*
word processor *214*
WWW（World Wide Web） *7, 38,*
　243
WYSIWYG（What You See Is What
　You Get） *221*

X

xls / xlsx *102*
XML（eXtensible Markup Language）
　101
XOOPS *70*
XOOPS Cube *70*
X-window *7*

Y

Yahoo! *29*
Yahoo! メール *83, 88*

Z

zip *102*
Zoom *70, 79*

ア

アイコン　　7
アウトライン機能　　239
アカウント　　6
アスタリスク　　20
アットマーク　　20, 83
アップロード　　78, 107
アドレス（表計算）　　150
アドレス帳　　98
アプリ　　7, 60, 61
アプリケーション　　7, 11
アプリケーションソフトウェア
　　7, 11, 60

イ

意思決定支援　　184, 194
一次記憶　　13
一次情報　　132, 135, 138, 144
一様乱数　　167, 195
印刷（表計算）　　158, 269
印刷設定　　221
印刷装置　　14
印刷プレビュー　　222, 270
インスタントメッセンジャー　　68
インストール　　11
インターネット　　37
インタフェース　　13
インデント　　219, 220, 275
イントラネット　　56
インフォーマル情報　　234
引用　　62

ウ

ウィキペディア　　137
ウイルス　　113, 118
ウイルスチェック　　112, 114

エ

映画・ビデオ　　238
液晶ディスプレイ　　14
エクスプローラ　　58

エージェント　　23
エディタ　　32
円グラフ　　174, 209
演算装置　　12

オ

応用ソフトウェア　　11
大型汎用計算機　　5
帯グラフ　　174
オブジェクト　　222, 224, 266
オブジェクトの挿入　　222
オープンソースソフトウェア
　　146
オペレーティングシステム
　　4, 7, 11
折れ線グラフ　　174, 209
音声通話サービス　　79
オンラインストレージ　　105

カ

外部記憶装置　　13
科学技術情報流通技術基準　　145
かけ算（表計算）　　152
箇条書き　　230
画像配信サービス　　79
カタカナ入力モード　　17
括弧（表計算）　　152
学校基本調査　　147
かな漢字変換モード　　17
カーボンコピー　　91
カーリル　　142
関数（表計算）　　164, 165
関数名（表計算）　　164
官報バックナンバー　　144

キ

記憶装置　　12
記憶媒体　　13, 48
キーボード　　21
基本ソフトウェア　　11
脚注　　62
キャプション　　226

共同利用環境　　31
禁則処理　　219

ク

国の識別コード　　289
蜘蛛の巣　　38
クライアント　　55, 60
クラウドコンピューティング
　　7, 60
クラウドストレージ　　105
クラッカー　　93
グラフ（表計算）　　152
グラフウィザード　　153
グラフの書式変更　　157
グラフのタイトルや軸名称　　155
クリック　　15
クリップアート　　223
クリップボード　　20, 46, 261
クロムブック　　60

ケ

形式的情報　　232
検索エンジン　　38, 39
検索機能　　46
原著文献　　135, 138
件名　　84

コ

公的情報源　　144
国立国会図書館 OPAC　　139
国立情報学研究所　　142
国会会議録　　144
コピー＆ペースト　　34, 261
ゴールシーク　　193
コンテンツ管理システム　　70
コンパクトフラッシュ　　50
コンピュータウイルス　　113, 118
コンピュータの基本構成　　10

サ

再計算機能　　168, 198, 199

サーバ　　55, 60
サーバからファイルを落とす　　78
サーバにファイルを上げる　　78
参考文献　　62, 144
三次情報　　135
散布図　　174

シ

シェアウェア　　88
ジェスチャー　　16
磁気カード読み取り装置　　14
磁気ディスク　　48, 53
識別子　　55
軸項目の追加表示設定　　171
自在眼　　99
指示装置　　7, 15
四捨五入関数　　169
システム終了　　9
四則演算の書き方（表計算）　　152
シソーラス　　140
シート（表計算）　　149
シミュレーション　　131, 167, 184
シミュレーションモデル　　184
シミュレーションモデルの妥当性　　190
シャットダウン　　9
ジャーナル　　138
周辺機器　　4
周辺装置　　13
主記憶装置　　13
受信確認機能　　91
受信箱　　96
出典　　62, 145
出力装置　　12, 14
条件関数　　165, 170
条件式　　166, 167, 203
小数点以下切り捨て関数　　169
情報の信頼性　　133, 145
ショートメッセージ　　68
処理装置　　13
シンクライアント　　60
シンクライアントシステム　　48
シングルクリック　　15

ス

図　　212
図形ファイルの挿入　　223
スタイル　　219, 279
図のキャプション　　226
図の縦横比を保持した拡大縮小　　223
スパム　　89
スパムメール　　118
スプール　　75, 86
スプレッドシート　　147, 158
スマートメディア　　50
スライド　　229
スライド映写機　　238
スライドショー　　234, 266
スライド資料　　228, 229
スライドの印刷　　286
スライドの作成　　281
スライドの編集　　285

セ

正規表現　　47
制御装置　　12
正規乱数　　209
絶対番地指定　　162, 181, 182
セル　　149
セルアドレス　　150
セルの結合　　157
セルのコピー　　160, 162
セル番地　　150
全角　　17
全角英数字入力モード　　17
全角文字　　47, 57, 58

ソ

送信済みメールボックス　　91
送信ボックス　　91
相対番地指定　　182
ソーシャルネットワークサービス　　67
ソーティング　　175
ソート　　175

ソフトウェア　　10

タ

題名　　84
ダウンロード　　78
タグ　　245, 247, 248
たし算（表計算）　　152
タッチタイピング　　22
タッチディスプレイ　　15
タッチパッド　　7, 15
タッチパネル　　14
タッピング　　15
ダブルクリック　　15
段組み　　217, 219, 275
段落設定　　219

チ

チェーンメール　　118
置換機能　　46
知的財産権　　253
知的所有権　　107, 111
チャット　　72, 73
中央処理装置　　13
調査レポート　　61
著作権法違反　　64, 107
直感的な操作感覚　　16
チルダ　　20

ツ

積み上げ棒グラフ　　174

テ

ディレクトリ　　59, 252
ディレクトリ系　　38, 39
テキストエディタ　　32
テキスト形式　　183, 226
テキストと図との関係の設定　　224
データ系列のカスタマイズ　　154
データ系列の追加と削除　　171
データ検索　　179

データストレージ　　105
データ範囲の選択　　154
データベース処理　　175
デマメール　　119
電源　　2, 4
電源スイッチ　　2, 4
電源を切る　　2, 9
電子会議　　70
電子掲示板　　70
電子ジャーナル　　142, 144
電子メール　　68, 69, 73-75, 77, 82
電子メールアドレス　　83
電子メールサーバ　　74, 75
電子メールソフトウェア　　88
転送（ファイル）　　104, 107 252
転送（メール）　　96
添付ファイル　　77, 110, 183
テンポラリ　　46

ト

統計資料　　134, 144
統計表　　146, 147, 183
統合ソフトウェア　　146, 147
同報機能　　86, 90
同報先　　90
同報送信　　95
特許資料　　144
ドメイン名　　37, 74, 83
ドラッグ　　16
ドラッグ＆ドロップ　　16
トラックバック　　80

ナ

内部記憶　　13
並べ替え　　175

ニ

二次記憶　　13
二次情報　　135
日本語入力　　16
日本十進分類法　　140
入出力装置　　13

入力装置　　12
入力モード　　17
認証　　5

ネ

ネガフィルム（陰画）　　238
ネットサーフィン　　7
ネットワーク型コンピューティング
　　60
ネットワーク侵入者　　92
ネットワークストレージ　　105

ハ

バイオリズム　　207, 208
バイオリズム診断表　　292
ハイパーテキスト　　244
ハイパーリンク機能　　266
白書　　144
バーコード読み取り装置　　14
バージョン　　32, 241
パスワード　　5
パーソナルコンピュータ　　5
ハッカー　　93
バックアップ　　48, 50, 151
発信者責任　　255
ハードウェア　　10
ハードディスク　　13, 48, 53, 54
離れたデータ系列　　172
貼り付け　　34
版　　32
半角　　17
半角英数字入力モード　　17
半角文字　　57
番地（表計算）　　150
半導体IC　　49
判例集　　144

ヒ

ひき算（表計算）　　152
引数　　164, 166
非形式的情報　　234
ビットマップ　　101

ビデオ会議システム　　79
ビデオコール　　79
ビデオチャット　　79
表　　212
表計算ソフトウェア　　147
表示装置　　14
表のキャプション　　226
表の作成（ワープロ）　　272
表の書式設定（表計算）　　156
表の書式設定（ワープロ）　　225
表の書式変更（表計算）　　156
ひらがな入力モード　　17

フ

ファイラ　　58
ファイル圧縮ソフトウェア　　111
ファイル管理機能　　58
ファイル管理ソフトウェア　　58
ファイル形式　　99, 183
ファイルサーバ　　48, 55, 105
ファイル操作　　58
ファイル転送　　104
ファイル添付機能　　101, 103
ファイルの階層管理の概念　　59
ファイル名　　31, 57, 59
フィル　　164
フィルタ機能　　179
フィルタ条件の設定　　180
フォトレタッチソフトウェア
　　224
フォーマルな情報　　232
フォルダ　　59, 252
不揮発性メモリ　　48, 49
複数の条件を結合した条件式
　　166
複数の状態の判別　　170
フッタ　　219, 276
ブラインドタッチ　　22
ブラウザ　　7
ブラウン管　　14
ふりがな　　220, 279
プリンタ　　14
フルキーボード　　17, 19
フレーミング　　115

フレーミングの回避方法　*116*
フレーム表示　*36*
プレゼンテーション　*211, 212*
プレゼンテーションスライド改善視
　　点表　*243*
プレゼンテーションソフトウェア
　　228, 229, 238
プレビュー　*270*
プロジェクタ　*236, 238*
フロッピーディスク　*48, 53*
プロバイダ　*129*
プロポーショナルフォント　*57*
文書処理　*216*
文書の装飾　*272*
文書の属性　*219*

ヘ

ページ設定　*218, 219*
ペースト　*34*
ヘッダ　*219, 276*
ヘルプ　*23*
ヘルプエージェント　*23, 24*
ヘルプ機能　*23, 24*
返信　*95*
返信機能　*95*
返信先　*95*

ホ

ポインティングデバイス
　　7, 14, 15
棒グラフ　*174*
法令集　*144*
ポジフィルム（陽画）　*238*
補助記憶装置　*13*
ポスター　*238*
ホームポジション　*22*

マ

マウス　*7, 14, 15*
マークシート読み取り装置　*14*
マクロ　*113*
マクロウイルス　*112, 113*

マルチメディアカード　*50*
マルチユーザシステム　*73*

ミ

ミニキーボード　*17, 21*

メ

メモ帳　*32, 35, 99, 214*
メモリカード　*13, 48, 49, 50*
メモリスティック　*50*
メーラ　*88*
メーリングリスト　*86, 95, 97*
メールの引用部分　*95*
メール爆弾　*118*
メール箱　*96*
メールボックス　*93, 96*

モ

模擬実験　*167, 184*
文字　*212*
文字設定　*220*
文字の装飾　*220, 277*
問題解決活動　*130, 212*
問題解決の手順　*130*
問題解決場面　*128*
文部科学省文部統計要覧／文部科学
　　統計要覧　*108, 148*

ユ

ユーザ ID　*5, 6, 55*
ユーザインタフェース　*14*

ヨ

よく使うキーの機能　*20*
よく利用される関数　*165*
読み仮名　*147, 178*

ラ

ラジアン　*208*

乱数関数　*167*
ランダムウォーク　*208*

リ

リッチテキスト　*101*
利用者識別子　*6*
リンク　*41, 80*

ル

ルビ　*220, 278*

レ

レコード　*176*
レスポンス　*70*
レーダーチャート　*173, 174*
レポート　*35, 61*
レポート文書評価改善視点表
　　260
連続値の入力　*163, 272*

ロ

ログアウト　*8*
ログイン　*5*
ログオン　*5*
ロボット　*38*
ロボット系　*38, 39*
ローマ字／かな変換表　*18*

ワ

ワイルドカード文字　*47*
ワークシート　*149*
ワークシートの印刷手順　*269*
ワードプロセッサ　*214*
ワープロ　*214*
ワープロソフトウェア　*214, 215*
割り算（表計算）　*152*

著者紹介

内木哲也（うちき　てつや）

1987 年　慶應義塾大学大学院理工学研究科博士課程修了（電気工学専攻）
現　在　埼玉大学大学院人文社会科学研究科教授，工学博士
主　著　基礎情報システム論（共著，共立出版），実験経済学の原理と方法（共訳，同文舘），経営情報論
　　　　ガイダンス（分担著，中央経済社），入門政治経済学方法論（分担著，東洋経済新報社）

野村泰朗（のむら　たいろう）

1999 年　東京工業大学大学院社会理工学研究科博士課程修了（人間行動システム専攻）
現　在　埼玉大学教育学部心理・教育実践学講座准教授，博士（学術）
主　著　ロボカップジュニアガイドブック（分担著，誠文堂新光社）

情報の基礎・基本と情報活用の実践力　第4版

2004 年　1 月 25 日	初版　1 刷発行
2006 年　9 月 15 日	初版　7 刷発行
2009 年 11 月 10 日	第 2 版　1 刷発行
2015 年　2 月 25 日	第 2 版 10 刷発行
2016 年　5 月 10 日	第 3 版　1 刷発行
2021 年　5 月 10 日	第 3 版　6 刷発行
2021 年 11 月 30 日	第 4 版　1 刷発行
2022 年　9 月 10 日	第 4 版　2 刷発行

検印廃止
NDC 007
ISBN 978-4-320-12475-2

著　者　内木哲也　©2021
　　　　野村泰朗

発　行　**共立出版株式会社** ／ 南條光章
　　　　東京都文京区小日向 4-6-19
　　　　電話　03-3947-2511（代表）
　　　　〒112-0006 ／ 振替口座 00110-2-57035
　　　　www.kyoritsu-pub.co.jp

印　刷　㈱加藤文明社
製　本　協栄製本

一般社団法人
自然科学書協会
会員

Printed in Japan

■情報・コンピュータ関連書

www.kyoritsu-pub.co.jp 共立出版

コンピューテーショナル・シンキング………磯辺秀司他著

学生時代に学びたい情報倫理…………鞆 大輔著

情報セキュリティ入門 情報倫理を学ぶ人のために 第2版……佐々木良一監修

理工系 情報科学………荒木義彦他著

情報理論の基礎………横尾英俊著

コンピュータ科学の基礎………木村春彦監修

デジタル情報の活用と技術………毒島雄二他著

情報の基礎・基本と情報活用の実践力 第4版 内木哲也他著

情報活用とアカデミック・スキル Office2016 松山恵美子他著

情報活用の「眼」 データ収集・分析、そしてプレゼンテーション………菊池登志子他著

数理情報学入門 基礎知識からレポート作成まで………須藤秀紹他著

コンピュータ概論 (未来へつなぐS 17)…………白鳥則郎監修

コンピュータ概論 情報システム入門 第8版………魚田勝臣著

グループワークによる情報リテラシ 第2版 魚田勝臣編著

コンピュータリテラシ 情報処理入門 第4版……大曽根 匡編著

課題解決のための情報リテラシー………美濃輪正行他著

大学生の知の情報スキル Windows10・Office2016対応………森 園子編著

Windows10を用いたコンピュータリテラシーと情報活用 斉藤幸喜他著

情報処理入門 Windows10&Office2016………長尾文孝著

大学生のための情報処理演習………立野貴之著

大学生のための情報リテラシー…………張 磊他著

理工系コンピュータリテラシーの活用 MS-Office2016対応 加藤 潔他著

基礎から学ぶ医療情報………金谷孝之他著

医療情報学入門 第2版………樺澤一之他著

医科系学生のためのコンピュータ入門 第2版・樺澤一之他著

医療・保健・福祉系のための情報リテラシー Windows10・Office365 樺澤一之他著

医療系のための情報リテラシー Windows10・Office2016対応 佐藤憲一他編

情報系のための離散数学………猪股俊光他著

応用事例とイラストでわかる離散数学…・延原 肇著

やさしく学べる離散数学………石村園子著

コンパイラ 原理と構造………大堀 淳著

SML#で始める実践MLプログラミング…大堀 淳他著

プログラミング言語Standard ML入門 改定版 大堀 淳著

コンピュータの原理から学ぶプログラミング言語C 太田直哉著

C言語本格トレーニング 基礎から応用まで を徹底解説！………沼田哲史著

C言語 (未来へつなぐS 30)…………白鳥則郎監修

基礎C言語プログラミング ………河野英昭他著

基礎から学ぶCプログラミング…………荒木義彦他著

Excel環境における Visual Basicプログラミング 第3版………加藤 潔著

すべての人のためのJavaプログラミング 第3版 立木秀樹他著

Cをさらに理解しながら学ぶデータ構造とアルゴリズム 森元 逞著

データベース 基礎からネット社会での応用まで (情報工学テキストS 6)…・三木光範他著

楽しく学べるデータベース………川越恭二著

データベース ビッグデータ時代の基礎 (未来へつなぐS 26) 白鳥則郎監修

インターネット工学 (S知能機械工学 5)…………原山美知子著

コンピュータネットワーク概論 (未来へつなぐS 27) 水野忠則監修

分散システム 第2版 (未来へつなぐS 31)…………水野忠則監修

情報システムデザイン 体験で学ぶシステムライフサイクルの実務………高橋真吾他著

機械学習アルゴリズム (探検DS)…………鈴木 顕著

深層強化学習入門………松原崇充監訳

英語と日本語で学ぶ知覚情報科学…・R.Micheletto他著

人工知能入門………小高知宏著

人工知能概論 コンピュータ知能からWeb知能まで 第2版・・荒屋真二著

画像処理 (未来へつなぐS 28)…………白鳥則郎監修

演習で学ぶコンピュータグラフィックス基礎 小堀研一他著

データ科学の基礎………笠原健一他著

文理融合 データサイエンス入門………小高知宏他著